Apple Pro Training Series

苹果专业培训系列教材

OS X Server Essentials 10.9: OS X Mavericks Server 全解析

OS X Server Essentials 10.9
Using and Supporting OS X Server on Mavericks

[美]阿克·德雷尔（Arek Dreyer）
本·格雷斯勒（Ben Greisler）　编著
魏崴　黄亮　　　　　　　　　　译

电子工业出版社
Publishing House of Electronics Industry
北京·BEIJING

内容简介

本书是苹果公司官方培训系列教材之一，全面、深入地介绍了苹果公司新一代的服务器软件的技术支持和问题解决方案，特别之处是OS X Server 作为一款应用软件推出，可以直接从 Mac App Store 下载并将它添加到OS X Mavericks中，这就能轻松实现所有苹果产品的衔接。本书是苹果官方培训课程的标准教材，是读者学习有效支持OS X Mavericks Server系统的最新标准指导用书。

版权贸易合同登记号　图字：01-2014-6674

图书在版编目（CIP）数据

OS X Server Essentials 10.9:OS X Mavericks Server全解析 / (美) 德雷尔 (Dreyer,A.) , (美) 格雷斯勒 (Greisler,B.) 编著；魏崴，黄亮译. –– 北京：电子工业出版社，2015.1
（苹果专业培训系列教材）
书名原文: Apple Pro training series: OS X Server Essentials 10.9 using and supporting OS X Server on mavericks

ISBN 978-7-121-24647-0

I.①O… II.①德… ②格… ③魏… ④黄… III.①微型计算机 – 操作系统 – 教材 IV.①TP316.84

中国版本图书馆CIP数据核字（2014）第248391号

责任编辑：田　蕾
特约编辑：刘红涛
印　　刷：北京中新伟业印刷有限公司
装　　订：北京中新伟业印刷有限公司
出版发行：电子工业出版社
　　　　　北京市海淀区万寿路173信箱　　邮编：100036
开　　本：787×1092 1/16　印张：25.5　字数：734.4千字
版　　次：2015年1月第1版
印　　次：2015年1月第1次印刷
定　　价：108.00元

凡所购买电子工业出版社图书有缺损问题，请向购买书店调换。若书店售缺，请与本社发行部联系，联系及邮购电话：（010）88254888。
质量投诉请发邮件至zlts@phei.com.cn，盗版侵权举报请发邮件至dbqq@phei.com.cn。
服务热线：（010）88258888。

感谢我的爱妻Heather Jagman的全力支持。

——阿克·德雷尔（Arek Dreyer）

在此感谢我的太太Ronit，以及孩子们Galee和Noam在此项目过程中的陪伴与支持。

——本·格雷斯勒（Ben Greisler）

致谢

在我们的脑海中，对Steve Jobs仍记忆犹新，感谢Tim Cook、Jonathan Ive及 Apple 的每一位职员所做的令人感到惊讶和惊喜的持续创新。

感谢推出了Mountain Lion 和 OS X Server的 Apple 职员。

感谢帮助客户继续获得最新 OS X 和iOS产品的全体人员。继续保持学习的态度，任何情况下都不要放松对自己的学习要求。

感谢能力出众的Lisa McClain确保这本教材的出版，以及Scout Festa和 Kim Elmore 不可思议的编辑和制作工作。

还要感谢以下人员，没有你们的帮助，这本书就会逊色很多。

Craig Cohen	Nick Johnson	Mike Reed
David Colville	Adam Karneboge	Joel Rennich
Maria Coniglio	Andrina Kelly	Schoun Regan
Gordon Davisson	Andre LaBranche	Fred Reynolds
John DeTroye	Judy Lawrence	Alby Rose
Kevin Dunn	Pam Lefkowitz	John Signa
Josh Durham	Ben Levy	David Starr
Charles Edge	Tip Lovingood	Tyson Vu
Eugene Evon	Jussi–PekkaMantere	Cindy Waller
Todd Fernandez	Jason Miller	Jeff Walling
Sam Ficke	Nader Nafissi	Simon Wheatley
Patrick Gallagher	Anita Newkirk	Kevin White
Rodrigo G ó mez	Tim O'Boyle	Josh Wisenbaker
Ben Harper	TimoPerfitt	Eric Zelenka
Eric Hemmeter	John Poyner	

目　　录

第1篇　OS X Server的配置和监控

第2篇 配置账户

第3篇 通过配置描述文件管理设备

第6篇 提供网络服务

第7篇　协作服务的使用

第1篇
OS X Server的配置和监控

课程1
关于本指南

本指南用于全面了解 OS X Server 的各项功能，并且以最有效的方式来对 OS X Server 系统用户提供技术支持。此外，本指南是课程Mavericks 201: OS X Server Essentials 10.9 的Apple 官方培训教材，该课程是一个为期3天的实践课程，紧凑、深入地探讨了如何对 Mavericks OS X Server进行配置和故障诊断。本培训课程由 Apple 认证培训讲师进行授课，内容被组织为多个课时，每个课时都包含讲师讲解的内容，以及随后进行的与讲解内容相关的学生练习操作。也就是说，本指南既适合于自学者学习，也可作为培训课程使用。

> **目标**
> ▶ 了解本指南如何组织内容，从而帮助用户进行学习。
> ▶ 设置进行个人练习的操作环境。
> ▶ 苹果授权培训及认证介绍。

本指南主要面向对 OS X Server 有应用需求的技术协调员及初级系统管理员用户。读者将学到如何安装和配置 OS X Server 来提供基于网络的服务，例如配置描述文件的分发及管理、文件共享、鉴定，以及协作服务。为了让读者真正精通这些技术，本指南还涵盖了读者所使用工具的相关理论知识。例如，读者不仅会学到如何使用 Sever 应用程序工具来管理服务和账户，还会学到描述文件管理的相关理念，对于资源的访问和控制有哪些考虑，以及如何根据自己的应用环境来设置和分发描述文件。

读者还将学习相关的扩展流程，当系统逐渐扩展变得复杂的时候，可以帮助读者了解和应对系统。即便一台 OS X Server 计算机会逐渐扩展为一个非常复杂的系统，但是文档和图表的创建可以为扩展流程提供帮助，使增加和修改操作与现有的系统进行更好的整合。

本指南需要读者具备OS X 的相关知识，因为 OS X Server 是安装在 OS X（Mavericks）上的应用程序。因此，读者应当熟悉 OS X 的基本操作、故障诊断及网络应用技能。在使用本指南进行学习的时候，需要先对 OS X 的相关知识有一个基本理解，包括如何诊断操作系统故障的知识。如果需要进一步学习并了解 OS X 的相关知识，可参考Peachpit Press 出版的 Apple Pro Training Series: OS X Support Essentials 10.9。

NOTE ▶ 除非另有说明，本指南中所有针对 OS X的参考内容都是适用于 10.9 或更高版本的，针对 OS X Server 的参考都是适用于 3.0 版本的，这是本指南编写时可用的最新版本。由于会有后续的更新，所以有些屏幕截图、功能及工作流程可能会与页面中所述的略有不同。

学习方法

本指南中的每个课程都为技术协调员和初级系统管理员介绍了应用技能、工具及相关的知识，可以帮助他们通过 OS X Server 来进行网络应用和网络维护工作。

- ▶ 提供有关 OS X Server 如何工作的知识。
- ▶ 展示如何使用配置工具。
- ▶ 解释故障诊断的方法和修复流程。

本指南包含的练习可让用户研究和学习用于管理 Mavericks OS X Server 的工具。它们按照循序渐进的方式进行，从安装及设置 OS X Server 开始，逐步进入到更加深入的主题，例如实现多协议的文件共享、访问控制列表的使用，以及通过 OS X Server 来管理网络账户。进行这些练习操作需要用户从尚未运行 OS X Server 的 Mac 计算机开始，而且该服务器并不是正处于工作应用中的服务器。

本指南旨在介绍 OS X Server，并不只限定于指南中的参考内容。因为 OS X 和 OS X Server 都包含了一些开放资源，而且还可通过命令行进行配置，因此在这里不可能对所有的内容进行介绍。对于初次使用 OS X Server 的用户及其他服务器操作系统的用户来说，基本上都可以通过本指南转到对 OS X Server 的应用；而对于从 OS X Server 先前版本升级到新版本的用户来说，同样可在本指南中发现有价值的资源。

OS X Server 的设置和配置并不难，但是关于如何实际应用 OS X Server，用户应当提前做好规划。因此，本指南被划分为7部分。

▶ 第1篇，"OS X Server的配置和监控"，包括了 OS X Server 的应用规划、安装、初始配置及监控。

▶ 第2篇，"配置账户"，包括了鉴定与授权、访问控制，以及Open Directory和它所能提供的各种功能。

▶ 第3篇，"通过配置描述文件管理设备"，介绍了通过描述文件管理器服务来管理设备。

▶ 第4篇，"共享文件"，介绍了通过多种协议共享文件的概念，以及通过访问控制列表来控制对文件的访问。

▶ 第5篇，"部署方案的实施"，指导用户如何有效地使用部署服务、NetInstall、高速缓存服务及软件更新服务。

▶ 第6篇，"提供网络服务"，介绍了网络服务，包括 Time Machine、VPN、DHCP及网站服务。

▶ 第7篇，"协作服务的使用"，重点是协作服务的建立，首先是邮件服务，然后是 Wiki、日历及信息服务，最后是通讯录服务。

课程结构

本指南中的大部分课程都包含了参考内容部分，之后是练习操作部分（高速缓存服务的课程不包含练习操作）。

NOTE ▶ "注意"内容，提供了重要的信息来帮助说明一个议题。例如，为了避免混乱，需要知道本指南的第一个课程，即本课程，是本指南中的一个没有练习部分的课程。

参考部分包含了教学的基本概念，以及对它们进行解释说明的内容。练习部分通过一步一步的指引操作，来增强用户对概念的理解并锻炼实际操作技能，无论是自学还是在有培训讲师指导的课堂上进行实践练习，都非常适用。

TIP ▶ "提示"内容，提供了有用的提示、技巧或快捷信息。例如，每个课程都以一个开篇页作为开始，其中罗列出了该课程的学习目标。

更多信息 ▶ "更多信息"内容，提供了辅助信息。这些内容仅仅是为了向用户提供一些启发性的内容，并不是要求必须掌握的课程内容。

在整个课程中，用户会发现经常需要参考 Apple 技术支持文档。这些文章可以在 Apple 技术支持网站（www.apple.com/support）中找到，这是一个免费的在线资源，包含了苹果产品的最新技术信息。这里强烈建议用户阅读所推荐的文档，并搜索 Apple 技术支持网站，为遇到的问题寻找答案。

还建议用户去学习由 Apple 提供的、针对 OS X Server 的两个额外资源：OS X Server 支持（https://www.apple.com/cn/support/osxserver/）和 OS X Server 高级管理（https://help.apple.com/advancedserveradmin/mac/3.0/）。

当在电子工业出版社的网站（http://www.phei.com.cn/module/zygl/zxzyindex.jsp）找到本指南提供的文件后，那么可以在线获得课程文件。下载文件的具体说明将在本指南的后面进行介绍。"课程复习题及答案"附录通过一系列的问题来重温每节课程所介绍的内容，是加强指导用户进行学习的素材。在查看答案前应当先尝试独立地回答每个问题。可以参考各种 Apple 资源，例如 Apple 技术支持网站和 OS X Server 文档。此外，课程本身还提供了这些问题的答案。"其他资源"附录包含了每个课程相关主题所涉及的 Apple 技术支持文章和建议查阅的文档。"Updates & Errata"文档包含了本指南的更新和更正信息。

练习设置

本指南是为自学者及参加 Apple 授权培训中心或面向教育行业培训中心（AATC 或 AATCE）培训课程的培训者所编写的，他们使用相同的方法都可以完成大部分的练习。在AATC 或 AATCE，作为培训的一部分，会为参加 Mavericks 201课程的培训者提供相应的练习操作环境。而对于自学者来说，则需要使用他们自己的设备来搭建一个相应的环境才能进行这些练习操作。

NOTE ▶ 有些练习是具有破坏性的，例如，开启 DHCP 服务可能会令本地网络中的其他设备无法访问因特网，并且还有些练习操作，如果操作不当的话，可能会导致数据丢失或文件损坏。正因如此，建议用户在一个孤立的网络中，使用一台日常工作中不太重要的 OS X 计算机和iOS设备来进行这些练习操作。Apple 公司和Peachpit出版社对按照本指南所述过程进行的操作而直接或间接导致的数据丢失或设备损坏问题不负任何责任。

必备条件

为了进行本指南中的练习操作，必须具备以下一些基本条件。

▶ 两台装有 OS X Mavericks 系统的 Mac 计算机。其中一台 Mac 作为用户的"管理计算机"，另一台安装有 OS X Server 的 Mac 将作为"服务器用户"，或简称"服务器"。当使用服务器计算机完成本指南的学习后，在将该计算机再次用于生产环境前，应当抹掉启动卷宗并重新安装 OS X。

NOTE ▶ 除了要提供NetInstall服务外，OS X Server 并不需要使用内建的以太网接口。如果用户不打算进行NetInstall部分的练习操作，那么可以使用不具备内建以太网接口的 Mac 计算机。

▶ 一个关联有可用电子邮件地址的 Apple ID，以便于获得 Apple 推送通知服务（APN）证书，用于 Server 应用程序的通知和描述文件管理器服务。如果还没有可用的 Apple ID，那么在进行练习操作的时候，可以在适当的时间创建一个 Apple ID。

▶ 通过 Mac App Store 获取一份具有有效许可的 OS X Server（或是 Mac 随机附带的、具有有效许可的 OS X Server）。

▶ 必须具有可用的因特网连接，用于获取 APN 证书警告信息和描述文件管理器服务。

▶ 一个孤立的网络或是一个针对练习操作所配置的子网。可以通过带有多个以太网接口的 Wi-Fi 路由器来建立一个简单的小型网络。例如，Apple AirPort Extreme 就是一个很好的选择（www.apple.com/cn/airport-extreme/）。用户可以找到练习操作网络的常规设置说明，并且在 www.apple.com/cn/airport-extreme/ 上还可以找到配置 AirPort Extreme的具体说明。

▶ 将小型孤立网络连接到因特网的路由器（例如 AirPort Extreme）。

▶ 要完成NetInstall练习，需要两根以太网线缆，每根以太网线缆要将 Mac连接到以太网交换机。

▶ 对于StudentMaterials演示文件，打开电子工业出版社的网址（http://www.phei.com.cn/module/zygl/zxzyindex.jsp）可下载获得。在练习2.1中包含下载的说明。

可选择准备的附加资源

对于一个可选择进行的练习，它所需的某些资源会在练习的开始处被列为前提条件。例如，需要：

▶ 一台iOS设备来测试访问 OS X Server 提供的服务，包括描述文件管理器服务。

▶ 一个 Wi-Fi 访问热点（最好同样是 AirPort 基站），让iOS设备可通过无线连接访问到用户的私网。

▶ 针对练习15.2"创建Netboot和NetRestore映像",要为管理员计算机的启动卷宗创建一个映像,那么服务器计算机和管理员计算机必须具备相同类别的接口——都是 FireWire 接口,或者都是 Thunderbolt 接口,并且还必须具有连接两台计算机的 FireWire 线缆或是 Thunderbolt 线缆。

▶ 针对练习20.1"配置 DHCP 服务(可选)",在一个额外孤立的网络上提供 DHCP 服务,需要 Mac(例如,如果用户的服务器计算机是一台 Mac Pro)具备额外的内建以太网接口,或者具备一个 USB 至以太网的转接器,或者具备一个 Thunderbolt 至千兆以太网的转接器,以及一个额外的以太网交换机。

如果用户缺少必要的设备来完成一个练习,那么还是建议去阅读每一步的操作说明并查看屏幕截图,以便了解演示的过程。

网络基础设施

如前面所述,练习操作需要一个孤立的网络环境。用户应当复制培训课堂的教室环境,这会在接下来的部分中进行介绍,这样就可以尽量避免在自己的网络环境和练习说明所要求的网络环境之间进行转换调整了。

IPv4 地址

讲师组织的培训教室环境,其网关的 IPv4 地址是 10.0.0.1,子网掩码是 255.255.255.0。如果可能,使用相同的参数来配置内网。

很多消费级的路由器已将网关配置为 192.168.1.1,子网掩码是 255.255.255.0。用户可能无法在路由器上去更改这些配置,在很多情况下,可以将练习中 IPv4 地址的"10.0.0"部分,用自己所用网络的相应参数值来进行替换(例如,student 17 的服务器地址 10.0.0.171 可用 192.168.1.171 来替代)。不过在整个练习中都需要记得替换网络前缀。

DHCP

培训教室的 DHCP 服务提供 10.0.0.180~10.0.0.254 范围内的 IPv4 地址。如果可能,使用相同的参数来配置内网的 DHCP 服务。

如果在网络中存在可用的 DHCP 服务,那么 Mac 在初始设置阶段会使用 DHCP 服务,但是在之后需要配置它们使用手动分配的 IPv4 地址。

如果可以配置网络中的 DHCP 服务,那么配置它使用类似的 IPv4 地址范围。如果无法更改 IPv4 地址范围,那么这有可能是 DHCP 服务要分配给设备使用的 IPv4 地址已经被用户的服务器计算机或是管理员计算机占用的缘故。这也是要让用户的网络保持孤立的另一个原因,不要让新的设备出现在网络中。

域名

本指南中的练习使用因特网域名 pretendco.com 和pretendco.private,它们只适用于学习环境,不要将它们应用于实际工作环境。

本指南中所编写的练习都按照这种方式来处理,在孤立的网络中,任何现有的 DNS 服务都应当被忽略,这样用户就可以为服务器设置它自己的 DNS 服务了。

高级管理

如果用户具备服务器高级管理技能,那么可以采用不同的设置,包括用户组织机构的因特网域名(替代 pretendco.com)、组织机构的 DNS 服务,以及不同的 IPv4 地址,但是需要注意的是,这会给练习操作带来较大的变化,无法按照给定的步骤来实现操作,需要用户根据自己的情况来调整练习操作。

练习顺序

本指南中的练习被设计成彼此相对独立的练习,所以用户可以不按顺序进行或者跳过自己不感兴趣的练习。但是也有一些练习,则必须按照正确的顺序进行,这些练习都会列出相应的前提条件。

▶ 必须完成课程2"OS X Server 的安装"中的所有练习，在进行其他练习前，要安装 OS X Server 并配置自己的管理员计算机。

▶ 必须完成练习9.1"将服务器配置为 Open Directory 主服务器"和练习 10.1"创建并导入网络账户"，创建好后面练习中要使用的用户账户；否则，如果在进行练习的前提条件中列出了课程所需的用户账户，则只能通过 Server 应用程序的用户设置界面来创建这些用户账户（也可能是组账户）。

▶ 在进行课程21"网站托管" 的练习前，必须按照课程3"提供 DNS 服务"中的要求，创建额外的 DNS 记录。

Apple 培训和认证

Apple培训和认证计划的目的是让用户掌握 Apple 的前端技术。认证是一项基准，以证明用户对于 Apple 特定技术所具备的能力，也会让用户在当今不断变化的就业市场上具备竞争力。

认证考试可在全球各地的苹果授权培训中心（AATC）进行。

阅读本指南或者参加 Mavericks 201 培训课程，都可以帮助用户准备 OS X Server Essentials 10.9 Exam的考试，通过该考试后，可成为Apple Certified Technical Coordinator。如果通过了该认证考试及OS X Support Essentials 10.9的认证考试，可获得 Apple Certified Technical Coordinator （ACTC）的认证。这是Apple Mac 专业认证计划的第二级认证，Apple Mac 专业认证包括以下几个。

▶ Apple Certified Support Professional（ACSP）认证，可证明对 OS X 核心功能的理解水平，有能力配置关键服务、进行基本故障诊断，以及协助各类用户使用 Mac 计算机的基本功能。ACSP 认证适用于桌面计算机专家、技术协调员、为 OS X 用户提供支持的高级用户、管理网络或为 Mac 提供技术支持的高级用户。通过OS X Support Essentials 10.9 Exam考试的学员可获得 ACSP 认证。访问 training.apple.com/certification/osx可查看 OS X Support Essentials Exam考前指南。为了准备这项考试，可参加 Mavericks 101 培训课程或是阅读 Apple Pro Training Series: OS X Support Essentials 10.9 教材。

▶ Apple Certified Technical Coordinator（ACTC）认证，可证明已掌握了 OS X 和 OS X Server 核心功能的基础知识，有能力配置关键服务和进行基本故障诊断。ACTC认证面向 OS X 技术协调人员及通过 OS X Server 来维护中小型计算机网络的初级系统管理员。通过OS X Support Essentials 10.9 Exam 和 OS X Server Essentials 10.9 Exam 考试的学员可获得ACTC 认证。访问 training.apple.com/certification/osx可查看 OS X Server Essentials Exam考前指南。

更多信息 ▶ 要查阅 OS X 技术白皮书并了解有关 Apple 所有认证的更多信息，可访问网站 http://training.apple. com 。

NOTE ▶ 尽管 OS X Server Essentials 10.9 Exam 考试中的所有问题都是基于本书内容的，但仍需要多花费一些时间来学习相关的技术。当阅读完本书或参加了培训课程后，还需要花费一些时间来增强对 OS X Server 的熟悉程度，以确保可以顺利地通过认证考试。

课程2
OS X Server的安装

Mavericks OS X Server，无论是针对商业用户还是教育用户，都可以让他们实现协同工作，进行通信，共享信息，以及去访问工作中所需的资源。

OS X Server 是运行在 Mavericks 系统上的一个应用程序，如果用户的 Mac 可以运行 Mavericks，那么它也可以运行 OS X Server。

虽然可以直接安装和配置 OS X Server，但还是建议将有关 OS X Server 的工作划分为以下4个阶段来进行。

目标
▶ 了解 OS X Server 的运行需求。
▶ 进行 OS X Server 的初始安装及配置。

1. 规划与安装：规划服务器如何进行设置，确认和配置硬件，以及安装 OS X Server 软件，这会在本课程中进行介绍。

2. 配置：通过 Server 应用程序来配置服务器。本指南中的所有课程都会通过 Server 应用程序来配置服务器。

3. 监控：通过 Server 应用程序来监控服务器的状态，还可以选择指定一个电子邮件地址来接收特定的警告通知，这会在课程6"状态和通知功能的使用"中进行介绍。

4. 日常维护：通过 Server 应用程序对服务器和账户进行日常的维护及监控。

本课程从规划工作开始，然后是 OS X Server 的初始安装及配置。

参考2.1
OS X Server运行需求评估

在安装 OS X Server 之前，需要花一些时间来评估用户的组织机构对 Server 的应用需求，以及运行 OS X Server 的硬件需求。

了解最小硬件需求

可以在任何运行 OS X Mavericks、至少具有 2GB 内存和 10GB 可用磁盘空间的 Mac 计算机上安装 OS X Server 应用程序。

要运行 Mavericks，用户的 Mac 必须是以下机型之一，或是之后推出的机型。

▶ iMac（2007 年中或之后推出的机型）。

▶ MacBook（2008年末13英寸铝制机型；13英寸，2009年初或更新机型）。

▶ MacBook Pro（13英寸，2009年中或更新机型；15 英寸或 17英寸，2007年中/末或更新机型）。

▶ MacBook Air（2008年末或更新机型）。

▶ Mac mini（2009年初或更新机型）。

▶ Mac Pro（2008年初或更新机型）。

▶ Xserve（2009年初）。

OS X Server 的一些功能需要具有 Apple ID，还有些功能需要因特网服务提供商的兼容支持。

验证系统要求

在安装 OS X Server 前，需要确认系统符合硬件要求。在每台销售的 Mac 计算机的外包装上都带有标签，可以在标签上发现 Mac 计算机的硬件信息，或者也可以在"关于本机"窗口和系统信息应用程序中找到 Mac 计算机的硬件信息。

要检测一台 Mac 是否可以运行 Mavericks，可以运行"关于本机"应用程序。接下来的几幅图示是从运行旧版本 OS X 的 Mac 上截取的，用来辅助用户进行检测，检测当前的 Mac 是否可以运行 OS X Server Mavericks。

在"关于本机"窗口，单击"更多信息"按钮，可切换到系统信息应用程序。在这个应用程序中就包含了用户需要查找的所有信息。在"概览"选项卡中显示了 Mac 系统的机型及内存信息。

在"储存"选项卡中显示了可用存储空间的信息。

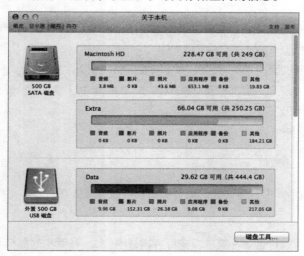

其他硬件需求考虑

当选用服务器系统时，通常的需求考虑包括：网络和系统性能、磁盘空间及存储能力，以及 RAM。用户可能会发现，使用多台服务器，每台服务器分别运行一些服务，这要比在一台服务器上运行所有的服务要具有更好的性能。

网络

当确定服务器硬件时，需要考虑网络接口的速度。很多 Apple 产品都支持千兆以太网。如果所购买的 Mac 带有内建的以太网接口，那么该接口就是千兆以太网。如果用户的 Mac 配备的是 Thunderbolt 端口，那么可以使用 Apple Thunderbolt 至千兆以太网转接器。

可以将两个以太网接口合并为一个接口来使用，为一些服务提供聚合网络的吞吐量，例如文件服务。

如果仅仅是出于学习和测试的目的，那么可以考虑使用 Wi-Fi 作为服务器的主网络连接。这就可以考虑使用 MacBook Air，因为它并不配备内建的以太网接口。在这种情况下，可以使用 Wi-Fi、可用于 MacBookAir 的 Apple USB 以太网转接器（可提供 10/100 Base-T 以太网），或是使用 Thunderbolt 至千兆以太网转接器。这些选择完全可以满足学习和测试的目的需求。

NOTE ▶ 要提供高速缓存服务和 NetInstall 服务，以太网是必需的。参阅课程15 "使用 NetInstall" 和课程16 "缓存来自 Apple 的内容"，可获得更多信息。

磁盘

确认具备足够的磁盘空间来存放计划提供的服务的数据。如果计划提供的服务需要大量的磁盘空间，例如，邮件服务会有大量的邮件，那么可以考虑使用速度较快的物理磁盘或是外部的磁盘系统。对于大部分服务来说，尽管允许用户改变服务器存储服务数据的位置（这将会在课程4 "Server 应用程序的探究" 中学到），但还是建议在产生服务数据前就指定好存储位置，因为在变更服务数据存储位置的时候会停止服务，然后转移数据，完成后才会再次开始服务。在这期间，服务器的服务是不可用的，需要转移的数据量决定了这个操作过程有多久。

RAM

通常，RAM 越多，系统性能就越好，不过本指南无法规定用户到底需要多少 RAM 是合适的。

可用性

为了确保 OS X server 能够持续运行，可以启用节能器系统偏好设置中的 "断电后自动启动" 设置（该选项并不是所有的 Mac 都可用）。建议为服务器配备不间断电源（UPS），包括外部卷宗，可以让服务器在短暂停电的情况下仍保持不间断运行。

NOTE ▶ 如果使用外部卷宗，那么不要选择 "断电后自动启动" 选项，因为无法保证断电后外部卷宗是否能够获得正常的电力。

参考2.2
准备安装 OS X Server

NOTE ▶ 本参考部分描述的是普通的 OS X Server 安装过程，在练习部分提供了详细的操作说明，在阅读到本课程末尾的练习内容前，不要进行任何操作。

用户可以购买到已经预安装了 OS X Mavericks 和 OS X Server 的 Mac 计算机，但是也可以对现有的 Mac 进行升级。任何可运行 Mavericks 的 Mac 都可以运行 Mavericks OS X Server。在参考 2.4 "升级或迁移到 OS X Server" 中会进行详细介绍，只有当运行 OS X Mavericks 系统时，Mac App Store 才允许用户去购买 Mavericks OS X Server。

格式化/分区磁盘

当确认计算机符合硬件需求后，可以在现有的启动磁盘或是其他磁盘上安装 Mavericks。在实际安装软件前，可以决定周边要使用哪些设备，以及对这些设备后续的格式化操作。

磁盘工具位于应用程序文件夹的实用工具文件夹中。通过该工具可以将磁盘划分为一个或多个分区。在进行分区的时候，需要先为磁盘选取一个分区方案。可用的选项如下。

▶ GUID 分区表：用于启动 Intel 架构的 Mac 计算机。

▶ Apple 分区图：用于启动 PowerPC 架构的 Mac 计算机。

▶ 主引导记录：用于启动 DOS 和 Windows 计算机。

NOTE ▶ 要在卷宗上安装 OS X Server，卷宗磁盘必须要格式化为 GUID 分区表。通过磁盘工具应用程序可以查看磁盘的分区方案，磁盘工具应用程序可以将该信息显示为分区图方案，而系统信息应用程序将该信息显示为分区图类型。

当选取了分区方案后，最多可以将磁盘划分为16个逻辑磁盘，每个逻辑磁盘称为一个分区，都可以有它自己的格式。当格式化分区后，该分区就包含了一个卷宗。要进一步了解可用的卷宗格式信息，可参考 Apple Pro Training Series: OS X Support Essentials 10.9。

要在卷宗上安装 OS X Server，该卷宗必须是以下两类日志式格式之一。

▶ Mac OS X 扩展（日志式）。

▶ Mac OS X 扩展（区分大小写/日志式）。

通常使用 Mac OS X 扩展（日志式），除非是有特殊用途才使用区分大小写/日志式格式。

也可以为存储数据的分区选用其他非日志式格式，但是对于日志来说，当卷宗出现断电或是其他故障后，在对卷宗进行检查时，日志可以缩短检测的时间。

使用单独的分区，可以将数据与操作系统分开存储。可以将数据存储在一个单独的卷宗上。对于操作系统来说，有独立的卷宗，可以避免用户文件和数据填充满启动卷宗。当以后需要重新安装 OS X 和 OS X Server 的时候，可以抹掉整个启动卷宗并安装操作系统，而不会影响到其他卷宗上的数据。

NOTE ▶ 默认情况下，OS X Server 将很多服务数据存储在启动卷宗的 /资源库/Server 目录中，不过在随后的课程中将会了解到，可以通过 Server 应用程序来更改服务数据的存储位置。在任何情况下，在抹掉服务器启动卷宗前，都要确保有一个可靠的服务器备份。

要在一块磁盘上创建多个分区，只需要选择磁盘，从分区布局菜单中选取分区数量，并为每个分区设置以下信息。

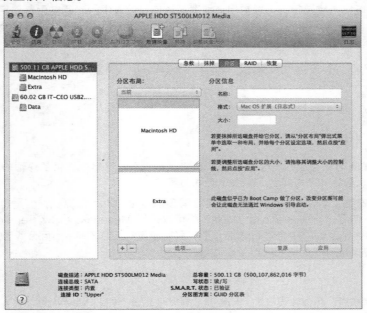

▶ 分区名称：在卷宗名称中使用小写字母和数字字符，并去除空格，在之后可能出现的共享点故障诊断工作中可以避免很多麻烦。

▶ 分区格式：OS X Server 可用的各种分区格式参见前面的列表。

▶ 分区大小：同样，安装 OS X Server 至少需要 10 GB 的可用磁盘空间。

在单击"应用"按钮前，一定要清楚：磁盘上现有的所有数据都会被抹掉。

具备多个分区并不会提升速度性能，而安装多块磁盘可以提升服务器的性能。在一块磁盘上安装操作系统，并安装额外的磁盘来存储用户数据，可缩短对操作系统和数据的连接时间。如果在单独的数据总线上添加第二块磁盘，那么服务器可在每条数据总线上进行独立的读写操作。

RAID（独立磁盘冗余阵列）

为了提供更强的可用性或性能，在安装 OS X Server 前可以在 RAID 卷宗上安装 OS X。但是，由于 OS X 恢复系统分区无法存在 RAID 卷宗上，所以需要创建一个外部 OS X 恢复系统，通过该系统启动，可以使用各种管理及故障诊断工具。要了解更多信息，可以参考 Apple Pro Training Series: OS X Support Essentials 教材的课程4"OS X 恢复系统"，特别是练习4.2"创建 OS X 恢复磁盘"的内容。

FileVault 2 全盘加密

由于使用全盘加密后，在计算机启动后要求用户输入解密密码，因此对于 OS X Server 的启动磁盘或是存储服务数据的磁盘来说，并不建议使用全盘加密。

配置名称和网络

通常，服务器需要一个静态网络地址，而且为了能够让客户端以一个便于使用的网络地址信息去访问服务，还需要附带一个 DNS 主机名。早先版本的 OS X Server，需要用户在初始设置及配置的过程中就确定服务器的主机名称，而对于 Mavericks OS X Server 来说，除非是用户开启的服务需要使用主机名，否则是不需要担心这些细节操作的。

现今，由 OS X Server 提供的很多服务都不需要服务器具备指定的主机名或是静态 IPv4 地址，因为在本地子网中的客户端都可以通过零配置网络（通过服务器的 Bonjour 名称）来访问这些服务。

有些服务，例如 Xcode 和 Time Machine 服务，可以让客户端浏览到这些服务；而有些服务，如缓存服务，即使服务器的 IPv4 地址或主机名称发生了改变，也可以为本地子网的客户端自动提供相应的工作。

对于其他服务，例如 Open Directory 和描述文件管理器服务，为了确保客户端总是可以正常访问到服务，那么最好为服务器配置静态的 IPv4 地址及相关联的 DNS 主机名。

例如，如果用户通过 OS X Server 在本地网络中只提供文件共享和 Wiki 服务，并且客户端可通过服务器的 Bonjour 名称来访问这些服务，那么就不需要将服务器的地址配置从 DHCP 切换到静态的 IPv4 地址。

尽管如此，为自己的服务器手动分配一个静态 IPv4 地址仍是最佳的选择，而不是依靠 DHCP 服务来动态分配一个 IPv4 地址。

TIP ▶ 为 Mac 配置要使用的 DNS 服务器，需要在网络系统偏好设置中单击"高级"按钮，并选择 DNS 选项卡。

更多信息 ▶ OS X 会将"搜索域"文本框中的内容自动追加到在应用程序中（例如 Safari）输入的 DNS 名称中。

客户端可直接通过 IPv4 或 IPv6 地址访问服务器的服务，而更常见的是通过各种名称去访问，这些名称包括以下几个。

  ▶ 计算机名称。
  ▶ 本地主机名。
  ▶ 主机名。

接下来的 3 部分内容将对每个名称进行详细说明。

了解计算机名称

计算机名称是被客户端所使用的，当服务器所在的本地子网中的客户端通过以下方式进行浏览时，会用到计算机名称。

▶ 通过 Finder 边栏访问服务器所提供的文件共享及屏幕共享服务。

▶ Apple Remote Desktop（ARD）。

▶ AirDrop。

▶ 通过 Xcode 偏好设置为 Xcode 服务添加新的服务器。

计算机名称可包含空格字符。

如果用户的服务器提供文件或屏幕共享服务，那么在同一广播域（通常是一个子网）下的 Mac 用户可在 Finder 边栏的共享部分看到自己的服务器计算机，如下面的实例所示。

当用户更改他们的 Xcode 偏好设置，添加新的 Xcode 服务器的时候，也会显示计算机名称。

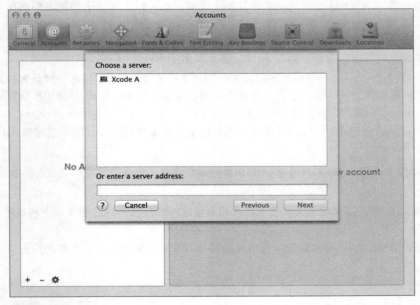

了解本地主机名

服务器通过 Bonjour 在其所在的本地子网中广播它的服务。本地主机名是以 .local 为扩展名的名称，遵循DNS名称规则。OS X 会自动移除本地主机名中的特殊字符，并将本地主机名中的空格字符替换为中横线。

更多信息▶ 要获取有关 Bonjour 零配置网络的更多信息，可参考 www.apple.com/cn/support/bonjour/。

在同一子网中使用 Bonjour 的设备（包括 PC、Mac 及 iOS 设备），可使用服务器的本地主机名来访问服务器上的服务。下图是使用本地主机名访问本地 Wiki 服务的示例。

了解主机名

主机名，或称为主 DNS 主机名，是服务器唯一的一个名称，以往称为完全限定域名（Fully Qualified Domain Name），或是 FQDN。OS X Server 上的一些服务需要 FQDN 才能正常工作，或是能够更好地工作。计算机及设备可以使用服务器的 DNS 主机名来访问服务器上的服务，即使它们不在相同的本地子网中也是如此。

如果服务器 Mac 的主 IPv4 地址存在一条 DNS 记录，那么 OS X 会自动使用 DNS 记录来设置 Mac 的主机名。否则，OS X 会自动使用 Mac 的计算机名称来设置基于 Bonjour 的主机名，例如 local–admins–macbook–pro.local。

当首次配置 OS X Server 时，它会自动以 Mac 的主机名来创建一个自签名的 SSL 证书，即使主机名是类似于 local–admins–macbook–pro.local 这样的名称也是一样。因此，最好在 Server 应用程序的初始安装和配置前，为 Mac 配置所需的主机名。有关证书的内容会在课程5 "SSL 证书的配置" 中进行介绍。

更多信息▶ 如果用户使用更改主机名助理来更改主机名称，相关内容会在下节中进行介绍，Server 应用程序会使用新的主机名来自动创建一个新的自签名 SSL 证书。

如果所在的网络环境已经存在为内网设备提供 DNS 记录的 DNS 服务，那么最好是使用现有的 DNS 服务。通过相应的工具，在现有的 DNS 服务中为服务器创建 DNS 记录。

如果在用户的内网中没有供设备使用的 DNS 服务，并且在安装 OS X Server 的时候也没有可用的 DNS 记录，那么不用担心，由于目前没有相应的 DNS 记录可用，服务器可以提供这些记录，将在后面的内容中了解到相关的情况。

了解名称和地址的更改

在完成 OS X Server 的初始安装及配置后，可以通过 Server 应用程序来快速更改以下属性信息（在 "概览" 选项卡中单击 "电脑名称" 旁边的 "编辑" 按钮）。

▶ 电脑名称。

▶ 本地主机名称。

NOTE ▶ 系统偏好设置的"共享"选项卡也可以更改计算机名称和本地主机名。

也可以通过 Server 应用程序来启动更改主机名助理（在"概览"选项卡中单击"主机名称"旁边的"编辑"按钮），来更改以下属性信息。

▶ 电脑名称。

▶ 主机名称。

▶ 网络地址。

当使用更改主机名助理时，如果在网络偏好设置的 DNS 服务器部分所指定的 DNS 服务，无法正向和反向解析在 IP 地址部分所指定的 IP 地址，Server 应用程序会询问用户是否要开启 DNS 服务。如果选择开启，Server 应用程序会进行以下步骤的配置。

▶ 在服务器计算机上配置 DNS 服务，为主 DNS 名称提供正向 DNS 记录，为主 IPv4 地址提供反向 DNS 记录。

▶ 开启 DNS 服务。

▶ 除了先前指定的DNS服务外，还会配置服务器计算机的主网络接口使用它自己的 DNS 服务（具体配置为 127.0.0.1，总是指向计算机自身的环回地址）作为主 DNS 服务。

▶ 在相应的情况下，移除旧的、默认生成的自签名 SSL 证书，并使用新的主机名创建一个新的证书。

这可以确保服务器总可以正常进行主机名到 IPv4 地址的解析，以及 IPv4 地址到主机名的解析。

而对于其他不是必须使用 DNS 记录的计算机和设备来说，如果不配置它们使用服务器的 DNS 服务，那么就无法通过服务器的主机名来访问服务器上的服务。有关 DNS 的更多内容会在课程3"提供 DNS 服务"中进行介绍。

下载 OS X Server

如果用户购买的是已预安装OS X Server 的计算机，那么 Server 应用程序已经存在于应用程序文件夹中。否则，需要通过 Mac App Store 来下载 OS X Server。如果当前运行的不是 OS X Mavericks，那么 Mac App Store 是不允许用户购买 OS X Server 的。

NOTE ▶ 该应用程序在 Mac App Store 中称为 OS X Server，但在应用程序文件夹中称为 Server（当通过 Mac App Store 完成下载后）。本指南将其称为"Server 应用程序"。

NOTE ▶ 如果购买的是已预安装OS X Server 的计算机，那么可以在另一台 Mac 上使用 Server 应用程序来管理服务器，但必须将 Server 应用程序从服务器上复制到其他计算机上。要获取更多信息可参阅 Apple 技术支持文章 HT4814"如何使用 Server App 远程管理 OS X Server"。

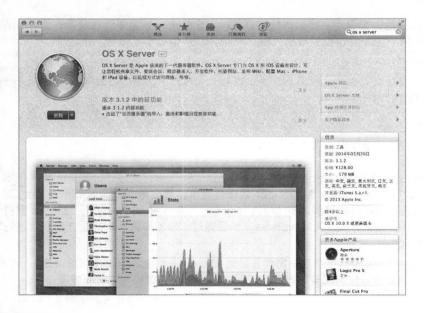

参考2.3

安装 OS X Server

当在服务器计算机上已配置好 OS X，并且在服务器计算机上已安装了 Server 应用程序后，就可以开始安装 OS X Server 了。

在配置 OS X Server 时，要确保有活跃的网络连接，即使只是连接到没有连接任何其他设备的网络交换机，也是可以的。

打开 Server 应用程序，如果 Dock 中没有保留 Server 应用程序的快捷方式，可以单击 Dock 中的 Launchpad，然后单击 Server，或者从应用程序文件夹中打开 Server，或是通过 Spotlight 搜索来打开它。在引导窗口中，当单击"继续"按钮后，将开始 OS X Server 的安装及配置过程。

NOTE ▶ 如果要使用 Server 应用程序去管理其他已安装和配置好的服务器（而不是在当前的 Mac 上去安装和配置 OS X Server），那么不要单击"继续"按钮，而要单击"其他 Mac"按钮。

当单击"继续"按钮后，需要用户同意软件许可协议中的条款。与其他软件一样，仔细阅读软件许可协议。

当单击"同意"按钮后，需要用户提供本地管理员的鉴定信息。当鉴定信息被确认后，Server 应用程序进行自身的配置。当配置过程完成后，Server 应用程序会显示"概览"选项卡。

NOTE ▶ 先前版本的 OS X Server（对于 Mountain Lion），在初始化配置的过程中会提示用户，要用户确认并可能会更改计算机名称及主机名称。相比之下，Mavericks OS X Server 的初始化配置就显得更加精简了。

参考2.4
升级或迁移到 OS X Server

如果用户现有的是运行着Snow Leopard Server、Lion Server，或是 Mountain Lion OS X Server 的 Mac，并且计算机符合 OS X Mavericks 的硬件需求，那么可以升级到 Mavericks OS X Server。此外，也可以将旧服务器迁移到装有 Mavericks OS X Server 的 Mac 上，该 Mac 要符合 Mavericks 的硬件需求并先安装好 OS X Mavericks，然后通过 OS X 设置助理或是迁移助理进行迁移，最后再安装 OS X Server。

要升级到 Mavericks OS X Server，首先需要升级到 Mavericks，然后再安装 OS X Server。切记，在进行升级操作前，备份好任何现有的设置，以便在遇到错误的时候可以进行恢复。

通过以下步骤进行操作。

1 确认 Mac 可以运行 Mavericks。

2 确认具有 Mountain Lion OS X Server、Lion Server，或是最新版本的 Snow Leopard Server。通过软件更新可将相应的软件更新到最新的版本。

3 从 Mac App Store 下载 OS X Mavericks。

4 打开并安装 OS X Mavericks，将系统升级到 OS X Mavericks。

5 当运行OS X Mavericks 后，从 Mac App Store 下载 OS X Server。

6 通过 Launchpad 或应用程序文件夹打开 Server，安装 OS X Server。

NOTE ▶ 升级服务器软件应当是一项有计划的工作。在应用到生产环境之前，一定要在测试系统上进行更新。在某些情况下，第三方的解决方案无法在新软件中继续正常工作。用户应当预先检查更新，先将更新进行隔离，在进行了测试后再考虑实施部署。

更多信息 ▶ 可通过参阅 Apple 技术支持文章 HT5381"OS X Server：升级和迁移"及技术支持文章 HT5996"OS X Server：从 Mountain Lion 升级和迁移"来获取相关的详细说明。

参考2.5
更新 OS X Server

当 OS X Server 有可用的更新时，可以通过 Mac App Store 下载和安装。

用户会注意到 Dock 中的 App Store 图标会显示一个带有数字的标记，表示可用更新的数量。

要安装更新，打开 App Store，单击工具栏中的"更新"按钮，然后再单击 OS X Server 更新所对应的"更新"按钮。

如果用户尚未登录到 Mac App Store，那么会提示进行登录。

尽管会看到消息提示服务已经停止，但是会发现所有的服务实际上仍在运行。

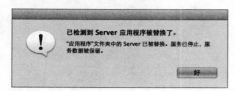

要完成 OS X Server 的更新，需要打开 Server 应用程序，然后在更新指引面板中单击"继续"按钮，并提供本地管理员的鉴定信息。

等待服务完成更新。

参考2.6
故障诊断

在服务器的安装过程中，一个常见的问题是不兼容第三方硬件或软件的配置。当遇到这类问题时，应一步步隔离对系统的更改并保持最小的变化，从而找到问题的所在。

检查日志

Mavericks 和 OS X Server 会将事件记录到各个日志文件中。用户可以通过控制台应用程序或者选择 Server 应用程序边栏中的日志项目来查看日志。在下图中，控制台应用程序显示了 system.log 中的内容。

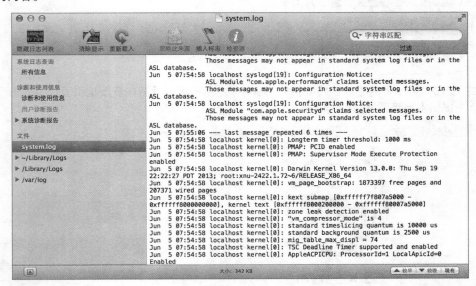

贯穿本指南，用户会通过控制台应用程序或 Server 应用程序的日志面板来查看各种日志。

练习2.1
安装 OS X Server 前，在服务器计算机上对 OS X 进行配置

▶ **前提条件**

　必须具备一台运行 OS X Mavericks、在启动卷宗上从未安装过 OS X Server 的 Mac，并且该 Mac 满足运行 OS X Server 的条件。

在本练习中，用户将配置服务器计算机，准备在计算机上安装 OS X Server。

根据是自己独立地进行这些练习，还是在有教师指导的环境下使用已被设置好的 Mac 计算机，用户可以选用两套操作说明中的一套来配置本地管理员账户。

在这两种情况下，都需要使用系统偏好设置来配置网络、共享、App Store 及节能器设置，还要下载整个课程所需的学生素材。最后，还需要应用任何必需的系统软件更新。

建立学号

在本练习中，将使用学号来为自己的计算机设置唯一的名称和地址。

如果是在有教师指导的环境下进行练习，那么从讲师那里来获取学号。

如果是自己独立进行练习，那么可以使用从 1～17 的任意号码，不过本指南在示例中使用的学号是 17，所以用户可以考虑选用 17 作为自己的学号。

配置 OS X

最方便的是从全新安装的 OS X 开始进行操作。如果开机后，Mac 显示欢迎界面，那么可以选用选择1 的说明进行操作。如果需要使用现有的 OS X 系统进行练习，那么可跳转到选择2 ，完成本练习剩余的配置操作。

选择1：通过设置助理在服务器计算机上配置 OS X

如果用户的服务器计算机尚未被配置，那么需要选用这个选项进行操作，在有教师指导的环境

下进行练习符合这种情况。如果用户使用的 Mac 已存在账户，那么请选用选择2"为服务器计算机配置现有的 OS X 系统"进行操作。

确认服务器计算机上已安装 Mavericks。如果尚未安装，那么现在通过 Mac App Store、Recovery HD 或是教师指定的方法来安装 Mavericks，当进行到出现欢迎界面时再继续进行操作。

在本节中，将通过 OS X 设置助理来一步步完成对服务器计算机的系统初始化配置。

1 确认计算机已连接到可用的网络连接上。

2 如果需要，打开将要运行 OS X Server 的 Mac。

3 在欢迎界面选择相应的地区并单击"继续"按钮。

4 选择相应的键盘布局并单击"继续"按钮。

设置助理会评估用户的网络环境并尝试确定是否已连接到因特网。这会花费一些时间。

5 如果请求用户选择 Wi-Fi 网络或是询问"您如何连接"，这说明当前没有活跃的以太网连接或是没有连接到因特网。

如果是在有教师指导的环境下进行练习，询问讲师应当如何配置自己的计算机。这可能是因为教室的 DHCP 服务没有开启，或是服务器计算机没有连接到教室的网络。

如果是自己独立进行练习，并且计划使用 Wi-Fi 作为主网络连接，那么选取相应的 Wi-Fi 网络并单击"继续"按钮。不要忘记，要进行 NetInstall 练习，服务器和管理计算机都需要使用以太网连接。

6 当询问是否要传输信息到这台 Mac 时，选择"现在不传输任何信息"并单击"继续"按钮。

7 在"使用您的 Apple ID登录"界面选择"不登录"，并单击"继续"按钮，然后单击"跳过"按钮，确定跳过使用 Apple ID 进行登录的操作。注意，如果提供了 Apple ID 的凭证信息，那么有些图示看上去会略有不同，而且可能还会有额外的步骤出现。如果是在有教师指导的环境下进行练习，建议在此处不输入 Apple ID 信息。

8 在条款和条件界面，阅读完具体内容后单击"同意"按钮。

9 在"我已阅读并同意 OS X 软件许可协议"对话框中单击"同意"按钮。

创建本地管理员账户。

NOTE ▶ 在这里指定创建的这个账户非常关键。如果不按照说明进行操作，那么后续的练习可能无法按照所编写的步骤进行操作。

1 在创建计算机账户界面，输入以下信息。

- ▶ 全名：Local Admin。
- ▶ 账户名称：ladmin。
- ▶ 密码：ladminpw。
- ▶ （验证输入框）：ladminpw。
- ▶ 提示：保持为空白。
- ▶ 选择"需要密码来解锁屏幕"复选框。
- ▶ 取消选择"基于当前位置设定时区"复选框。
- ▶ 取消选择"将诊断与用量数据发送给 Apple"复选框。

如果是自己独立进行练习，并且服务器可访问因特网，那么应当为 Local Admin 账户选用更加安全的密码。确保记住所选用的密码，因为当使用这台计算机时，需要经常输入该密码。

如果是自己独立进行练习，可根据自己的需求来设置一个密码提示信息。

如果输入了 Apple ID 信息，那么可以选择或反选复选框"允许我的 Apple ID 重设此密码"。

对于练习来说，这不会产生太大的影响。

NOTE ▶ 在实际工作中，用户应当总是选用强健的密码。

2 单击"继续"按钮，创建本地管理员账户。

3 如果看到"选择您的时区"界面，在地图中单击自己所在的时区，或者在最接近的城市下拉菜单中选择最接近的位置，然后单击"继续"按钮。

4 在"注册您的 Mac"界面选择"不注册"，然后单击"继续"按钮。不需要在这个时候输入注册信息。

5 在询问确定不注册的时候，单击"跳过"按钮。

6 如果提示安装软件更新，单击"稍后"按钮。

跳过选择2，继续进行"确认计算机有条件运行 OS X Server"部分的操作。

选择2：为服务器计算机配置现有的 OS X 系统

该选项操作只适用于自己独立进行练习的情况，并且计算机当前已设置有管理员账户。

NOTE ▶ 不能使用启动卷宗已安装过 OS X Server 的 Mac。

如果用户的计算机尚未进行过配置（也就是说，如果初始管理员账户尚未建立），那么需要进行选择1"通过设置助理在服务器计算机上配置 OS X"的操作。

通过系统偏好设置创建新的管理员账户。

1 如果需要，使用现有的管理员账户登录系统。

2 在苹果菜单中选择"系统偏好设置"命令。

3 在系统偏好设置中单击"用户与群组"图标。

4 在左下角单击锁形图标。

5 在弹出的对话框中输入现有管理员账户的密码并单击解锁按钮。

6 单击用户列表下方的添加（ + ）按钮。

7 在弹出的对话框中输入以下信息。

NOTE ▶ 在这里指定创建的这个账户非常关键。如果不按照说明进行操作，那么后续的练习可能无法按照所编写的步骤进行操作。如果已有名为 Local Admin 或ladmin的账户，那么这里只能使用不同的名称，然后记得在剩余的练习操作中使用替代的名称。

▶ 新账户：选择管理员。

▶ 全名：Local Admin。

▶ 账户名称：ladmin。

如果用户的服务器不通过因特网访问，那么在"密码"和"验证"文本框中输入ladminpw。

如果是自己独立进行练习，那么可以为 Local Admin 账户选用更加安全的密码。确保记住所选用的密码，因为当使用这台计算机时，需要经常输入该密码。

可根据自己的需求来设置一个密码提示信息。

如果输入了 Apple ID 信息，那么可以选择或反选复选框"允许我的 Apple ID 重设此密码"。对于练习来说，这不会产生太大的影响。

NOTE ▶ 在实际工作中，应当总是选用强健的密码。

8 单击"创建用户"按钮。

9 在用户列表的底部单击"登录"按钮。

10 如果有账户被选择用于自动登录，那么通过下拉菜单将自动登录功能关闭。

11 关闭系统偏好设置并注销登录。

12 在登录界面，选择Local Admin账户并输入该账户的密码（ladminpw，或是先前指定的密码）。

13 按【Return】键，登录系统。

这是选择2 的结尾部分，每个人都应该继续进行下一节的操作。

确认计算机有条件运行 OS X Server

在安装 OS X Server 前，确认计算机满足运行 OS X Server 的技术要求。首先要求 Mac 计算机运行 Mavericks。其他的两个要求是至少 2GB 的内存和至少 10GB 的可用磁盘空间。

1 从苹果菜单中选择"关于本机"命令。

2 确认至少具有 2GB 的内存。

3 如果 Mac 计算机存在多个卷宗，在"关于本机"窗口中会显示启动磁盘的名称。请记录启动磁盘的名称。

4 单击"更多信息"按钮。

5 选择"储存"选项卡。

6 确认启动磁盘至少有 10GB 的可用磁盘空间。

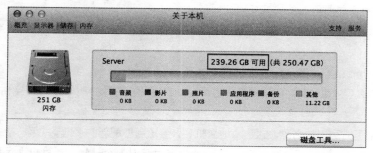

7 如果 Mac 计算机只有一个卷宗，那么记录它的名称，这是用户启动卷宗的名称。

8 按【Command+Q】组合键，退出系统信息应用程序。

更改启动卷宗的名称

在上一节中记录了启动卷宗的名称。在安装 OS X Server 之前，确认服务器计算机要使用的启动卷宗。现在可以更改卷宗名称，因为在安装 OS X Server 后要避免更改启动卷宗名称。如果在安装 OS X Server 后，需要更改服务器计算机启动卷宗的名称，那么在进行更改后，应当重新启动服务器。

1 在 Finder 中选择"前往" > "电脑"命令。

Finder 窗口将显示卷宗。

2 选择启动卷宗。

3 按【Return】键，编辑名称。

4 输入 Server 作为启动卷宗的新名称。

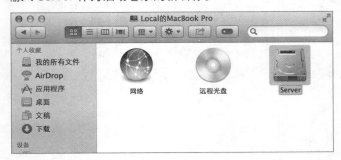

5 按【Return】键，保存名称的更改。

6 按【Command+W】组合键，关闭 Finder 窗口。

设置计算机名称并开启远程管理

在有多名学员的环境下，由于每位学员都输入了相同的账户名信息，而且 OS X 使用账户名和计算机型号名称作为初始计算机名称和本地主机名，因此所有学员的计算机可能具有相同的计算机名称。为了在网络上区别用户的计算机，需要设置唯一的计算机名称。此外，OS X 不允许在同一子网中出现重复的本地主机名，所以会看到警告信息，说明本地主机名已经从 Local-Admins-computer model.local 递增更名为 Local-Admins-computer model-*n*.local，其中 *n* 是一个准随机的数字（这不是用户的学号）。

用户将指定与自己学号相关联的计算机名称。

用户还将启用远程管理，这允许讲师去观察用户的计算机、控制用户的键盘和鼠标、收集信息，以及将项目复制到用户的计算机，如果需要的话，还会以其他方式为用户提供帮助。

NOTE ▶ 虽然知道其他学员计算机的管理员凭证信息，并且可以远程控制他们的计算机，但是请不要通过这种方式来干扰其他人的课堂学习。

1 在 Dock 中打开系统偏好设置。

2 打开共享。

3 将"电脑名称"设置为 server*n* ，将 *n* 替换为自己的学号。

例如，如果学号是17，那么"电脑名称"应当被设置为 server17，所有字符均为小写且没有空格。

4 按【Return】键。

注意"电脑名称"文本框下方列出的名称，这是本地主机名，会更新匹配新的"电脑名称"。

允许讲师（用户自己）通过 Apple Remote Desktop 或屏幕共享从其他 Mac 计算机上远程管理服务器计算机。

5 选择"远程管理"复选框。

6 在弹出的对话框中，先保持取消选择全部复选框并单击"好"按钮，因为这是对所有本地用户的访问控制，而要配置只针对接下来的这个用户的访问控制。

7 在"允许访问"中选择"仅这些用户"。

8 单击添加（ + ）按钮，选择 Local Admin 并单击"选择"按钮。

9 在弹出的对话框中，按住【Option】键选择"观察"复选框，这会自动选择所有的复选框，如下图所示。

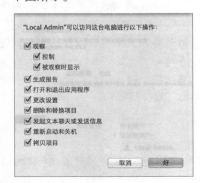

10 单击"好"按钮。

11 单击"全部显示"按钮，返回系统偏好设置的主面板。

设置节能器偏好设置

当进行练习的时候，要避免服务器计算机进入睡眠状态，但可以设置显示器进入睡眠状态。

1 在系统偏好设置中单击"节能器"图标。

2 如果使用的是便携式计算机，那么会看到两个选项卡：电池和电源适配器。当使用电源适配器供电时，选择"电源适配器"选项卡进行配置。

3 将"计算机进入睡眠"滑块拖动计算机到最右端，设置计算机永不进入睡眠状态。

当安装软件更新时可避免计算机进入到睡眠状态。

4 当出现"这些设置可能使您的计算机消耗更多能量"的消息时，单击"好"按钮。

5 将"显示器进入睡眠"滑块拖动到自己认为合适的数值上。可以保持其他设置的默认设置。

6 如果可用，选择"断电后自动启动"复选框。

7 单击"全部显示"按钮，返回系统偏好设置主面板。

配置 App Store 软件更新

如果是在有教师指导的环境下进行练习，那么应当停用App Store 的自动检查更新功能，这样就不会占用不必要的网络带宽。

1 在系统偏好设置中单击 App Store 图标。

2 取消选择"自动检查更新"复选框。

3 如果需要，取消选择"自动下载在其他 Mac 上购买的应用程序"复选框。

4 单击"全部显示"按钮，返回系统偏好设置主面板。

配置网络接口

在初始化安装及配置 OS X Server 前，最好是配置好网络设置。为了开始设置，可以先使用当前环境下的 DNS 服务，但是不要忘记，在进行课堂练习操作的过程中，最终将会使用更改主机名称助理进行配置，这会开启和使用服务器的 DNS 服务。

NOTE ▶ 练习操作只是针对一个活跃的网络接口进行编写的，但如果用户要使用多个网络接口，也不会对完成本练习操作产生太大的影响。

1 在系统偏好设置中单击"网络"图标。

2 在有教师指导的环境下进行练习，将 Mac 计算机内建的以太网接口配置为唯一活跃的网络服务。

NOTE ▶ 为了使用 AirDrop，也可以保持 Wi-Fi 网络接口的开启，但是不要加入任何网络。

如果是自己独立进行练习，可以保持其他接口的活跃状态，但要注意，这可能会导致练习所演示的窗口状态与实际看到的状态有所不同。

在网络接口列表中，选择练习中用不到的各网络接口（应当是除以太网接口以外的所有其他接口），单击操作按钮（齿轮图标），并选择使服务处于不活跃状态。

3 如果要使用多个网络接口，单击操作按钮（齿轮图标），并选择"设定服务顺序"命令，通过拖动来调整顺序，使主网络接口位于列表的顶端，然后单击"好"按钮。

4 选择处于活跃状态的以太网接口。

5 在配置 IPv4 下拉菜单中选择"手动"命令。

6 在有教师指导的环境下进行练习，输入以下信息来手动配置教室环境下的以太网接口（IPv4）。

  ▶ IP 地址：10.0.0.n1（其中 n 是学号，例如，学生1 使用 10.0.0.11，学生6 使用 10.0.0.61，学生15 使用 10.0.0.151）。

  ▶ 子网掩码：255.255.255.0。

  ▶ 路由器：10.0.0.1。

如果是自己独立进行练习，并且要选用不同的网络设置，那么参考课程1中"练习设置"部分的内容。

7 单击"高级"按钮，然后选择 DNS 选项卡。

8 虽然已从 DHCP 设置切换到手动设置，但是还没有应用更改，所以由 DHCP 分配的值会被列出，但它们是浅灰色的，而手动分配的值并不是浅灰色的。

如果在"DNS 服务器"文本框中存在不是浅灰色的值，那么依次选择不是浅灰色的项目，然后单击删除（–）按钮删除项目，直到不存在非浅灰色的项目为止。

9 在有教师指导的环境下进行练习，单击 DNS 服务器文本框下方的添加（＋）按钮并输入 10.0.0.1。

如果是自己独立进行练习，单击 DNS 服务器文本框下方的添加（＋）按钮并输入该值，或是用户所在网络环境下相应的值。

10 在"搜索域"文本框中，由 DHCP 分配的值也会被列出，但它们是浅灰色的，而手动分配的值并不是浅灰色的。

如果在"搜索域"文本框中存在不是浅灰色的值，那么依次选择不是浅灰色的项目，然后单击删除（–）按钮删除项目，直到不存在非浅灰色的项目为止。

11 单击"搜索域"文本框下方的添加（＋）按钮并输入 pretendco.com。

如果是自己独立进行练习，那么输入所在网络环境下相应的值。

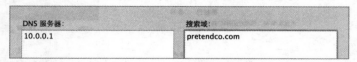

12 单击"好"按钮，保存更改并返回到网络接口列表。

13 确认设置，然后单击"应用"按钮，应用该网络配置。

14 退出系统偏好设置。

更新软件

运行软件更新，如果本地有可用的缓存服务，那么 Mac 会自动使用该服务。

1 从苹果菜单中选择"软件更新"命令。

2 如果有针对 OS X 的更新被列出，那么单击更新项目旁边的"更新"按钮。

对于本指南中的练习，不需要更新其他软件的版本，例如 iTunes，但是也可以更新其他想要更新的项目。

下载学生素材

为了完成一些练习操作，还需要一些文件。如果是在有教师指导的环境下进行练习，可按照选择1 的内容进行操作。否则，应当跳转到选择2 进行操作。

选择1：在有教师指导的环境下下载学生素材

如果是自己独立进行练习，那么请跳转到选择2"针对个人读者下载学生素材"进行操作。

如果是在有教师指导的环境下进行练习，将连接到教室服务器并下载课程所用的学生素材。为了复制文件，应当将文件夹拖动到自己的"文稿"文件夹中。

1 在 Finder 中选择"文件">"新建 Finder 窗口"命令（或按【Command+N】组合键）。

2 在 Finder 窗口的边栏中单击 Mainserver。

如果 Mainserver 没有显示在 Finder 边栏中，那么在共享列表中选择"所有"选项，并在 Finder 窗口中双击 Mainserver 图标。

由于 Mainserver 允许客人用户访问，因此会自动以客人身份登录服务器计算机并显示可用的共享点。

3 打开"公共"文件夹。

4 将 StudentMaterials 文件夹拖动到 Finder 窗口边栏中的"文稿"文件夹中。

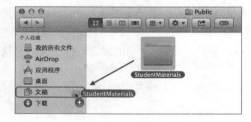

5 当复制操作完成后，单击 Mainserver 旁边的退出按钮，断开与 Mainserver 的连接。

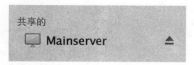

在本练习中，用户配置了准备安装 OS X Server 的服务器计算机。至此已完成本练习的操作，跳过选择2 部分的操作。

选择2：针对个人读者下载学生素材

如果是在有教师指导的环境下进行练习，那么跳过这部分的操作。

如果是自己独立进行练习，需要从电子工业出版社的网站（http://www.phei.com.cn/module/zygl/zxzyindex.jsp）上下载素材，将它们放到自己的"文稿"文件夹中，然后运行软件更新。

1 使用 Safari 打开电子工业出版社的网址（http://www.phei.com.cn/module/zygl/zxzyindex.jsp），找到素材文件所在位置。

2 单击课程文件超链接，将相应的文件下载到自己的计算机中，这会将素材存储到"下载"文件夹中。

3 在 Finder 中选择"文件">"新建 Finder 窗口"命令（或按【Command+N】组合键）。

4 选择"前往">"下载"命令。

5 双击 StudentMaterials.zip，解压文件。

6 将 StudentMaterials 文件夹从"下载"文件夹拖动到 Finder 窗口边栏的"文稿"文件夹中。

7 将 StudentMaterials.zip 文件从"下载"文件夹拖动到 Dock 中的废纸篓中。

在本练习中，使用了关于本机、系统信息及 Finder，在准备安装 OS X Server 的服务器计算机上配置了 OS X。

练习2.2
在服务器计算机上进行 OS X Server 的初始化安装

▶ 前提条件

完成练习2.1 "安装 OS X Server 前，在服务器计算机上对 OS X 进行配置"。

现在已配置好服务器计算机，是时候在上面安装 OS X Server了，并且对其进行配置，使用户可以对其进行远程管理。

安装 Server

建议从 Mac App Store 下载最新版本的 OS X Server。

如果是在有教师指导的环境下进行练习，按照下面选择1部分的说明进行操作。否则跳转到选择2 进行操作。

选择1：在有教师指导的环境下复制 Server

在有教师指导的环境下，教室服务器上的StudentMaterials文件夹中备有 Server 应用程序，通过以下步骤将 Server 应用程序复制到服务器计算机的应用程序文件夹中。

1 在服务器计算机的 Finder 中，打开一个新的 Finder 窗口，选择 Finder 窗口边栏中的"文稿"文件夹，打开已下载的StudentMaterials文件夹，然后再打开Lesson02文件夹。

2 将 Server 应用程序拖动到 Finder 窗口边栏的"应用程序"文件夹中。

请跳转到选择2 部分，继续进行"打开 Server"部分的操作。

选择2：针对个人读者，在Mac App Store中购买或下载 Server

如果是自己独立进行练习，需要从Mac App Store中下载 OS X Server，这会自动将 Server 应用程序放置到"应用程序"文件夹中。

打开 Server

当应用程序文件夹中已有 Server 应用程序时，打开 Server 应用程序。

1 在 Dock 中单击Launchpad图标。

2 在Launchpad中，可能需要滑动到下一页才能看到 Server 应用程序（按住【Command】键并按右方向键，或者如果有触控板的话，在Launchpad中双指左滑触控板可切转到下一页）。

3 单击 Server，打开 Server 应用程序。

4 在"若要在此 Mac 上设置 OS X Server，请点按'继续'"界面中，单击"继续"按钮。

5 在同意软件许可协议界面中单击"同意"按钮。

6 提供本地管理员账户验证信息（用户名 Local Admin 及管理员密码ladminpw）并单击"允许"按钮。

7 等待 Server 应用程序完成配置。

在完成初始化安装后，Server 应用程序会在服务器面板中显示"概览"选项卡中的内容。

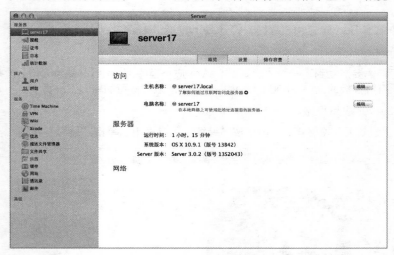

8　将会打开Server 教程窗口，用户可以浏览其中的内容，但是需要继续进行练习操作，关闭
Server 教程窗口。

至此，已成功安装 OS X Server。

配置服务器的主机名称和 DNS 记录

在很多生产环境中，都已经提供了DNS 服务。对于有教师指导环境下的学员及个人读者来
说，可能会有各种不同的网络架构，但本指南都做了精心的设计编写。本指南的操作是让用户的服
务器提供 DNS 服务，用户的管理员计算机使用该服务器的 DNS 服务。而在实际工作中，这通常会
有不同的配置。

在安装 OS X Server 前，如果是按照本指南的内容进行的操作，那么已配置 Mac 使用了 DNS
服务，但是手动分配给 Mac 的 IPv4 地址并不存在对应的 DNS 记录。所以 OS X 自动分配 server*n*.local
（其中*n* 是学号）作为主机名称。

NOTE ▶ 即使所在的网络环境提供了 DNS 记录，为了体验 Server 应用程序如何配置 DNS
服务，那么还是建议用户按本指南中的说明来配置服务器计算机和管理员计算机。

用户将更改服务器的、由 Server 应用程序自动配置的主机名称，开启并使用 DNS 服务，然后
通过提醒功能来找到"主机名更改通知"。

NOTE ▶ 最好是为 OS X Server 设置相应的 DNS 记录。本练习描述的是一种常见的情况。

1 如果 Server 应用程序窗口显示的不是"概览"选项卡，那么在 Server 应用程序的边栏中选择自己的服务器，然后选择"概览"选项卡。

2 确认服务器的"主机名称"是server*n*.local（其中 *n* 是学号）。

3 确认服务器的"电脑名称"是 server*n*（其中 *n* 是学号）。

4 单击主机名称旁边的"编辑"按钮，更改主机名称。

访问
主机名称：● server17.local
了解如何通过互联网访问此服务器 ●
[编辑...]

5 在更改主机名界面中单击"下一步"按钮。

6 如果看到"检测到多个网络"界面，那么选择要用于配置服务器标识的网络接口，Server 应用程序将使用所选网络接口所分配的 IPv4 地址（应当是 10.0.0.*n*1，其中 *n* 是学号），来创建正向和反向解析记录。单击"下一步"按钮。

7 在"访问服务器"界面中选择"域名"并单击"下一步"按钮。
将在课程3"提供 DNS 服务"中了解到更多信息。

8 如果需要，将"电脑名称"设置为 server*n*，其中 *n* 是学号。

9 在"主机名称"文本框中输入server*n*.pretendco.com，其中*n* 是学号。

10 在"网络地址"的右边单击"编辑"按钮，可查看网络设置。

正在连接 Server
输入电脑名称和主机名。

电脑名称： server17
用户将在 Finder 中看到此名称，或者在连接到本地网络上时看到此名称。

主机名称： server17.pretendco.com
请输入您为此服务器注册的域名，如"server.example.com"。

网络地址： 10.0.0.171 在 Wi-Fi 上 [编辑...]

[上一步] [完成]

11 如果存在多个接口，而且要作为主网络接口的网络服务没有位于网络接口列表的顶端，那么先选中该网络服务，然后再将其拖动到网络接口列表的顶端。

12 选择主网络接口并确认它的配置情况，具体设置应当如下。

- ▶ 配置IPv4：手动。
- ▶ IP 地址：10.0.0.*n*1（其中 *n* 是学号）。
- ▶ 子网掩码：255.255.255.0。
- ▶ 路由器：10.0.0.1。
- ▶ DNS 服务器：10.0.0.1。
- ▶ 搜索域：pretendco.com。

配置 IPv4：	手动
IP 地址：	10.0.0.171
子网掩码：	255.255.255.0
路由器：	10.0.0.1
DNS 服务器：	10.0.0.1
搜索域：	pretendco.com

13 如果已做了更改，那么单击"应用"按钮，保存网络配置更改。否则，单击"取消"按钮，返回到"正在连接 Server"窗口。

14 在"正在连接 Server"界面中单击"完成"按钮，应用新的名称和网络地址设置。

15 在"您想要设置 DNS 吗？"对话框中单击"设置 DNS"按钮。

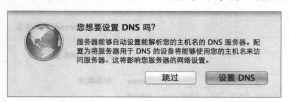

16 在"概览"选项卡中，确认"主机名称"和"电脑名称"是自己所希望的配置。

17 在 Server 应用程序的边栏中，将鼠标悬停在"高级"文字上，然后单击高级服务列表显示出来的"显示"。

18 确认 DNS 旁边的状态指示器是绿色的，这表明 DNS 服务正在服务器上运行。

19 打开系统偏好设置并单击"网络"图标。

20 单击主网络接口，再单击"高级"按钮，然后单击 DNS。

将 DNS 服务器部分配置为只包含 127.0.0.1。

注意，10.0.0.1也会被列在"DNS 服务器"文本框中。在将 127.0.0.1添加为第一个项目后，Server 应用程序会自动添加原来的 DNS 服务器设置作为后备资源，以防止服务器的 DNS 服务被停用或是无法将请求正常转发到其他的 DNS 服务器上。但是由于其他 DNS 服务器可能无法回应用户的服务器所需的 DNS 记录（例如，回应的是一个公网 IPv4 地址而不是私网 IPv4 地址），因此应当从"DNS 服务器"文本框中移除除 127.0.0.1 以外的其他所有项目。

21 选中 10.0.0.1 项目，然后单击移除（－）按钮。

22 确认"DNS 服务器"文本框中只包含 127.0.0.1，"搜索域"文本框中是 pretendco.com。

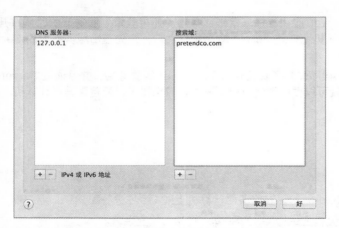

23 单击"好"按钮，保存更改并返回到网络接口列表。

24 检查设置，然后单击"应用"按钮，应用网络配置。

25 退出系统偏好设置。

查看主机名更改通知

在更改了服务器的主机名称后，服务器会生成一个与更改操作相关的提醒通知。

1 在 Server 应用程序的边栏中单击提醒。

2 双击打开"主机名更改通知"。

3 查看通知中的信息。

4 单击"完成"按钮。

配置服务器可以进行远程管理

配置服务器，使用户可以在管理员计算机上通过 Server 应用程序来管理服务器。

1 在 Server 应用程序窗口中选择"设置"选项卡。

2 选择"允许使用服务器进行远程管理"复选框。

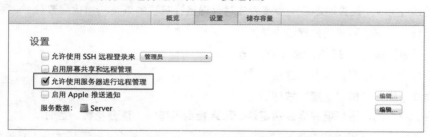

3 由于接下来要在管理员计算机上打开 Server 应用程序，所以按【Command+Q】组合键，退出 Server 应用程序。

建议在同一时间只使用一个 Server 应用程序来管理服务器。如果登录到服务器的时候打开了 Server 应用程序，那么在管理员计算机上打开 Server 应用程序之前，应先退出服务器上的 Server 应用程序。

在本练习中，使用 Server 应用程序配置了安装有 OS X Server 的服务器，并且通过 Server 应用程序启用了远程管理功能，这样就可以很好地进行接下来的练习操作了，配置管理员计算机。

练习2.3
配置管理员计算机

▶ **前提条件**

> ▶ 完成练习2.1 "安装 OS X Server 前，在服务器计算机上对 OS X 进行配置"。
>
> ▶ 完成练习2.2 "在服务器计算机上进行 OS X Server 的初始化安装"。
>
> ▶ 必须具备一台运行 OS X Mavericks的 Mac，并且在它的启动卷宗上从未安装过 OS X Server。

管理员计算机是用户用于打开 Server 应用程序并通过该程序管理运行 OS X Server 计算机的 Mac。切记，要管理 Mavericks OS X Server，管理员计算机必须运行 OS X Mavericks。

在这个练习中，将配置管理员计算机，准备用于管理服务器并远程访问服务器的服务。

这个练习与练习2.1非常类似，但是会配置管理员计算机使用以下几项内容。

▶ 不同的计算机名称。

▶ 不同的主IPv4 地址。

▶ 使用服务器的 DNS 服务。

根据是独立进行练习操作还是在有教师指导的环境下进行练习操作，将使用两套可选操作中的一个来配置本地管理员账户。

对于两套操作来说，都会使用系统偏好设置来配置网络、共享及节能器设置。用户还会下载本课程将要使用的学生素材。最后，还会应用必需的系统软件更新，然后使用 Server 应用程序来确认可以通过它连接到服务器。

选择1：通过设置助理在管理员计算机上配置 OS X

如果管理员计算机尚未被配置，那么需要选择这个选项进行操作，在有教师指导的环境下进行练习符合这种情况。如果使用的 Mac 已存在账户，那么请选用选择2 "为管理员计算机配置现有的 OS X 系统" 进行操作。

确认管理员计算机上已安装 Mavericks。如果尚未安装，那么现在通过 Mac App Store、Recovery HD 或是教师指定的方法来安装 Mavericks，当进行到出现欢迎界面的时候再继续进行操作。

在本节中，将通过 OS X 设置助理来一步步完成对管理员计算机的系统初始化配置。

1 确认管理员计算机已连接到可用的网络连接上。

2 如果需要，打开将要运行 OS X Server 的 Mac。

3 在欢迎界面选择相应的地区，单击 "继续" 按钮。

4 选择相应的键盘布局并单击 "继续" 按钮。

设置助理会评估用户的网络环境并尝试确定是否已连接到因特网。这会花费一些时间。

5 如果请求用户选择 Wi-Fi 网络或是询问 "您如何连接"，这说明当前没有活跃的以太网连接或是没有连接到因特网。

如果是在有教师指导的环境下进行练习，询问讲师应当如何配置自己的计算机，这可能是由于教室的 DHCP 服务没有开启，或是服务器计算机没有连接到教室的网络。

如果是自己独立进行练习，并且计划使用 Wi-Fi 作为主网络连接，那么选择相应的 Wi-Fi 网络并单击"继续"按钮。不要忘记，要进行 NetInstall 练习，服务器计算机和管理计算机都需要使用以太网连接。

6 当询问是否要传输信息到这台 Mac 时，选择"现在不传输任何信息"并单击"继续"按钮。

7 在"使用您的 Apple ID 登录"界面，选择"不登录"，并单击"继续"按钮，然后单击"跳过"按钮，确定跳过使用 Apple ID 进行登录的操作。注意，如果提供了 Apple ID 的凭证信息，那么有些图示看上去会略有不同，而且可能还会有额外的步骤出现。

8 在"条款和条件"界面，阅读完具体内容后单击"同意"按钮。

9 在"我已阅读并同意 OS X 软件许可协议"对话框中单击"同意"按钮。

创建本地管理员账户。

NOTE ▶ 在这里指定创建的这个账户非常关键。如果不按照说明进行操作，那么后续的练习可能无法按照所编写的步骤进行操作。

1 在创建计算机账户界面，输入以下信息。

- ▶ 全名：Local Admin。
- ▶ 账户名称：ladmin。
- ▶ 密码：ladminpw。
- ▶ （验证输入框）：ladminpw。
- ▶ 提示：保持为空白。
- ▶ 保持选择"需要密码来解锁屏幕"复选框。
- ▶ 取消选择"基于当前位置设定时区"复选框。
- ▶ 取消选择"将诊断与用量数据发送给 Apple"复选框。

NOTE ▶ 在实际工作，应当选用强健的密码。

如果输入了 Apple ID 信息，那么可以选择或取消选择"允许我的 Apple ID 重设此密码"复选框。对于练习来说，这不会产生太大的影响。

2 单击"继续"按钮，创建本地管理员账户。

3 如果看到"选择您的时区"界面，在地图中单击自己所在的时区，或者在"最接近的城市"下拉菜单中选择最接近的位置，然后单击"继续"按钮。

4 在"注册您的 Mac"界面选择"不注册"，然后单击"继续"按钮。不需要在这个时候输入注册信息。

5 当询问确定不注册的时候，单击"跳过"按钮。

6 如果提示用户安装软件更新，单击"稍后"按钮。

跳过选择2，继续进行"设置计算机名称并开启远程管理"部分的操作。

选择2：为管理员计算机配置现有的 OS X 系统

本小节只适用于自己独立进行练习的情况，并且计算机当前已设置有管理员账户。

NOTE ▶ 不能使用启动卷宗已安装过 OS X Server 的 Mac。

如果用户的计算机尚未进行过配置（也就是说，如果初始管理员账户尚未建立），那么需要进行选择1"通过设置助理在管理员计算机上配置 OS X"的操作。

在系统偏好设置中创建新的管理员账户。

1　如果需要，使用现有的管理员账户登录系统。

2　在苹果菜单中选择"系统偏好设置"命令。

3　在系统偏好设置中单击"用户与群组"图标。

4　在左下角单击锁形图标。

5　在弹出的对话框中输入现有管理员账户的密码并单击"解锁"按钮。

6　单击用户列表下方的添加（＋）按钮。

7　在弹出的对话框中输入以下信息。

NOTE ▶ 在这里指定创建的这个账户非常关键。如果不按照说明进行操作，那么后续的练习可能无法按照所编写的步骤进行操作。如果已有名为 Local Admin 或 ladmin 的账户，那么这里只能使用不同的名称，然后记得在剩余的练习操作中使用替代的名称。

▶ 新账户：选择管理员。

▶ 全名：Local Admin。

▶ 账户名称：ladmin。

如果是在有教师指导的环境下进行练习操作，那么在"密码"和"验证"文本框中输入ladminpw。

如果是自己独立进行练习，那么可以为 Local Admin 账户选用更加安全的密码。确保记住所选用的密码，因为当使用这台计算机时，需要经常输入该密码。

可根据自己的需求来设置一个密码提示信息。

如果输入了 Apple ID 信息，那么可以选择或取消选择"允许我的 Apple ID 重设此密码"复选框，对于练习来说，这不会产生太大的影响。

NOTE ▶ 在实际工作中，应当总是选用强健的密码。

8　单击"创建用户"按钮。

9　在用户列表的底部选择登录选项。

10　如果有账户被选择用于自动登录，那么通过下拉菜单将自动登录功能关闭。

11　关闭系统偏好设置并注销登录。

12　在登录界面，选择 Local Admin 账户并输入该账户的密码（ladminpw，或是先前指定的密码）。

13　按【Return】键，登录系统。

这是选择2 的结尾部分，每个人都应该继续进行下一节的操作。

设置计算机名称并开启远程管理

在本节中，用户将制定一个带有学号的计算机名称。如果是独立进行练习操作，那么可选择跳过这部分的操作。

用户还将开启远程管理，这允许讲师去观察用户的计算机、控制键盘和鼠标、收集信息，以及将项目复制到的计算机，如果需要的话，还会以其他方式为用户提供帮助。

1　在 Dock 中，打开系统偏好设置。

2　打开共享。

3　将"电脑名称"设置为client*n* ，将 *n* 替换为学号。

例如，如果用户的学号是17，那么"电脑名称"应当被设置为client17，所有字符均为小写且没有空格。

4　按【Return】键。

注意"电脑名称"文本框下方列出的名称，这是本地主机名，会更新匹配新的计算机名称。

这会允许讲师和用户自己来远程管理管理员计算机，也可以让用户在其他 Mac 上使用屏幕共享。

5　选择"远程管理"复选框。

6　在弹出的对话框中，先保持取消选择全部复选框并单击"好"按钮，因为这是对所有本地用户的访问控制，而要配置只针对接下来的这个用户的访问控制。

7　在"允许访问"中选择"仅这些用户"。

8　单击添加（+）按钮，选择 Local Admin 并单击选择。

9　在弹出的对话框中，按住【Option】键选择"观察"复选框，这会自动选择所有的复选框。

10　单击"好"按钮。

11　单击"全部显示"按钮，返回系统偏好设置的主面板。

设置节能器偏好设置

当进行练习时，要避免管理员计算机进入睡眠状态，但可以设置显示器进入睡眠状态。

如果是自己独立进行练习操作，那么可以选择跳过这部分的操作。

1　在系统偏好设置中单击"节能器"图标。

2　如果使用的是便携式计算机，那么会看到两个选项卡：电池和电源适配器。当使用电源适配器供电的时候，选择"电源适配器"选项卡进行配置。

3　将"计算机进入睡眠"滑块拖动到最右端，设置计算机永不进入睡眠状态。

当安装软件更新时可避免计算机进入到睡眠状态。

4　当出现"这些设置可能使您的计算机消耗更多能量"的消息时，单击"好"按钮。

5　将"显示器进入睡眠"滑块拖动到自己认为合适的数值上。可以保持其他设置的默认设置。

6　单击"全部显示"按钮，返回系统偏好设置的主面板。

配置 App Store 软件更新

如果是在有教师指导的环境下进行练习，那么应当停用App Store 的自动检查更新功能，这样就不会占用不必要的网络带宽。

1　在系统偏好设置中单击 App Store 图标。

2　取消选择"自动检查更新"复选框。

3　如果需要，取消选择"自动下载在其他 Mac 上购买的应用程序"复选框。

4　单击"全部显示"按钮，返回系统偏好设置的主面板。

配置网络

配置管理员计算机使用服务器上的 DNS 服务。

NOTE ▶ 练习操作只是针对一个活跃的网络接口进行编写的，但如果要使用多个网络接口，也不会对完成本练习操作产生太大的影响。

1　在系统偏好设置中单击"网络"图标。

2　在有教师指导的环境下进行练习，将 Mac 计算机内建的以太网接口配置为唯一活跃的网络服务。

NOTE ▶ 为了使用 AirDrop，也可以保持 Wi-Fi 网络接口的开启，但是不要加入任何网络。

在网络接口列表中，选择练习中用不到的各网络接口（应当是除以太网接口以外的所有其他接口），单击操作按钮（齿轮图标），并选择使服务处于不活跃状态。

如果是自己独立进行练习，可以保持其他接口的活跃状态，但要注意，这可能会导致练习所演示的窗口状态与实际看到的状态有所不同。

3 如果要使用多个网络接口，单击操作按钮（齿轮图标），并选择"设定服务顺序"命令，拖动调整顺序，令主网络接口位于列表的顶端，然后单击"好"按钮。

4 选择处于活跃状态的以太网接口。

5 在配置 IPv4 下拉菜单中选择"手动"命令。

6 输入以下信息来手动配置教室环境下的以太网接口（IPv4）。

▶ IP 地址：10.0.0.$n2$（其中 n 是学号，例如，学生1 使用 10.0.0.12，学生6 使用 10.0.0.62，学生15 使用 10.0.0.152）。

▶ 子网掩码：255.255.255.0。

▶ 路由器：10.0.0.1。

如果是自己独立进行练习，并且要选用不同的网络设置，那么参考课程1中"练习设置"部分的内容，并在本指南的所有练习中，需要将相应的网络设置替换为用户自己的环境设置。

7 单击"高级"按钮，然后选择 DNS 选项卡。

8 虽然从 DHCP 设置切换到手动设置，但是还没有应用更改，所以由 DHCP 分配的值会被列出，但它们是浅灰色的，而手动分配的值并不是浅灰色的。

如果在"DNS 服务器"文本框中存在不是浅灰色的值，那么依次选择不是浅灰色的项目，然后单击删除（−）按钮，删除项目，直到不存在非浅灰色的项目为止。

9 在"DNS 服务器"文本框中，单击添加（+）按钮并输入服务器计算机的 IPv4 地址（10.0.0.$n1$，其中 n 是学号，例如，学生1 使用 10.0.0.11，学生6 使用 10.0.0.61，学生15 使用 10.0.0.151）。

10 在"搜索域"文本框中，由 DHCP 分配的值也会被列出，但它们是浅灰色的，而手动分配的值并不是浅灰色的。

如果在"搜索域"文本框中存在不是浅灰色的值，那么依次选择不是浅灰色的项目，然后单击删除（−）按钮，删除项目，直到不存在非浅灰色的项目为止。

11 单击"搜索域"文本框下方的添加（+）按钮并输入 pretendco.com。

如果是自己独立进行练习，那么输入所在网络环境下相应的值。

12 单击"好"按钮，关闭设置面板。

13 单击"应用"按钮，应用网络配置。

14 退出系统偏好设置。

确认 DNS 记录

使用网络实用工具来确认管理员计算机可以访问服务器的 DNS 服务。网络实用工具位于/系统/资源库/CoreServices/Application目录中，它已被 Spotlight 进行了索引。

1 单击屏幕右上角的 Spotlight 图标（或按【Command+空格】组合键），显示 Spotlight 搜索文本框。

2 在 Spotlight 搜索文本框中输入Network Utility。

3 按【Return】键，打开 Spotlight 搜索的"最常点选"，就是网络实用工具。

NOTE ▶ 如果在 Spotlight 搜索文本框中无法输入文本，那么是因为磁盘仍在进行索引操作，如果是这种情况的话，在 Finder 中选择"前往">"前往文件夹"命令，并输入/System/library/CoreServices/Applications，单击"前往"按钮，然后打开网络实用工具。

4 在网络实用工具中选择 Lookup 选项卡。

5 在文本框中输入服务器的主IPv4 地址（10.0.0.n1，其中 n 是学号），并单击 Lookup 按钮。

6 确认服务器的主机名称显示在结果信息框中。

7 在文本框中输入服务器的主机名称并单击 Lookup 按钮。

8 确认服务器的主IPv4 地址显示在结果信息框中。

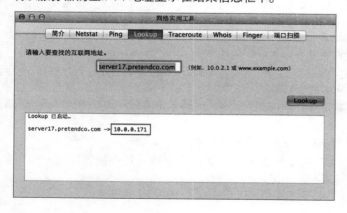

9 按【Command+Q】组合键，退出网络实用工具。

更新软件

运行软件更新，如果本地有可用的缓存服务，那么 Mac 会自动使用该服务。

1 从苹果菜单中选择"软件更新"命令。

2 如果有针对 OS X 的更新被列出，那么单击更新项目旁边的"更新"按钮。

对于本指南中的练习，不需要更新其他软件的版本，例如 iTunes，但是也可以更新其他想要更新的项目。

下载学生素材

为了完成一些练习操作，还需要一些文件。用户已经将它们下载到服务器计算机上，但是在管理员计算机上，应当也可以使用它们。如果是在有教师指导的环境下进行练习，可按照选择1 的内容进行操作。否则，应当跳转到选择2 进行操作。

选择1：在有教师指导的环境下下载学生素材

如果是在有教师指导的环境下进行练习，将连接到教室服务器并下载课程所用的学生素材。为了复制文件，应当将文件夹拖动到"文稿"文件夹中。

如果是自己独立进行练习，那么请跳转到选择2"针对个人读者下载学生素材"进行操作。

1 在 Finder 中选择"文件">"新建 Finder 窗口"命令（或按【Command+N】组合键）。

2 在 Finder 窗口的边栏中单击 Mainserver。

如果 Mainserver 没有显示在 Finder 边栏中，那么在共享列表中单击"所有"，并在 Finder 窗口中双击 Mainserver 图标。

由于 Mainserver 允许客人用户访问，因此会自动以客人身份登录服务器计算机并显示可用的共享点。

3 打开"公共"文件夹。

4 将 StudentMaterials 文件夹拖动到 Finder 窗口边栏的"文稿"文件夹中。

5 当复制操作完成后，单击 Mainserver 旁边的推出按钮，断开与 Mainserver 的连接。

跳过选择2 部分的操作。继续进行下面"安装 Server 应用程序"部分的操作。

选择2：针对个人读者下载学生素材

如果是自己独立进行练习，需要从服务器上复制学生素材（或者从电子工业出版社的网站上下载素材），将它们放到"文稿"文件夹中，然后运行软件更新。

如果用户的两台 Mac 都开启了 AirDrop，那么可以通过 AirDrop 将StudentMaterials 文件夹从服务器上复制到管理员计算机。分别在每台 Mac 的 Finder 窗口中单击 AirDrop。在服务器计算机上打开一个新的 Finder 窗口，打开"文稿"文件夹，将StudentMaterials 文件夹拖动到 AirDrop 窗口中的管理员计算机图标上，然后单击"发送"按钮。在管理员计算机上，单击"存储"按钮，当传输完成后，打开"下载"文件夹并将 StudentMaterials 文件夹拖动到 Finder 窗口边栏的"文稿"文件夹中。最后，分别关闭服务器计算机和管理员计算机上的 AirDrop 窗口。

另一个选择是使用可移动磁盘。如果有 USB、FireWire或Thunderbolt磁盘，可以将其连接到服务器，将StudentMaterials文件夹从本地管理员的"文稿"文件夹复制到卷宗上，推出卷宗，再将卷宗连接到管理员计算机，将StudentMaterials文件夹拖动到 Finder 窗口边栏中的"文稿"文件夹中。

此外，也可以再次通过以下步骤从电子工业出版社的网站上下载文件。

这些操作假定已在练习 2.1 中获得了课程文件。如果尚未进行这个操作，那么参见练习 2.1"选择2：针对个人读者下载学生素材"中的具体内容。

1 打开电子工业出版社的网址（http://www.phei.com.cn/module/zygl/zxzyindex.jsp），找到素材文件所在位置。

2 单击课程文件超链接，将相应的文件下载到计算机上，将素材存储到"下载"文件夹中。

3 在 Finder 中选择"文件">"新建 Finder 窗口"命令（或按【Command+N】组合键）。

4 选择"前往">"下载"命令。

5 双击 StudentMaterials.zip，解压文件。

6 将 StudentMaterials 文件夹从"下载"文件夹拖动到 Finder 窗口边栏的"文稿"文件夹中。

7 将 StudentMaterials.zip 文件从"下载"文件夹拖动到 Dock 中的废纸篓中。

每位学员都应当继续进行下一节"安装 Server 应用程序"的操作。

安装 Server 应用程序

在服务器计算机上，已经运行了 Server 应用程序，将服务器计算机配置为服务器来使用。但是在管理员计算机上，将运行 Server 应用程序来远程管理服务器。

选择1：在有教师指导的环境下复制 Server

在有教师指导的环境下，教室服务器上的StudentMaterials文件夹中备有 Server 应用程序，通过以下步骤将 Server 应用程序复制到服务器计算机的"应用程序"文件夹中。

1 在管理员计算机的 Finder 中，打开一个新的 Finder 窗口，单击 Finder 窗口边栏中的"文稿"文件夹，打开已下载的StudentMaterials文件夹，然后再打开Lesson02文件夹。

2 将 Server 应用程序拖动到 Finder 窗口边栏的"应用程序"文件夹中。

选择2：针对个人读者，在Mac App Store中购买或下载 Server

如果是自己独立进行练习，那么在完成练习2.2 的时候就已经购买过 OS X Server。如果是这种情况，从 Dock 或苹果菜单中打开 Mac App Store，使用所购买的 OS X Server 的Apple ID 登录，然后下载 OS X Server，这会将 Server 应用程序自动存储到"应用程序"文件夹中。

通过 Server 应用程序管理服务器

使用管理员计算机，打开 Server 应用程序，连接到服务器并接受它的 SSL 证书。

1 在管理员计算机上打开 Server 应用程序。

2 单击"其他 Mac"。

3 在"选取 Mac"窗口中选择服务器并单击"继续"按钮。

4 提供管理员的凭证信息（管理员名称 ladmin及管理员密码 ladminpw）。

5 如果需要，取消选择"在我的钥匙串中记住此密码"复选框，不要将用户提供的凭证信息存储到钥匙串（密码安全存储）中，这意味着每次使用 Server 应用程序去连接服务器的时候都必须提供管理员凭证信息。这便于使用不同的管理员凭证信息，练习8.1"创建并配置本地用户账户"需要这样进行操作。

6 单击"连接"按钮。

7 由于用户的服务器目前使用的是自签名的 SSL（Secure Sockets Layer，安全套接层）证书，这个证书并不是由管理员计算机所信任的证书颁发机构（CA）所签发的，因此当连接到服务器的时候，对于证书的身份识别无法通过验证，就会看到警告信息。参阅课程5"SSL 证书的配置"，可获取有关 SSL 的更多信息。

NOTE ▶ 在实际工作中，用户可以使用服务器计算机上的钥匙串访问应用程序，来为服务器的com.apple.servermgrd身份信息配置使用一个有效的 SSL 证书。com.apple.servermgrd身份信息是用来与远端的 Server 应用程序进行通信的。这个内容已超出了本指南的学习范围。

8 单击"显示证书"按钮。

9 当连接服务器的时候，选择"连接'server*n*.pre tendco.com'时始终信任'com.apple. servermgrd'"复选框。

10 单击"继续"按钮。

11 为了更改钥匙串，必须提供登录凭证信息。

输入密码（ladminpw）并单击"更新设置"按钮。

当单击"更新设置"按钮后，Server 应用程序将连接到服务器。

在本练习中，准备了管理员计算机去远程管理服务器，并访问来自服务器的服务。

课程3
提供 DNS 服务

域名系统（DNS）是一项重要的服务。该服务非常重要，在某些情况下，如果没有服务器为它提供服务，那么 OS X Server 会设置它自己的 DNS 服务来使用。对于某些服务来说，如果 DNS 不正常工作，那么就会出现问题，因此，理解 DNS 是什么，以及如何通过 OS X 和其他计算机对其进行管理是非常重要的。

> **目标**
> ▶ 部署 OS X Server 作为 DNS 服务器。
> ▶ 理解为何及如何使用 DNS。

虽然 DNS 涉及方方面面的内容，但是本课程的重点在于在 OS X 系统中都需要进行哪些工作。

参考3.1
什么是 DNS

DNS 最基本的形式是通过 IPv4 地址或名称来辅助识别网络上的计算机、服务器及其他设备的系统。例如以下内容。

server17.pretendco.com = 10.0.0.171（正向查询）

10.0.0.171 = server17.pretendco.com（逆向查询）

UNIX 操作系统，例如 OS X，依靠 DNS 来保持跟踪网络上的资源，这也包括它们自己。它们需要经常"查询"或是发现需要联络的IP 地址和主机名称，也包括它们自己的信息。通过身份验证请求、对资源的访问或是服务器可能要求进行的任何操作，都会触发查询。

一个DNS的请求流程如下。

1. 一台计算机通过 DNS 请求找出资源的 IP 地址，例如网站服务器或是文件服务器。请求被发送到该计算机配置使用的 DNS 服务器上。该计算机可通过 DHCP 或手动配置来获得 DNS 服务器信息。例如，www.apple.com 的地址是什么？

2. DNS 服务器接收到请求后，确定它是否可以回答请求的查询。如果能够回答，它会将结果返馈给请求的计算机。由于它会缓存以前的请求结果，或者它就是该域（apple.com）的"权威"解析服务器并且已经配置了解析结果，所以它可能会知道结果。如果它不知道结果，那么会将请求转发到它所配置的其他 DNS 服务器上。这类服务器称为转发服务器，这时转发服务器负责获得结果并将结果返馈回给发出请求的 DNS 服务器。

3. 如果没有设置转发服务器，DNS 服务器会参考 /资源库/Server/named/named.ca 中的根服务器列表，并将请求发送给根服务器。

4. 根服务器会回应 DNS 服务器，告诉它去哪里找到处理 .com 请求的 DNS 服务器，因为最初的请求是顶级域（TLD）".com"下的一个域。

5. DNS 服务器会询问 TLD 服务器 apple.com 域在哪里，然后 TLD 服务器给出回应。

6. 现在知道 apple.com 的权威 DNS 服务器在哪里了，DNS 服务器将请求 www.apple.com 的解析结果，权威服务器会提供相应的结果。

7. DNS 服务器会对结果做两件事情，包括将结果传递给最初的请求者及缓存结果，以备其他的请求来获取。根据 DNS 记录中所指定的时间，缓存的结果会在请求服务器上保留相应的时间，这个时间称为生存时间（TTL）。当时间过期后，缓存的结果会被清除。

由此可以看出，解析结果离得越近，查询过程就越快，所以为自己的用户计算机和移动设备部署自己的 DNS 服务器是很方便的。

DNS 出现问题或不存在的 DNS 所导致的问题通常有以下几个。

▶ 资源无法通过网络进行连接，例如网站、Wiki、日历及文件共享。

▶ 无法登录由 Open Directory 服务器托管的计算机。

▶ Kerberos 单点登录无法正常工作。

▶ 鉴定问题。

DNS 系统由以下几部分组成，包括但不限于这些。

▶ 请求者：查询信息的计算机。

▶ DNS 服务器：提供请求者所需要的全部或部分信息的服务。

▶ 记录：与 DNS 区域相关的信息定义记录，例如机器记录和名称服务器记录。

▶ 区域文件：包含 DNS 记录的文本文件。在 Mavericks 中，这些文件位于新的位置：/资源库/Server/named/。

▶ 首选区域：一个域的一组记录。

▶ 备选区域：首选区域的副本，通常在另一台DNS服务器上，该服务器通过区域传送来创建记录。

▶ 区域传输：将首选区域的副本发送到另一台服务器，当作辅助区域来使用。

▶ 转发服务器：如果 DNS 服务器没有相应的区域信息来回应请求，请求将被转发。

参考3.2
评估 OS X 的 DNS 主机需求

当初始配置 OS X Server 时，Server 应用程序会根据网络偏好设置中配置的 DNS 服务器来检查是否有相应的 DNS 主机名称关联到计算机的 IPv4 地址。如果存在，计算机会以 DNS 记录中的主机名称信息来进行命名。

如果没有提供计算机 IPv4 地址的 DNS 信息，那么在主机名称被编辑的时候，会在计算机上设置 DNS 服务。与先前的 OS X Server 版本不同，这项任务在服务器进行初始配置时才进行处理。这个设置过程可以保证提供服务器正常工作所需的最基本的 DNS 信息。在 Server 应用程序的服务列表中，DNS 服务旁边的绿色指示器表明 DNS 服务已被开启，而且在网络偏好设置中，DNS 服务器的设置为 127.0.0.1。

相对于 OS X Server 来说，DNS 服务有以下 3 种情况。

▶ 自动配置的 DNS。如果服务器运行着它自己的 DNS 并依靠它工作，那么保持这种方式，不对 DNS 服务进行配置是相对合适的。当服务器是网络中唯一的服务器时，这种情况是可以的，例如在小型的办公室中。客户端计算机将通过Bonjour来联络服务器，访问支持Bonjour的服务。这是假定服务器与客户端在同一网段（子网）的情况。这种配置是可行的，而且可以很好地工作。

▶ 使用外部提供的 DNS。其他配置可能需要外部提供 DNS。例如服务器为了获取用户和群组信息而被连接到Active Directory（AD）系统，就属于这种情况。在这种情况下，最好是在 AD 的 Windows 服务器所用的 DNS 服务中设置服务器的记录。确认具有正向查询的 A 记录——server17.pretendco.com = 10.0.0.171，以及逆向或 PTR 记录——10.0.0.171 = server17.pretendco.com。在配置服务器使用外部 DNS 服务器前，使用网络实用工具或命令行工具对这些信息进行检查。

NOTE ▶ 2008 R2 之前的 Windows DNS 服务通常不提供逆向区域。在创建 A 记录的时候有一个用于自动创建 PTR 记录的复选框，但除非是逆向区域存在，否则 PTR 记录是不会被创建的。

▶ OS X Server 托管 DNS。这与自动配置的 DNS 不同，它是通过管理员手动进行配置的，并且可供网络中的其他计算机和设备来获取 DNS 信息。服务器上的 DNS 服务会设置新的 DNS 区域并添加表示计算机的记录。当需要有比简单识别网络上的服务器更多的需求，并且网络中的所有计算机都需要使用服务器的 DNS 信息时，应采用这种方式提供 DNS 服务。

内部和外部 DNS 的处理

越来越多的用户都希望能够在他们所在的任何地方都可以访问到他们所需的数据，因此需要考虑如何处理来自网络内部及来自不属于自己控制之下的外网的请求。例如邮件、日历、网站及设备管理这样的服务，在这两种类型的网络中都要被使用，需要知道如何处理这两种情况下的 DNS 请求。这里将这类情况所需的技术称为分离 DNS（split DNS）。

概念很简单：当用户在内网时，DHCP 服务器为客户端提供 IP 地址，在其中添加内网的 DNS 服务器地址。内部 DNS 服务器通过内网 IP 提供了访问内部资源的客户端信息。外网客户端使用外部的 DNS 服务器，外部DNS 服务器会为外网客户端提供访问服务器的外网IP 地址。

内部请求：

www.pretendco.com = 10.0.0.171

外部请求：

www.pretendco.com = 203.0.113.10

为了以这种方式工作，需要为外部 DNS 主机服务器配置相应的外部 IP 地址，并允许服务访问可通过防火墙。这样，无论用户在哪里都可为他们提供相同的服务。

下面通过几个示例来说明在什么时候需要使用什么样的 DNS 服务。

▶ 只使用外部 DNS。如果没有为客户端提供内部服务，那么除了服务器自身以外，不需要设置内部 DNS 服务。如果托管着让用户从外网访问的邮件、描述文件管理器或是网站服务，那么也不需要配置供内部使用的、额外的 DNS 记录。只需要使用由 DNS 服务提供商提供给用户的 DNS 服务，并将域名设置到权威 DNS 服务器中即可。

▶ 自己托管外部 DNS。与第一种情况类似，但使用的不是服务商托管的 DNS 服务器，而是在 OS X Server 中配置 DNS 服务来提供外部 DNS 记录。用户需要在 DNS 区域中创建相应的记录并允许服务器响应外部的请求。用户仍需要将域名设置到 DNS 服务中。

▶ 只使用内部 DNS。如果并未向外部网络暴露任何服务，那么只需要配置内部 DNS 服务，为内部资源提供解析就可以了。用户可以限制 DNS 服务只回应内网客户端发来的请求。这可让用户完全控制内部 DNS 系统。

▶ 分离 DNS（split DNS）。如果提供了可让内网客户端和外网客户端都可以使用的服务，那么最好是具备自己的内部 DNS 服务器并配置单独的外部 DNS 服务器来托管 DNS 服务。根据客户端所在的位置，会以不同的方式响应请求。如果客户端在内部网络，那么客户端从带有内部资源信息的内部 DNS 服务器上获得请求响应；如果客户端在外部网络中，那么客户端从带有外部资源信息的外部 DNS 服务器上获得请求响应。

参考3.3
在 OS X Server 中配置 DNS 服务

在 OS X Server 中设置 DNS 服务前，需要收集以下一些信息。

▶ 要托管的域。在本指南中，将使用 pretendco.com。

▶ 要用来创建记录的主机名称。本指南中的大部分示例都使用 server17 作为主机名称，此外也可以包含设备记录，例如 printer01 或 winserver02。这些信息用于创建 A 记录或是用于进行正向查询，会将 DNS 名称映射为 IPv4 地址。

▶ 要包含在 DNS 服务中的、与所有主机名称相关联的 IPv4 地址。这些信息用于创建 PTR 记录或是用于进行逆向查询，会将 IPv4 地址映射为 DNS 名称。

▶ 上游 DNS 服务器的 IPv4 地址，将回应用户正在设置的 DNS 服务器无法应答的 DNS 请求。这称为转发。如果没有提供转发服务器地址，将通过根 DNS 服务器进行自上至下的查找。目前比较实用的方法是使用转发服务器，以减少根 DNS 服务器上的负载。

▶ 要让 DNS 服务器提供 DNS 查询服务的IPv4 地址或网络范围。这可避免其他的网络来使用自己的 DNS 服务器。

▶ 需要包含的其他类别的记录信息，例如邮件服务器需要使用 MX 记录，要为服务器创建一个替身则可以设置Cname记录，服务器可通过 SRV 记录来记录它们的服务资源。

设置 DNS 服务器的一般流程中，会包含指定服务器要负责查询的区域。负责管理域"官方"DNS 信息的DNS 服务，称为该域的起始授权机构（SOA），它包含在 DNS 记录中。如果托管的完全是内部域 DNS 记录，那么这不算是关键的信息，但如果托管着可从因特网访问的 DNS 域，那么这个信息就很重要了。

当一个外部 DNS 记录对于服务器的 IP 地址不可用时，由于 OS X Server 会创建它自己管理的默认区域，所以服务器的全称域名最终会有一个权威区域。如果用户不再计划添加更多的 DNS 记录，那么这没有问题，但如果需要添加的话，那么需要根据自己的域来添加新的区域并移除生成的区域。

参考3.4
OS X Server 中 DNS 服务的故障诊断

由于 DNS 是一项关键的服务，因此需要了解针对它的基本故障诊断技术。

▶ 服务器、计算机或是设备所设置的 DNS 服务器是否正确？很多问题都与错误的信息有关，通常都是错误地指定了 DNS 服务器。

▶ DNS 服务器上的 DNS 服务是否可用？检查服务器上的 DNS 服务是否正在运行。在终端应用程序中，执行指令telnet <服务器的IPv4 地址> 53，并查看是否可建立连接（成功连接后，按【Control+】】组合键，然后输入 quit 可关闭连接）。53 端口是 DNS 使用的端口。

▶ DNS 服务器上相应的 DNS 记录是否可用？通过网络实用工具或命令行工具检查所有相关记录的正向和逆向解析。确认正向查询和逆向查询记录都匹配可用。

练习3.1
配置 DNS 服务

▶ **前提条件**

完成课程2 "OS X Server 的安装"中所有的练习操作。

当在课程2的练习中进行 OS X Server 的初始化安装和配置时，用户配置 OS X 所用的 DNS 服务不包含服务器的主 IPv4 地址。而当主机名称被更改时，DNS 服务被开启并自动配置一个名为servern.pretendco.com（其中 n 是学号）的域，其中带有一个 A（正向）记录。对于一个单一的主机系统来说，这是没有问题的，但如果要在 DNS 服务中托管多台设备，那么需要创建新的区域来托管 pretendco.com 域。在本练习中，用户将配置 DNS 服务包含多个主机名称。

收集 DNS 配置数据

在设置 DNS 服务前，收集以下信息。

▶ 域名（例如 pretendco.com）。

▶ IPv4 地址及相关联的主机名称。

▶ 转发服务器地址。

配置转发服务器

转发服务器是一项配置，如果 DNS 服务器不具有与请求域相关的信息，那么将 DNS 查询转发到其他 DNS 服务器上进行处理。转发服务器通常是 ISP 提供的 DNS 服务器，它具有更多的因特网缓存记录，但转发服务器也可以是其他能够进行成功查询的 DNS 服务器。

NOTE ▶ 在教室环境下，讲师会为用户提供相应的 IPv4 地址，并解释为什么要使用这个地址。如果是自己独立进行练习操作，那么使用由 ISP 提供的 DNS 服务器的 IPv4 地址。

1 在服务器上打开 Server 应用程序，并在高级服务中选择 DNS 服务。

2 在转发服务器的右侧单击"编辑"按钮。

3 单击删除（–）按钮，删除现有的记录，然后再单击添加（+）按钮。

4 输入要使用的上游 DNS 服务器的 IPv4 地址并单击"好"按钮。

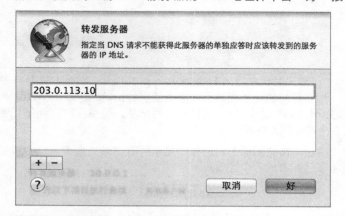

转发服务器被列在 DNS 服务的主设置界面中。

配置查找限制

通过指定计算机或设备的 IPv4 地址或所在网络，用户可以控制使用 DNS 服务器的计算机或设备。如果计算机或设备的 IPv4 地址不属于指定的、可接受查询请求的地址范围或主机，那么将无法获取 DNS 查找信息。通过以下步骤可配置 DNS 服务去响应来自另一个网络的请求，这里将使用 192.168.0.0 作为示例。

1 选择"为以下项目执行查找"复选框。

2 从下拉菜单中选择"仅部分客户端"命令，这可以让用户指定能够使用 DNS 服务的网络。

3 单击"为以下项目执行查找"右侧的"编辑"按钮。

4 确保"服务器自身"、"本地网络上的客户端"及"以下网络上的客户端"复选框都处于选中状态。

5 单击添加（＋）按钮并输入 192.168.0.0/24。

这指定了除服务器当前所在的 10.0.0.0 "本地网络"外，还可以让192.168.0.0 网络使用这台服务器进行 DNS 查找。在这里也可以输入一个单一的 IPv4 地址，将限制范围缩减至一台设备。

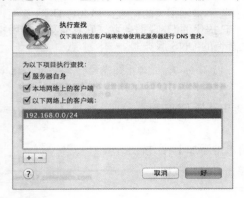

6 单击"好"按钮，保存更改。

配置 DNS 主机

用户将通过新的 pretendco.com 区域来替代做过限制的server*n*.pretendco.com（其中 *n* 是学号）区域，它可包含更广泛的记录。用户还将创建和配置另一个首选区域pretendco.private，再次回顾区域的配置过程。此外，在区域pretendco.private中创建的机器记录，是课程21"网站托管"练习中所需要的，它展示了可托管多个域名网站的能力。

1 单击 DNS 设置界面底部的操作按钮（齿轮图标），选择"显示所有记录"命令。这会将简单视图变为更加标准的视图，显示了已配置的各个区域。

2 在设置界面中查看列出的记录。可以拖动 Server 应用程序窗口底部边缘来扩展记录设置框以显示出更多的记录。在下图中，存在两个区域：一个名为server17.pretendco.com的首选区域，以及一个名为171.0.0.10.in−addr.arpa的逆向区域。每个区域都有名称服务器记录，指定了服务器作为该区域的权威 DNS 服务。首选区域有一个机器记录，逆向区域有一个映射记录，对应于首选区域的一条机器记录。

3 单击添加（+）按钮并选择"添加首选区域"命令。在本例中，首选区域控制着域记录。

4 在"名称"文本框中输入pretendco.com并保持"区域数据有效时间为"的设置不变。取消选择"允许区域传输"复选框，然后单击"创建"按钮。

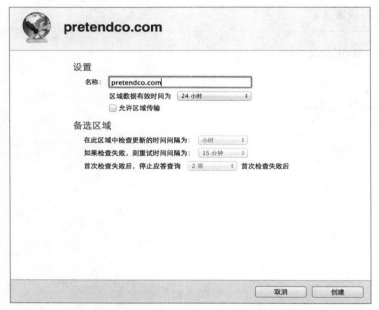

5 在 DNS 主设置界面，单击添加（+）按钮并选择"添加机器记录"命令。

6 从区域菜单中选择pretendco.com。

7 在"主机名称"文本框中输入server*n*（其中 *n* 是学号）。注意，不要输入域，而只是输入主机名称的第一个部分。

8 单击添加（+）按钮并输入服务器的 IPv4 地址 10.0.0.*n*1（其中 *n* 是学号）。

9 单击"创建"按钮。

10 添加一个邮件交换器（MX）记录。单击添加（＋）按钮并选择"添加邮件交换器记录"命令。从区域菜单中选择pretendco.com。在"邮件服务器"文本框中输入server*n*.pretendco.com（其中 *n* 是学号），设置"优先级"为10。当有多个 MX 记录时，优先号码决定了优先级顺序，数值越小的号码优先顺序越高。

11 单击"创建"按钮，保存设置。

注意，目前这里有一个pretendco.com的首选区域，该区域中带有机器记录、邮件交换器记录及名称服务器记录。这里还有一个逆向区域0.0.10.in–addr.arpa，它带有映射记录和名称服务器记录。

创建一个额外的区域

通过以下操作来创建另一个区域，指定它的名称服务器设置，并在区域中创建记录。这个新创建的区域会在后面的练习中使用。

1 在 DNS 主设置界面中单击添加（ + ）按钮并选择"添加首选区域"命令。

2 在"名称"文本框中输入pretendco.private。保持其他默认设置不变，单击"创建"按钮。

3 在 DNS 主设置界面中单击添加（ + ）按钮，选择"添加名称服务器记录"命令。

4 单击"区域"下拉按钮并选择pretendco.private选项。

5 在"名称服务器"文本框中输入server*n*.pretendco.com（其中 *n* 是学号），然后单击"创建"按钮。注意，名称服务器是用户所使用的服务器，因为它包含了目前所有区域的记录。

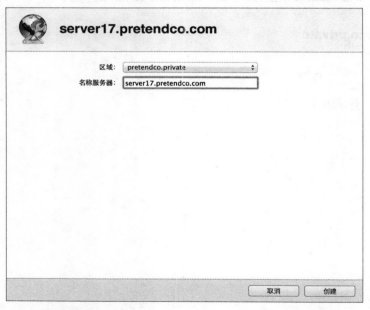

6 在DNS 主设置界面中单击添加（ + ）按钮，选择"添加机器记录"命令。

7 单击"区域"下拉按钮，选择pretendco.private 选项。

8 在"主机名称"文本框中输入 www。

9 在"IP 地址"选项组中单击添加（＋）按钮并输入 10.0.0.n5（其中 n 是学号）。

10 单击"创建"按钮，保存新的记录。

11 在DNS 主设置界面中单击添加（＋）按钮，选择"添加机器记录"命令。

12 单击"区域"下拉按钮，选择 pretendco.private 选项。

13 在"主机名称"文本框中输入ssl。

14 在"IP 地址"选项组中单击添加（＋）按钮并输入 10.0.0.n3（其中 n 是学号）。

15 单击"创建"按钮，保存新的记录。

用户的记录应当与下图中所包含的记录类似。

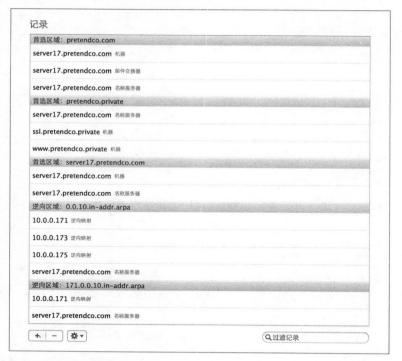

移除冗余的区域并确认记录

为了避免以后产生冲突，需要移除 Server 应用程序最初创建的做过限制的区域。目前有两个区域可回应对server*n*.pretendco.com的查询，但这里只需要两个区域中功能较全的那个区域，所以将移除主机名配置过程中所创建的那个区域。当该区域被移除后，通过网络实用工具来确认服务器及管理员计算机可正常查找刚刚创建的记录。

1 选择servern.pretendco.com首选区域并单击删除（－）按钮，移除该区域。当出现确认提示时，单击删除按钮，确认要删除区域。注意，对应的逆向区域*n*.0.0.10.in-addr.arpa（其中 *n* 是学号）也会被自动移除。

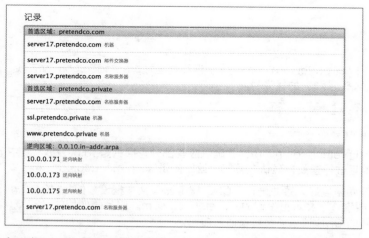

2 在服务器上打开网络偏好设置，确认"DNS 服务器"文本框被设置为 127.0.0.1，并且"搜索域"文本框被设置为pretendco.com。如果不是这样，那么将设置项更改为如下图所示的状态。

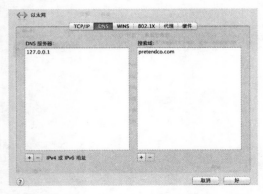

3 使用网络实用工具，通过对server*n*.pretendco.com（其中 *n* 是学号）进行查找来确认 DNS 可以正常解析。

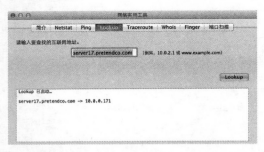

4 使用网络实用工具，通过对 10.0.0.*n*1（其中 *n* 是学号）进行查找来确认 DNS 可以正常解析。相关联的机器记录server*n*.pretendco.com会被返回。

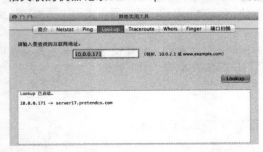

5 使用终端应用程序，输入host pretendco.com，确认返回的是域pretendco.com的信息。在返回的信息中，返回的是MX 记录和它的优先号。

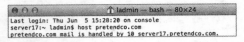

6 使用网络实用工具查找ssl.pretendco.private，并确认应答部分返回的是10.0.0.*n*3（其中 *n* 是学号）。对相同的IPv4地址进行查找，确认应答部分返回的是 ssl.pretendco.private。

7 在管理员计算机上，打开网络偏好设置并确认"DNS 服务器"文本框设置的是 10.0.0.*n*1（其中 *n* 是学号）。并且"搜索域"文本框设置的是pretendco.com。服务器使用的 127.0.0.1 称为环回地址，所以服务器的 DNS 请求总是查找回它自己。

8 在管理员计算机上重复进行步骤3～步骤6的操作，通过网络实用工具来确认 DNS 记录。

清理

对于本课程来说不需要进行清理工作，因为用户所做的工作只是创建新的记录和区域，它们在后面的课程及练习中都还需要使用。

课程4
Server 应用程序的探究

当完成 OS X Server 的初始安装后，Server 应用程序打开它的主配置界面，用户可以继续进行配置操作。在本课程中，将学习使用 Server 应用程序中的各个设置界面。用户将学习如何远程访问 Server 应用程序，以及如何更改服务器存储服务数据的位置。

目标
▶ 了解如何使用 Server 应用程序。
▶ 使用 Server 应用程序管理远端的 OS X Server 计算机。
▶ 将服务数据移动到不同的卷宗上。

参考4.1
启用远程访问

在服务器计算机上管理自己的服务器自然是可以的，但是不建议在自己的服务器上使用用于日常工作的应用程序。

可以在装有 Mavericks 的 Mac 上使用 Server 应用程序来管理运行在远端 Mac 上的 OS X Server，但只有在选择"允许使用服务器进行远程管理"复选框的情况下才可以。建议不要同时使用多个 Server 应用程序来管理同一台服务器。

更多信息▶ 当选择"允许使用服务器进行远程管理"复选框时，将允许其他 Mac 使用 Server 应用程序通过 TCP 311 端口来配置服务器。

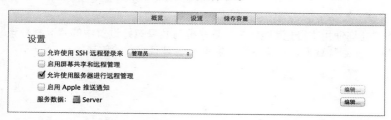

与先前版本的 Mac OS X Server 不同，用户无法通过 Server 应用程序来进行 OS X Server 的远程初始安装，只能在要安装 OS X Server 的 Mac 上，至少是通过 Server 应用程序来完成初始安装和配置操作。

不过，有时候需要直接控制服务器计算机，例如，通过 Finder 来进行一系列的文件和文件夹的复制操作。如果选择"启用屏幕共享和远程管理"复选框，那么可以使用屏幕共享（通过 Server 应用程序的工具菜单可以使用，屏幕共享应用程序位于 /系统/资源库/CoreServices）和 Apple Remote Desktop（通过 Mac App Store 可获得）来控制运行 OS X Server 的 Mac。

当选择"启用屏幕共享和远程管理"复选框时，默认情况下，允许服务器计算机上配置为管理员的本地账户进行访问（如果使用共享偏好设置为指定用户配置特定的访问级别，那么当用户选择或取消选择复选框时，将会显示配置信息）。如果要允许其他账户进行访问，或者为使用 VNC 协

议的软件指定一个访问密码，那么在服务器计算机上通过共享偏好设置进行配置。

NOTE ▶ 如果在使用 Server 应用程序配置远程访问时，共享偏好设置已经是打开的，那么可能需要退出系统偏好设置，然后再重新打开共享偏好设置界面才可以看到更新的设置。

下图所示的是，当选择"启用屏幕共享和远程管理"复选框时，在共享偏好设置中的复选框设置状态。注意，"屏幕共享"复选框是不可用的。如果选择"屏幕共享"复选框，会看到"屏幕共享目前正被远程管理服务所控制"的消息。

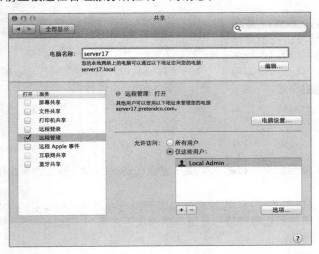

更多信息 ▶ 如果通过共享偏好设置取消选择"远程管理"复选框并选择"屏幕共享"复选框，那么在 Server 应用程序中，"启用屏幕共享和远程管理"复选框将显示为一条中横线（-）而不是对勾标记。

Server 应用程序中的"允许使用 SSH 远程登录"复选框与共享偏好设置中的"远程登录"复选框的效果一样。在其他工具中选择或取消选择这两个复选框也具有相同的效果。

当在远端管理员计算机上运行 Server 应用程序时，如果选择"允许使用 SSH 远程登录"复选框，那么在选项旁边会显示一个微调框。如果单击箭头图标，Server 应用程序会打开终端应用程序并试图以 SSH 协议去连接用户的服务器，这会使用用户提供给 Server 应用程序的管理员账户用户名来连接远端的服务器计算机。必须提供密码才可以成功建立 SSH 连接。

类似地，这里还有可以打开与用户的服务器进行屏幕共享会话的快捷方式。这会打开屏幕共享应用程序，可以远程观察和控制远端的服务器计算机。

当然，"允许使用 Server 进行远程管理"复选框是不能让用户进行配置的，只能在服务器上直接使用 Server 应用程序进行配置。

下图展示了可建立服务器连接的箭头快捷图标。

NOTE ▶ 如果当前装有 Mavericks 的 OS X 是从 Snow Leopard（10.6.8）进行升级的，或是通过Lion 或 Mountain Lion 的任意版本升级的，那么它会继承原来系统的共享设置。

参考4.2
Server 边栏项目的使用

Server 应用程序的边栏包含4部分内容，在本指南中将会经常使用它们。

▶ 服务器。
▶ 账户。
▶ 服务。
▶ 高级服务。

服务器

服务器部分会显示用户的服务器和不是服务或账户的项目。

▶ 用户的服务器。
▶ 如果用户的子网中存在 AirPort 设备，那么会在这里显示 AirPort 设备。
▶ 提醒。
▶ 证书。
▶ 日志。
▶ 统计数据。

课程5 "SSL 证书的配置"中介绍了使用 SSL 证书来验证服务器的身份并为服务器相关服务的网络传输提供加密保护。

课程6 "状态和通知功能的使用"中介绍了使用提醒、日志及统计数据界面来监视服务器的工作状态。

接下来的内容将主要介绍 Server 边栏中服务器部分的服务器和 AirPort 项目。

用户的服务器

当在 Server 应用程序的边栏中选中服务器时，会看到以下 3 个选项卡。

▶ 概览。
▶ 设置。
▶ 储存容量。

"概览"选项卡

在完成 OS X Server 的初始化安装和配置后，首先看到的就是 "概览" 选项卡。它显示了有关用户如何可以访问到服务的信息；显示了服务器的主机名称和计算机名称。注意，在本地子网中的客户端也可以使用本地主机名称，但这个名称并不显示在这里。

"概览"选项卡的服务器部分显示了服务器计算机自最后一次启动后已经运行的时间，还显示了 OS X 及 OS X Server 的版本信息。

"概览"选项卡的底部还包含了一个列表，列出了各个活跃的网络接口及它们的 IPv4 地址。

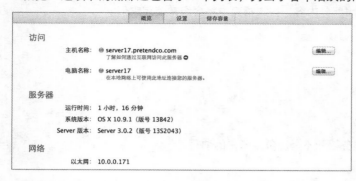

"设置"选项卡

"设置"选项卡提供了以下几个可进行配置的选项。

▶ 远程访问和管理。

▶ 推送通知。

▶ 存储服务数据的位置。

"启用 Apple 推送通知"选项会在课程6"状态和通知功能的使用"中进行介绍。

设置界面中的最后一个选项，可配置服务器将各种服务数据存储到其他卷宗上，而不是启动卷宗。

更改服务数据的存储位置

默认情况下，大多数服务的数据被存储在服务器启动卷宗的 /资源库/Server 目录中。无论是想获得更多的系统磁盘空间或是更快的速度，或者干脆就是希望将服务数据与操作系统分开存储，那么可以更改服务数据的存储位置。当单击"服务数据"旁边的"编辑"按钮时，可以更改服务器上大部分服务的数据存储位置。下图所示是一台带有两个内部卷宗和一个外部卷宗的服务器。

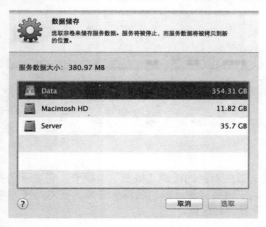

如果通过 Server 应用程序选用了不同的服务数据卷宗，那么会进行以下操作。

▶ 自动停止相应的服务。

▶ 在选用的卷宗上创建一个新的文件夹（/Volumes/卷宗名称/Library/Server）。

▶ 将现有的服务数据复制到新的文件夹中。

▶ 配置服务使用新的位置。

▶ 再次开始服务。

不是所有的服务数据都会被转移。例如，配置文件和临时文件（像邮件缓冲文件）仍会留在系统卷宗上，而且很多服务，例如缓存、文件共享、FTP、Netinstall、Time Machine、网站及Xcode，都有单独的界面来选择服务数据的存储位置。

在开始提供服务后，就不要更改服务器启动卷宗的名称了，当在 Server 应用程序中指定了服务数据的存储卷宗后，也不应当去更改该卷宗的名称。

更多信息 ▶ 如果通过 FTP 服务选择共享网站根目录，那么它会共享服务器启动卷宗上的 /资源库/Server/Web/Data/Sites/ 文件夹，即使用户为服务器的服务数据选用了不同的数据卷宗也是如此。

"储存容量"选项卡

"储存容量"选项卡按字母排列顺序显示了已连接到服务器计算机的磁盘列表。用户可以向下展开列表并编辑文件的所有权、权限及访问控制列表（ACL）。在课程14"文件访问的理解"中还会看到有关这个界面的详细情况。

TIP ▶ *如果有多个卷宗连接到服务器，对于"应用程序"、"资源库"、"系统"及"用户"文件夹来说，只有启动卷宗中的才具有特殊文件夹图标。在"储存容量"选项卡中，其他卷宗中的都是普通文件夹图标。*

AirPort

如果在 Server 应用程序的边栏中选择 AirPort 设备，当通过鉴定后可以管理 AirPort 设备。当AirPort 设备处于内网和因特网连接之间的位置时，AirPort 设置界面就十分有用了。用于公开服务的选项会修改 AirPort 设备上的网络地址转换（NAT）规则，允许从因特网到服务器的特定网络传输通过。

当通过 AirPort 设备的鉴定后，会看到在访问到无线网络前要求用户提供网络用户凭证的选项（使用 RADIUS）。可参阅课程9 "Open Directory 服务的配置"，获取有关网络账户的更多信息。

可以单击 AirPort 设置界面中的添加（ + ）按钮来手动公开服务，或者也可以在开启服务时让 Server 应用程序来自动公开服务。

下图展示了当单击添加（ + ）按钮时可用的菜单。

当首次启动某些服务时，会看到与下图类似的界面。

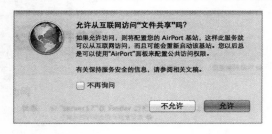

AirPort 设置界面显示了已被公开的服务列表，在下图中列出了文件共享服务。

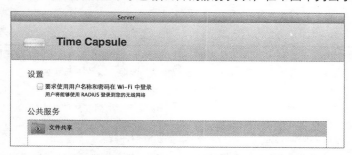

公开服务的设置视图简化了一些复杂设置。下图是通过 Airport 工具来编辑 NAT 规则，展示了文件共享服务由两个协议组成：139（Windows 文件共享）和 548（针对 Mac 客户端的 AFP）。

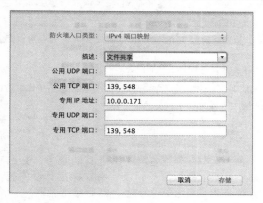

账户

Server 应用程序边栏的账户部分包含了用户和群组设置界面。在课程8"本地用户的管理"和课程10"本地网络账户的管理"中会频繁使用用户和群组设置界面。

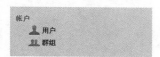

服务

这是 OS X Server 提供的服务列表。显示在服务旁边的绿色状态指示器说明服务当前正在运行。选择某项服务，可对该服务进行配置。

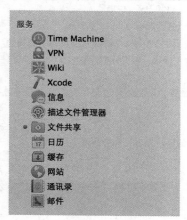

表4.1介绍了可用的服务。

表4.1 OS X Server 基本服务

服务名称	描述
缓存	可自动提升 Windows PC、Mac 和 iOS 设备对由 Apple 发布的软件及其他资源的下载速度
日历	通过 CalDAV协议来共享日历、预定会议室和与会议相关的资源，以及协调事件
通讯录	通过 CardDAV 协议在多台设备之间共享及同步联系信息
文件共享	在 Windows PC、Mac 和 iOS 设备之间共享文件，该服务使用标准文件共享协议，包括 SMB2、AFP和WebDAV
邮件	通过 SMTP、IMAP 和 POP 标准来为电子邮件客户端提供邮件服务
信息	提供安全的即时消息协作功能，包括音/视频会议、文件传输及共享演示文稿，还可以归档聊天记录
描述文件管理器	通过配置描述文件基于无线网络来配置和管理 iOS 设备和 Mac
Time Machine	为使用 Time Machine 的 Mac 提供集中的备份位置
VPN	提供安全加密的虚拟专用网络服务，以便远端的 Windows PC、Mac 及 iOS 设备可以安全地访问本地资源
网站	基于主机名称、IP 地址和端口号的组合来托管网站
Wiki	通过 Wiki 提供的网站、博客和日历服务，可令群组用户快速地进行协作及联络工作
Xcode	可令开发团队自动化 Xcode 项目的构建、分析、测试及归档工作

高级服务

默认情况下，高级服务列表是隐藏的。该列表所包含的服务通常不用于其他服务，并且它包含的服务，例如 Xsan，要比普通的服务更为高深。要显示高级服务列表，将鼠标指针悬停在"高级"文字上并单击显示。要隐藏列表，将鼠标指针悬停在"高级"文字上，然后单击隐藏。

表 4.2 介绍了可用的高级服务。

表4.2 OS X Server 高级服务

服务名称	描述
DHCP	动态主机配置协议，将网络信息分配到联网的计算机和设备
DNS	域名服务，提供域名到 IP 地址，以及 IP 地址到域名的解析
FTP	文件传输协议，这是一个传统协议，可广泛支持上传文件到服务器或从服务器下载文件
NetInstall	可以让多台 Mac 安装 OS X、安装软件、恢复磁盘映像，或是从网络磁盘启动，启动到一个公共的 OS 配置，而不是从本地连接的磁盘启动
Open Directory	提供了集中存储用户、群组及其他资源信息的位置，而且还可以与现有的目录服务进行整合
软件更新	托管和管理 OS X 客户端的软件更新
Xsan	提供共享的存储区域网络（SAN），本地网络上的客户端通过光纤通道进行存储

更多信息 ▶ 附录"其他资源"中的课程2"OS X Server 的安装"部分包含了 Apple 技术支持文章列表，指出了如何处理在先前的 Mac OS X Server 版本中提供的、但未出现在这个服务列表中的服务。

参考4.3
管理菜单的使用

Server 应用程序的"管理"菜单提供了两个主要的命令。

在没有配置为服务器的 Mac 上选择"连接服务器"命令，会打开一个提供以下按钮的窗口。

► 其他 Mac：打开选取 Mac 的窗口。
► 取消：关闭窗口并退出 Server 应用程序。
► 继续：在这台 Mac 上设置 OS X Server。
► 帮助：在帮助中心中打开 Server 帮助。

在已配置为服务器的 Mac 上选择"连接服务器"命令，会打开包含以下内容的"选取 Mac"窗口。

► 用户的 Mac。
► 在用户所在的广播域中允许进行远程管理的服务器。
► "其他 Mac"，可以让用户通过主机名称或 IP 地址来指定其他 Mac。

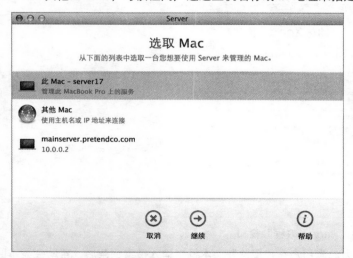

"从文件导入账户"命令会在课程8"本地用户的管理"及课程10"本地网络账户的管理"中进行介绍。

参考4.4
工具菜单的使用

"工具"菜单可以让用户快速地打开以下4个管理应用程序。

► 目录实用工具。
► 屏幕共享。
► System Image Utility。

▶ Xsan Admin。

前3个应用程序在装有 OS X Mavericks 的 Mac 中，位于 /系统/资源库/CoreServices 目录中。Xsan Admin 位于 Server 应用程序自身内部的文件夹中。

参考4.5
帮助和 Server 教程的使用

Mavericks OS X Server 带有一个新特性——Server 教程。Server 教程为一些 OS X Server 服务提供了相关的信息，以及一步一步的设置说明。从"帮助"菜单中可以选择"Server 教程"命令。

在"Server 教程"窗口中选择一个主题，然后可以滚动浏览该主题的内容。

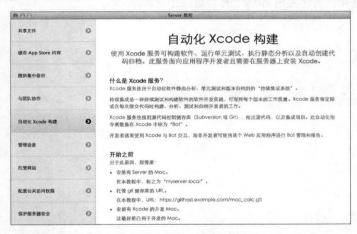

当使用完教程后，可以关闭"Server 教程"窗口。

不要低估 Server 帮助的能力。当用户在"搜索"文本框中输入搜索词条后，帮助会显示匹配查询条件的 Server 帮助资源列表。

当用户从资源列表中选择一个主题后，帮助中心窗口会一直显示在前台，直到关闭它。

参考4.6
故障诊断

如果要通过主机名称去管理远端服务器，但是管理员计算机对于远端服务器来说并没有可用的 DNS 记录，那么将无法通过 Server 应用程序鉴定到服务器。一个简单的解决办法是使用服务器的本地主机名称，例如 server17.local。

在服务器上，不要删除 Server 应用程序或是将 Server 应用程序从启动卷宗的应用程序文件夹中移走。如果进行了这样的操作，那么会看到提示所有服务已停止的对话框。当重新安装 OS X Server 时（或者只是将 Server 应用程序放回到服务器启动卷宗的应用程序文件夹中），可以重新输入 Apple ID 来更新 Apple 推送通知服务的证书，然后服务将再次启动。

当将 Mac 配置为服务器后，建议不要更改与服务器相关的任何卷宗的名称。

可以通过选择 Server > "提供 Server 反馈"命令来提交有关 OS X Server 的反馈信息。

练习4.1
启用屏幕共享和远程管理

在练习2.2中，已配置好服务器允许使用 Server 应用程序进行远程管理。现在还将启用屏幕共享和远程管理功能。如果有 Apple Remote Desktop 软件，那么通过这个操作可让用户使用该软件来控制服务器。在本练习中，将使用屏幕共享来控制服务器。

如果还没有通过 Server 应用程序建立到服务器的连接，那么需要建立一个。

本练习操作需要在管理员计算机上进行。如果在管理员计算机上，用户还没有通过Server 应用程序建立到服务器的连接，那么通过以下步骤连接服务器：在管理员计算机上打开 Server 应用程序，选择"管理" > "连接服务器"命令，单击其他 Mac，选择自己的服务器，单击"继续"按钮，提供管理员凭证信息（管理员名称 ladmin，管理员密码 ladminpw），取消选择"在我的钥匙串中记住此密码"复选框，并单击"连接"按钮。

启用屏幕共享和远程管理。

1 在 Server 应用程序的边栏中，如果服务器没有被选中，那么现在选择自己的服务器。

2 选择"设置"选项卡。

3 确认选择了"启用屏幕共享和远程管理"复选框。

建立屏幕共享连接。

1 单击"启用屏幕共享和远程管理"复选框旁边的箭头图标。

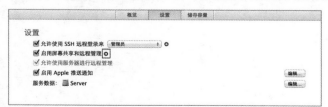

2 输入服务器计算机本地管理员的凭证信息。

> **NOTE ▶** 如果在设置 OS X 时，用户提供了 Apple ID，那么会在窗口中看到"作为注册用户"和"使用 Apple ID"两个不同的链接。如果是这种情况，那么选择"作为注册用户"链接并输入服务器本地管理员的凭证信息。

> **NOTE ▶** "名称"文本框会自动包含管理员计算机当前已登录用户的全名属性信息。

3 单击"连接"按钮。

4 如果需要，提供本地管理员凭证信息来解锁服务器的屏幕。

5 为了达到本练习的目的，单击"取消"按钮来关闭窗口。

6 在屏幕共享窗口中单击"关闭"按钮。

由于选择了"启用屏幕共享和远程管理"复选框，所以可以通过 Server 应用程序的快捷方式来使用屏幕共享，从而控制远端服务器计算机。

练习4.2
查看服务数据卷宗

> **▶ 前提条件**
>
> 完成练习4.1"启用屏幕共享和远程管理"的操作。

在本练习中，将通过一些操作步骤来重新指定服务数据卷宗，但是不要真正更改它。

转移服务数据到不同的卷宗

通过 Server 应用程序，可以为服务数据选用不同的卷宗。这个操作最好是尽早进行，这样在将大量数据转移到新卷宗时，就不需要停用服务而去等待了。

1 在管理员计算机上，如果还没有连接到服务器，那么打开 Server 应用程序，连接服务器并鉴定为本地管理员。

2 在 Server 应用程序的边栏中，选择自己的服务器并单击"设置"按钮。

3 单击"服务数据"设置旁边的"编辑"按钮。

4 查看当前服务数据的大小，以及在列出的卷宗上有多少可用的空间。如果有其他的可用卷宗来存储服务数据，那么可以选择卷宗并单击选取。

由于在测试环境中可能没有额外的卷宗可用，所以本指南剩余的练习在进行编写时都假定服务数据被存储在启动卷宗上。

5 为了达到本练习的目的，单击"取消"按钮来关闭窗口。

虽然可以通过以上操作过程来重新指定服务数据卷宗，但是在本练习中不要真正去更改它。可以在带有额外存储卷宗的实际工作环境中来应用这个操作过程。

课程5
SSL 证书的配置

用户不需要进行额外的工作就可以通过 OS X Server 来确保服务的安全。不过，可以使用 SSL（Secure Socket Layer，加密套接字协议层）技术来验证服务器对客户端计算机及设备的识别，还可以加密服务器与客户端计算机及设备之间的通信。本课程从介绍 SSL 的基础知识开始，然后向用户讲解如何配置 OS X Server 使用的 SSL 证书。

参考5.1
了解 SSL 证书

目标
- 了解 SSL 证书的基础知识。
- 创建证书签名请求。
- 创建自签名的 SSL 证书。
- 导入已由证书颁发机构签名的证书。
- 归档证书。
- 更新证书。
- 配置 OS X Server 服务使用证书。

这里有一个问题，即希望哪些使用服务器服务的用户能够信任服务器的身份，并且可以加密与服务器的网络传输。

OS X 的解决方案是使用加密套接字协议层（Secure Socket Layer），简称 SSL，这是一个用于实现主机间数据安全传输的系统。用户可以配置服务器使用 SSL 证书，从而可以使用 SSL 系统。

SSL 证书（也可以简称为证书）是一个文件，用于识别证书的持有人。证书规定了证书的使用许可，并具有使用期限。最重要的是，证书包含了公钥基础设施（PKI）的公钥。

PKI 涉及公钥和私钥的使用。简单来说，密钥是一个加密的 BLOB 数据，在 PKI 中，公钥和私钥按照一定的关联算法被创建出来：通过一个密钥加密的数据只能通过另一个密钥来解密。如果能够通过一个密钥来解密，则说明数据是通过另一个密钥来加密的。所幸的是，加密和解密都发生在幕后，并且这是建立安全通信的基础。

先来说定义：数字身份（或者简称身份）是识别一个实体（例如个人或服务器）的电子手段。身份是证书（包含公钥）及对应私钥。如果没有私钥，那么就无法验证身份。同样，如果其他实体具有用户的私钥，那么他们会自称为用户的身份，所以要确保私钥的私密性。

同样简化来说，数字签名是使用PKI私钥和公钥的加密方案，用于证明给定的消息（一个数字文件，例如 SSL 证书）自签名被生成后没有被更改。如果一个已签名的消息被修改或以其他方式被篡改，那么显然，签名将不再匹配底层的数据。因此，可以在证书上使用数字签名技术来验证它的完整性。

再来说证书：证书要么是自签名的，要么是由证书颁发机构（也称为证书认证机构，或者简称为 CA）进行签名的。也就是说，用户可以签名自己的证书，使用自己的私钥（记住，证书是标识证书持有者的文件，并包含公钥）或者通过别人，也就是 CA，使用他们的私钥来签名自己的证书。

中级CA（Intermediate CA）也是一个 CA，它的证书是由另一个 CA 进行签名的。所以它可能会有一个分层的证书链，其中由另一个 CA 签名的中级 CA 也可以签名证书。

在下图中，www.apple.com 的证书由名为 Cybertrust Public SureServer SV CA 的中级 CA 签名，而中级 CA 又是通过名为 Baltimore CyberTrust Root 的 CA 来签名的。

可以跟随一个证书链，从已签名的证书开始，向上到中间CA，并终止在证书链的顶端。证书链终端的 CA 签发它自己的证书，称为根证书。用户只需要具有根证书就可以签名自己的证书，而不需要中级 CA 的介入，但实际上通常都会有中级 CA 介入。

但是如何信任一个 CA 呢？毕竟根 CA 签发它自己的证书，这实际上是掌控根 CA 的组织机构在声称，用户应当信任他所说的。

这个问题的答案是，信任需要从某个位置开始。在 OS X 和 iOS 中，Apple 包含了根CA及中级CA 的集合，Apple 已经确认它们都是可信的（参见 "其他资源" 附录中的 Apple Root Certificate Program 页面来获取 Apple 接受根证书的流程信息）。一打开包装，用户的 Mac 计算机和 iOS 设备就已配置好去信任这些 CA。进一步说，Mac 计算机和 iOS 设备也同样信任这些 CA 的证书，或是以这些 CA 为终点的证书链中的中级 CA。在 OS X 中，这些信任的 CA 被存储在系统根证书钥匙串中（参见 Apple Pro Training Series: OS X Support Essentials 10.9 教材的课程9 "钥匙串管理"，来获取有关 OS X 中各类钥匙串的详细信息）。可以使用钥匙串访问应用程序来查看受信任根 CA 的集合。打开钥匙串访问（在实用工具文件夹中），在左上角的钥匙串栏中选择 "系统根证书" 选项。注意下图中窗口底部的状态栏中的显示内容，默认情况下，在 Mavericks 中有超过 200 个信任的 CA 或是中级 CA。

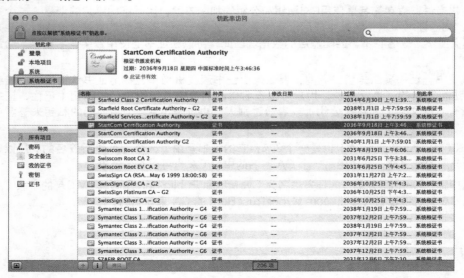

更多信息▶ 一些第三方软件公司，例如 Mozilla，并不使用系统根证书钥匙串，他们有自己的机制来存储他们软件所信任的 CA 。

在课程9 "Open Directory 服务的配置"中将会学到，当将服务器配置为主 Open Directory 服务器时，Server 应用程序会自动创建一个新的 CA 及一个新的中级 CA，并使用中级 CA 来签名新的 SSL 证书，该证书将服务器的主机名称为通用名称（通用名称是证书持有者标识信息的一部分）。如果用户尚未通过一个普遍信任的 CA 来为服务器签发 SSL 证书，那么建议使用由用户的 Open Directory 中级 CA 签发的 SSL 证书。因为在课程11 "配置 OS X Server 提供设备管理服务"中，将学习如何使用信任描述文件来配置自己的 iOS 设备及 OS X 计算机来信任 Open Directory CA，进一步说，就是信任中级 CA 及新的 SSL 证书。

但是对于那些在用户控制之外、无法进行配置的计算机和设备来说又怎么办呢？当用户所用的计算机和设备没有配置去信任服务器的自签名 SSL 证书或是服务器的 Open Directory CA 或中级 CA 时，他们会试图安全访问服务器上的服务，但仍会看到无法验证服务器身份的消息。

解决验证身份这一问题的方法是，为服务器选用一个由大多数计算机和设备都已配置为信任状态的 CA 所签发的 SSL 证书。

确定要使用哪类证书

为了避免问题，应当使用普遍信任的 CA 来签发证书，考量服务要使用的证书，以及访问这些服务的计算机和设备。

如果使用自签名的证书，那么在服务器上安装证书不需要额外的服务器配置工作，但是需要配置各个客户端来信任自签名的证书。对于 Mac 客户端来说，这不仅需要将证书分发到 Mac ，并且将证书添加到系统钥匙串，还包括操作系统将如何信任证书的配置。

NOTE▶ 如果用户使用自签名的证书，而且无法配置所有设备都信任自签名的证书，那么当用户遇到使用自签名证书的服务时，会弹出一个对话框来通知用户该证书是不被信任的，并且他们必须单击"继续"按钮才能访问服务。对于培养用户不要自动信任那些不受信任的、过期的或是无效的证书来说，这类操作可能会对这种习惯的培养造成影响。

如果要使用由普遍信任的 CA 所签发的证书，那么需要生成一个证书签名请求（CSR），将 CSR 提交给 CA，然后导入经过签名的证书。

当然，也可以为不同的服务选用混合证书，如果用户的网站服务对多个主机名称都进行响应，那么可能希望为网站服务使用一个针对各主机名称的证书来通过 SSL 确保安全。

对于所有情况来说，都需要配置服务器的服务来使用相应的证书。

接下来的内容将介绍如何获得由普遍信任的 CA 签发的证书，以便于用户可以使用它来验证服务器的身份，并使用它来加密服务器与访问服务器服务的用户之间的通信。

参考5.2
配置SSL 证书

用户的服务器已具有默认的的自签名 SSL 证书，这是一个好的开始，但如果不进行额外的配置，那么没有其他的计算机或设备会信任使用这个证书的服务。为了让 CA 签发一个证书，需要通过 Server 应用程序来创建一个证书签名请求。实现这一目标的具体步骤将在后面详细进行介绍，不过通常包含以下几个主要步骤。

▶ 生成一个新的 CSR。

▶ 将 CSR 提交给一个普遍信任的 CA。

▶ 导入经过签名的证书。

▶ 配置服务器服务使用新签发的证书。

CA 使用用户的 CSR 及通过他自己的私钥来为用户签发 SSL 证书的过程包括验证用户的身

份（否则的话，如果他签发的证书是来自未经验证的实体，那么人们又为什么要信任这个 CA 呢？），并且可以收取费用。

作为结果，使用服务器服务的计算机和设备，现在就不会显示用户的 SSL 证书是未经验证的警告信息了（只要这些计算机和设备信任所选择的为用户签发证书的 CA 即可）。此外，对于使用 SSL 证书的服务来说，服务器和使用该服务的用户可将服务器的 SSL 证书用于加密通信。

在开始创建新证书前，花一些时间来查看一下自己都已经具备了哪些资源。

查看服务器的默认证书

可以使用 Server 应用程序来显示证书（如果已在服务器登录系统，那么也可以使用钥匙串访问应用程序）。默认情况下，Server 应用程序并不显示默认证书。要显示所有证书，在 Server 应用程序的边栏中选择证书，然后从操作下拉菜单（齿轮图标）中选择"显示所有证书"命令。

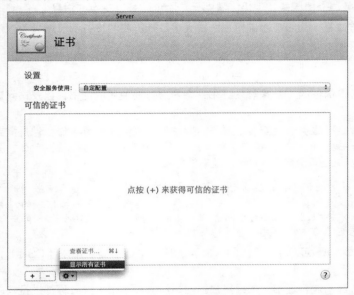

当选择"显示所有证书"命令后，会看到默认证书。在下图中，证书具有服务器的主机名称并显示两年后过期。

更多信息▶ 当使用 Server 应用程序的"更改主机名助理"去更改服务器的主机名称时，它会自动为新的主机名称创建一个新的自签名证书。

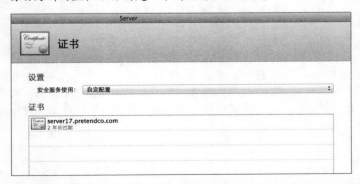

要查看详细信息，双击证书（或者选择它，单击操作按钮（齿轮图标）并选择"查看证书"命令）。当选择"查看证书"命令后，证书的详细信息就会被显示出来。

这里有很多关于证书的信息，需要滚动窗口才可看到证书的所有信息。

单击"好"按钮，返回到证书界面。

下图显示的是将服务器配置为主 Open Directory 域服务器或备份服务器后看到的状态。简略地一看，这里只是增加了一个额外的证书——Code Signing Certificate，而且带有服务器主机名称的证书不再是一个自签名的证书了，而是经过 Open Directory CA 签名的证书，该证书的图标是蓝色的，而原来自签名的证书是红棕色的。

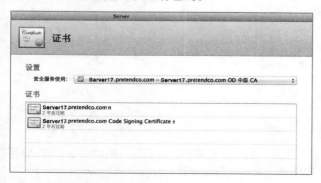

了解添加新证书的选项

在 Server 应用程序的证书设置界面，如果没有选择操作下拉菜单（齿轮图标）中的"显示所有证书"命令，那么在 "可信的证书"文本框中会显示指引用户进行操作的文字"点击（ + ）来获得可信的证书"。这将让 CA 为用户签发证书。

NOTE ▶ 为了显示创建新的自签名证书的菜单选项，必须先单击操作按钮（齿轮图标）并选择"显示所有证书"命令。

在选择"显示所有证书"命令后，单击添加（ + ）按钮会显示以下3个菜单命令。

▶ 获取可信的证书，与不选择"显示所有证书"命令去单击添加（ + ）按钮的效果是一样的，这会快速生成一个证书签名请求（CSR）。

▶ 创建证书身份，是选择创建一个新的自签名证书的命令。

▶ 导入证书身份，可以导入已签名的证书或是已归档的证书和私钥。

获取可信的证书

用户以选择让 CA 为自己签发证书，这样世界各地的用户都可以使用自己的服务器的服务，而不会显示服务器的身份未经验证的提示。

NOTE ▶ 在 Server 2.2 以前的版本中，需要先创建自签名的证书，然后再通过该证书创建 CSR。这个过程在 Server 2.2 中已被简化。不过，在通过下面的步骤去生成 CSR 时需要注意，Server 应用程序会生成一个公/私钥对，但是它不会生成自签名的证书。

生成自签名证书的操作过程取决于命令是否在操作菜单（齿轮图标）中选择了"显示所有证书"命令。

▶ 如果已选择"显示所有证书"命令，那么只需要单击证书设置界面中的添加（ + ）按钮即可。

▶ 如果没有选择"显示所有证书"，那么单击添加（ + ）按钮，然后选择"获取可信的证书"命令。

之后将看到"获取可信的证书"的设置界面。

在接下来的设置界面中可以输入用于建立身份的所有信息，CA 通过这些详细信息来验证用户的身份。

在"主机名称"文本框中输入要使用这个证书的服务所用的主机名称。在"公司或组织"文本框中使用自己组织机构的法定全名，如果是个人使用，那么输入全名。"部门"文本框的输入比较灵活，可以输入诸如部门名称之类的信息，但是应当确保输入一些内容。为了完全符合标准，不要缩写州或省。下图显示的是所有文本框都已填写的状态。

接下来的设置界面显示了用户的 CSR 文本，需要将它提交给自己所选用的 CA。也可以等到以后再访问这个文本，或者也可以选取并复制这个文本，或者单击"存储"按钮。

当单击"完成"按钮后，Server 应用程序会显示未决的请求。

如果之前没有复制 CSR 文本，那么可以再次访问这个文本：选择标注为"未决的"的证书，单击操作按钮（齿轮图标），并选择"查看证书签名请求"命令（或直接双击未决的证书项目）。

具体操作取决于用户的 CA 如何接受CSR。如果 CA 允许用户上传一个文本文件，那么使用"存储"对话框将 CSR 存储为一个文本文件。如果 CA 要求用户将提交给 CA 的文本粘贴到一个网页表单中，那么单击三角形图标展开文本，然后复制 CSR 文本。

用户应当根据自己组织机构的需求选择相应的 CA（CA 的选用已超出本指南的学习范围），然后将 CSR 发送给 CA，向 CA 证明自己的身份。经过一段时间后，用户会收到 CA 已签名的证书。

导入已签名的证书

当收到 CA 已签名的证书后，需要通过 Server 应用程序将它导入。如果仍位于证书列表界面，那么双击未决的证书，将出现可将已签名证书拖动进来的设置区域。

NOTE ▶ 如果 CA 提供给用户的证书是文本形式而不是一个单独的文件，那么需要将文本转换为文件。一个快速的方法是选取并复制文本，打开文本编辑应用程序，按【Command+N】组合键，创建一个新文件，选择"格式">"制作纯文本"命令（如果这个命令可用）。将文本粘贴到文本文件中，并将它存储为扩展名为 .cer 的文件。

双击未决的 CSR，然后将包含已签名证书的文件及由CA提供的任何辅助文件拖动到"证书文件"文本框中（该位置也可以导入通过钥匙串访问应用程序导出的证书和私钥）。当证书被拖动进"证书文件"文本框后，只要证书链的顶部是服务器信任的根 CA，那么它的颜色就会变为蓝色。

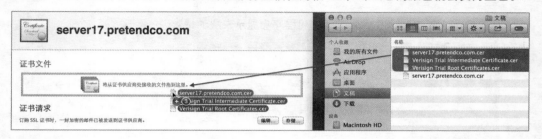

NOTE ▶ 如果单击"证书请求"旁边的"编辑"按钮，然后在弹出的操作确认对话框中单击"编辑"按钮，那么一个新的公/私钥对及一个新的 CSR 将被生成，并且会失去原有的 CSR。

单击"好"按钮，保存更改。

自签名证书的生成

除了生成 CSR 外，还可以通过 Server 应用程序生成新的自签名证书。如果用户的服务器对应于服务器的 IPv4 地址使用备选的主机名称提供服务，或是服务器被配置使用另一个 IPv4 地址来提供服务，并且有能力去配置计算机和 iOS 设备信任自签名的证书，那么这个操作是十分有用的。

更多信息 ▶ 在 Server 2.2 之前的版本中，操作过程是创建一个自签名的证书，生成 CSR，然后用已签名的证书来替代自签名的证书。而在 Server 2.2 之后的版本中，Server 应用程序并不提供用已签名证书来替代自签名证书的方法。

在证书设置界面中，当单击添加（ + ）按钮并选择"创建证书身份"命令后，会看到空白的"名称"文本框。

NOTE ▶ 为了让"创建证书身份"命令可在单击添加（ + ）按钮后可用，必须在操作菜单（齿轮图标）中选择"显示所有证书"命令。

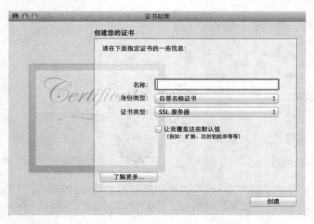

输入自签名证书的主机名称，然后单击"创建"按钮。

NOTE ▶ 如果有更多的信息需要指定，那么可选择"让我覆盖这些默认值"复选框，但是通常情况下，默认值就已经可以满足需求了。

在将要制作自签名证书的警告对话框中，单击"继续"按钮。

在"结论"窗口中单击"完成"按钮。最后单击"总是允许"或"允许"按钮，允许 Server 应用程序将公/私钥对和证书从登录钥匙串复制到系统钥匙串及 /etc/certificates 目录。

只要选择操作菜单（齿轮图标）中的"显示所有证书"命令被选取，就会在"证书"文本框中看到证书。

查看证书

可以通过 Server 应用程序来查看证书，在服务器计算机的系统钥匙串中也可以查看（系统钥匙串所包含的项目并不是针对某个用户的，而是对系统所有用户都可用的）。下图是以测试为目的的 CA 所签发的证书示例，注意，操作系统并没有被配置为去信任签发该证书的 CA。

用户可以使用钥匙串访问应用程序来查看证书，以及与它相关联的私钥。由于证书和私钥被存储在服务器的系统钥匙串中，所以需要直接在服务器上登录系统（或者使用屏幕共享的方式来控制服务器），使用钥匙串访问应用程序来访问私钥。

钥匙串访问应用程序在启动卷宗的 /应用程序/实用工具 文件夹中，用户可以使用 Spotlight 或 Launchpad 来找到它（在 Launchpad 中，它是在名为"其他"的文件夹中）。选择"我的证书"种类来筛选钥匙串访问所显示的项目。如果需要，单击钥匙串访问窗口左下角的"显示/隐藏"切换按钮，直到看到所有钥匙串。选择系统钥匙串显示针对整个系统，而不只是针对当前登录用户可用的项目。

至少有以下3个项目列出（如果为推送通知提供了 Apple ID，那么会看到更多的项目）。

▶ com.apple.servermgrd，用于 Server 应用程序进行远程管理。

▶ 一个名为 Server Fallback SSL Certificate 的证书，如果默认的 SSL 证书被移除，那么 Server 应用程序会自动使用该证书。

▶ 一个带有用户服务器主机名称的 SSL 证书。

当用户选择的证书并不是由已受信任的 CA 所签发时，钥匙串访问会显示一个警告图标，并通过文字来解释说明这个问题。在下图中，针对自签名证书的警告信息是"此证书尚未经过第三方验证"。

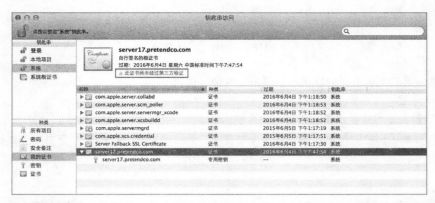

如果双击默认的自签名 SSL 证书来打开它，那么也会看到警告图标及相应的文本"此证书尚未经过第三方验证"。

如果服务器上的服务使用这个自签名的证书，当用户试图访问这个使用 SSL 证书的服务时，他们可能会被警告，提示该 SSL 证书是不受信任的，如下图所示。

建议培训自己的用户，当他们看到 SSL 警告信息时，不要再继续访问这个使用着未经验证的 SSL 证书的服务。然而现实的情况却是，当用户需要或是希望去访问某些网站时，即使当他们看到警告信息，说他们的浏览器无法通过网站所用SSL 证书来验证其身份，此网站的证书是无效的或者是配置错误时，他们仍会单击"继续"按钮。

证书的归档

无论所具有的是自签名的证书还是由 CA 签名的证书，都应当通过几个步骤来归档自己的证书及它的私钥。在将来，用户可能需要重新安装服务器，或者是某个管理员可能意外地移除了自己的证书和它的私钥，如果具有证书及其私钥的归档，那么就可以很方便地通过 Server 应用程序来重新导入证书和它的私钥。

可以使用钥匙串访问应用程序来导出证书和私钥。"钥匙串访问"应用程序会提示用户指定一个密码来设置私钥。这里建议选用一个强健的密码。

可以使用 Server 应用程序来导入证书和专用密钥。需要提供最初证书被导出时所输入的密码；否则，将无法导入。

详细说明可参考选做练习5.3"归档证书"。

证书的续订

SSL 证书并不是永久有效的。所幸的是，SSL 证书的续订非常简单。当 SSL 证书临近到期时，Server 应用程序会发布一个提醒消息。要续订一个自签名的 SSL 证书，当在证书设置界面查看证书时，或是查看提醒通知时，只需单击"续订"按钮即可。

当单击"续订"按钮后，Server 应用程序会进行证书的续订，并且提醒通知会显示问题已被成功解决。

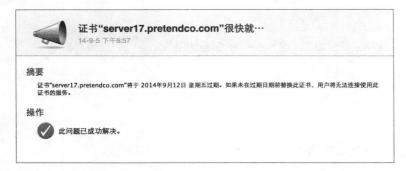

NOTE ▶ 不要为 Open Directory CA，单击"续订"按钮，因为这会改变 CA 的属性信息，使用户的 OD 中级 CA 变为不再是由受信权威机构签名的 CA。

如果用户的证书是由普遍信任的 CA 签发的，那么当单击"续订"按钮时，会看到需要生成新 CSR 的消息。详细情况请参阅本节前面"获取可信的证书"部分的内容。

配置 OS X Server 服务使用证书

当通过一些操作步骤获得一个已签名的证书或是创建一个新的自签名证书时，或者用户已将服务器配置为 Open Directory 服务器时，那么可以使用 Server 应用程序来配置服务去使用证书。在 Server 应用程序的证书设置界面可以开始设置操作。

通过下拉菜单，可以进行以下操作。

▶ 选择一个证书，指定所有服务使用该证书。

▶ 选择"自定"命令，单独配置各服务使用或是不使用证书。

这里是选择"自定"命令的一个示例，编辑网站服务默认安全站点的设置。注意，在配图中还有一些其他的证书。这个示例向用户展示了可以配置服务器对多个主机名称进行响应，为每个主机名称创建证书，并配置每个安全站点使用相应的证书。

可以使用 Server 应用程序来配置以下 OS X Server 服务使用 SSL。

▶ 日历和通讯录。

▶ 邮件（IMAP 和 POP）。

▶ 邮件（SMTP）。

▶ 信息。

▶ Open Directory（只有在开启 Open Directory 服务后才会出现）。

▶ 网站。

将会在课程21"网站托管"中看到，用户可以为自己托管的每个网站来分别指定所用的 SSL 证书，并且可以通过描述文件管理器设置界面来为描述文件管理器服务指定所用的 SSL 证书。

使用 SSL 的一些其他服务并不显示在 Server 应用程序中。

▶ com.apple.servermgrd（通过 Server 应用程序进行远程管理）。

▶ VPN。

▶ Xcode。

有关完整的操作说明，请参阅练习5.4"配置服务器使用新的 SSL 证书"。

跟随证书链

当选择要使用的 CA 时，确认它是大多数计算机和设备已配置为受信任的根 CA。如果没有太多的计算机或设备去信任用户通过 CA 签发的证书，那么该证书就显得不是很有用了。例如，这里是钥匙串访问应用程序中，一个由试用 CA 签发的 SSL 证书的示例。

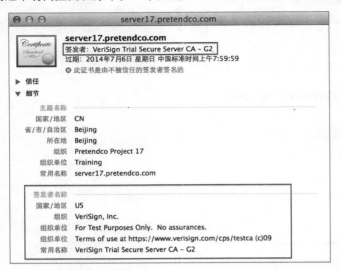

可以看到，在窗口顶部"签发者"中显示的是 VeriSign Trial Secure Server CA–G2。注意红色"X"图标及文字"此证书是由不被信任的签发者签名的"。这是一个默认情况下不受计算机和设备信任的 CA，所以，即使让 OS X Server 服务使用这个已签名的证书，那么对于访问服务的人来说仍会遇到问题。在某些情况下，服务可能会表现为静默访问失败，或者用户可能会被警告说服务的身份无法被验证。下图显示了在客户端 Mac 上，Safari 提醒用户它无法验证网站的身份。

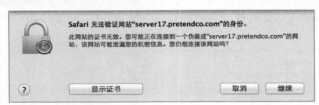

如果单击"显示证书"按钮，Safari 会显示证书链。下图显示了当用户选择证书链底部的服务器证书时，所看到的情况"此证书是由不被信任的签发者签名的"。

下图显示了如果单击"细节"三角展开图标后，会看到有关证书持有者的身份信息，以及签发者的信息（签发证书的实体）。对于当前的情况，签发者的常用名称是 VeriSign Trial Secure Server CA–G2。

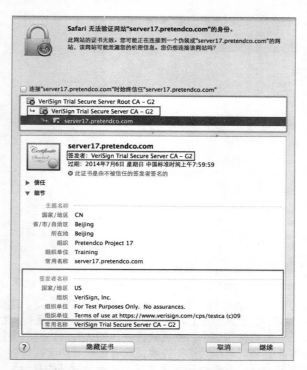

　　当选择证书链中间的证书时，会看到这是一个中级 CA，窗口显示的是"中级证书颁发机构"，"签发者名称"信息显示了签发者（或签名者）的常用名称是 VeriSign Trial Secure Server Root CA–G2。

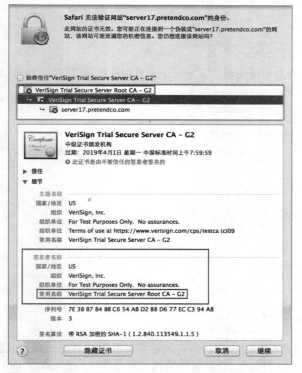

　　最后，当选择证书链顶部的证书时，会看到这是一个根 CA，窗口显示这个根证书是不受信任

的。由于这个根 CA 并不在当前计算机的系统根钥匙串中，所以 Safari 不信任这个中级 CA，并且也不信任 server17.pretendco.com 证书。

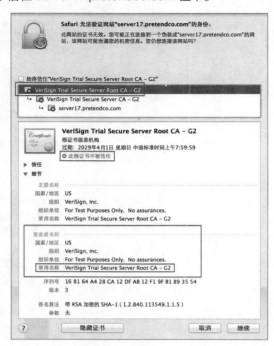

由于示例中的根 CA 只是用来试用的，所以在学习和测试环境之外，并不建议配置自己的 Mac 总是信任它。

配置信任

用户可以配置自己的 Mac，让当前已登录的用户总是信任一个证书。使用先前的示例，网站服务使用服务器自己的自签名 SSL 证书，可以单击"显示证书"按钮，然后选择"连接'server17.pretendco.com'时始终信任'server17.pretendco.com'"复选框。

当选择"连接'server17.pretendco.com'时始终信任'server17.pretendco.com'"复选框后，OS X 会请求用户的登录凭证信息。当成功通过鉴定后，OS X 将证书添加到用户的个人登录钥匙串中，并配置用户的系统始终信任 SSL 证书，以便当用户通过单击"始终信任"时所登录的账户来登录系统时，Mac 可以信任该证书。这不会影响到其他的计算机或设备，或是其他可登录到 Mac 的用户。

在钥匙串访问中，可以打开并查看刚刚添加的自签名证书，注意蓝色加号（＋）图标带有的文字，该文字说明此证书已标记为受 server17.pretendco.com 信任。

当通过 Safari 再次访问站点后，如果单击地址文本框中的 https 图标，然后再单击"显示证书"按钮，会看到类似的信息。

对于 Mac 计算机的另一个选择是下载证书并在系统钥匙串中安装证书，通过配置来"始终信任"SSL。记住，这对于要使用服务器上的、已启用 SSL 的服务的 Mac 来说，需要在每台 Mac 上进行配置。

对于 iOS 设备来说，当用户打开 Safari 去访问受服务器自签名证书保护的页面时，可以选择"详细信息"选项。

然后，单击"接受"按钮。

现在，用户的 iOS 设备已被配置为信任该证书。

注意，可以使用一个配置描述文件将一个证书分发到 Mac 计算机及 iOS 设备。这会自动配置设备去信任该证书。参阅课程12"通过描述文件管理器进行管理"来获取有关描述文件的更多信息。

有关完整的操作说明，请参阅练习5.5"配置管理员计算机信任 SSL 证书"。

参考5.3
故障诊断

证书助理会使用运行 Server 应用程序的 Mac 的 IPv4 地址，所以，如果正在使用管理员计算机来配置远端的服务器并生成新的自签名证书，那么确认使用相应的服务器主机名称和 IP 地址。

当将服务器配置为 Open Directory 服务器时，如果用户具有的自签名证书在证书的常用名称中带有服务器的主机名称，那么 Server 应用程序会使用新证书来替代原来的自签名 SSL 证书。这个新证书将由与服务器 Open Directory 服务相关联的、新创建的中级 CA 进行签发。

如果用户具有的证书在证书的常用名称中带有服务器的主机名称，并且证书是由 CA 或中级 CA（并不与用户的 Open Directory 服务相关联）签发的，那么 Server 应用程序并不会使用由 Open Directory 中级 CA 签发的新证书来替代它（但是 Server 应用程序仍会创建 OD CA 及 中级 CA）。

每个证书都具有一个失效日期，如果当前日期晚于该证书的有效日期，那么证书就会失效。

更多信息▶ 与证书相关的一些文件被存储在 /etc/certificates 中，也有可能是在服务器上的 /var/root/Library/Application Support/Certificate Authority 目录中。

练习5.1
创建证书签名请求

在本练习中，将生成一个自签名的 SSL 证书，然后将进行准备 CSR 的操作。

如果用户是按顺序阅读本指南的，那么用户的服务器除了 DNS 外应该没有其他运行的服务。在本课程中，不会去验证服务器服务实际使用的，在本课程中创建的 SSL 证书。不过，本指南中的课程还涵盖了使用 SSL 证书的服务，届时还会重新提到在本课程中所创建的自签名 SSL 证书。

然而，用户无法收到一个 pretendco.com 的有效签名证书来用于实际工作，但是用户会对必要的操作步骤有所熟悉。

1 在管理员计算机上，如果还没有连接到服务器，那么打开 Server 应用程序连接服务器并鉴定为本地管理员。

2 在 Server 应用程序的边栏中选择"证书"选项。

3 在证书设置界面的左下角单击添加（＋）按钮，获得可信的证书。

如果在操作菜单（齿轮图标）中已选择"显示所有证书"命令，那么在单击添加（＋）按钮后选择"获取可信的证书"命令。

4 在"获取可信的证书"设置界面中单击"下一步"按钮。

5 在"主机名称"文本框中输入服务器的主机名称 server*n*.pretendco.com（其中 *n* 是学号）。

NOTE ▶ 如果单击"主机名称"文本框右边的箭头，那么会看到，在 Server 应用程序自动填充的菜单中带有服务器的主机名称。如果选择主机名称，它会被自动输入到"主机名称"文本框中。

6 在剩余的文本框中输入符合情况的相应信息。

在"联系人电子邮件地址"中输入 ladmin@server*n*.pretendco.com（其中 *n* 是学号）。

在实际工作中，考虑使用组织机构的电子邮件地址，而不是个人的电子邮件地址，这样即使离开了组织机构，仍然可以保证该邮件地址可用。

通常，应当在每个文本框中都输入有效的信息，因为在 CA 签发证书前，这些信息都会被用于身份的验证。但是对于这个练习来说，将 CSR 实际提交到 CA 是选做的操作，所以信息并不需要很真实，但至少应当是有效的。

7 在"公司或组织"文本框中输入 Pretendco Project *n*（其中 *n* 是学号）。

8 在"部门"文本框中输入 Training。

9 输入相应的城镇或城市信息。

10 输入相应的州或省信息。为了完全符合标准，输入州或省的全称，而不是缩写。

11 如果需要，更改"国家/地区"设置。

12 当完成所有信息的填写并确认信息填写正确后，单击"下一步"按钮。

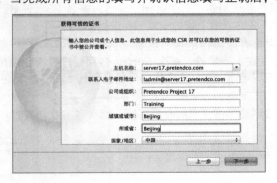

13 在显示证书签名请求文本界面中单击"完成"按钮（将在下一个练习中来存储它）。

14 在证书设置界面，确认证书请求被显示为"未决的"。

　　在本练习中，用户已生成了自签名的证书，并进行了准备 CSR 的操作。由于本指南无法确定接下来的步骤——通过 CA 来签名 CSR——所以接下来的练习，通过 Server 应用程序来导入已签名的证书是可以选择进行的练习。

练习5.2
导入已签名的证书（可选）

▶ **前提条件**

　▶ 完成练习5.1"创建证书签名请求"。
　▶ 一个认证机构必须已签发了 CSR。

　　在这个可以选择进行的练习中，将通过 Server 应用程序，用收到的、来自认证机构的已签名 SSL 证书来替代自签名的 SSL 证书。

　　一些认证机构可以签署用户的 CSR 在有限的时间内来试用。在编写本指南时，至少有一个 CA 可以为一个不受控制的域来签发 CSR，以便用于进行测试，该 CA 是不受信任的。

　　即使不将 CSR 提交到 CA 来测试已签名的证书，也可以按照以下步骤进行操作，只不过将不会有任何东西被导入，并且会提示用户跳过练习的最后几步操作。

NOTE ▶ 当发送 CSR 到 CA 进行签名时，CA 会发送给用户已签名的证书。各认证机构之间的工作流程会有所不同，这已超出本指南的学习范围。

1 在管理员计算机上，如果尚未连接到服务器，那么打开 Server 应用程序连接服务器，并鉴定为本地管理员。

2 在 Server 应用程序的证书设置界面，双击被列为未决的证书。

3 将已签名的证书（以及 CA 要求用户下载并安装的任何中级证书）拖动到"证书文件"设置区域中。

如果未将 CSR 提交给 CA，那么就没有已签名的证书，所以只需单击"取消"按钮并跳转到本练习的最后即可。

NOTE ▶ 有些 CA 会要求用户下载并安装一个或多个中级证书。如果是这种情况，那么按照他们的要求进行操作。

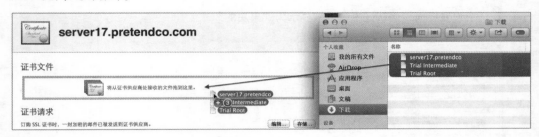

4 单击"好"按钮。

5 如果用户没有看到自己的证书，那么单击操作按钮（齿轮图标），并选择"显示所有证书"命令。

在下图中，默认的自签名证书及已签名的证书都被显示出来了。

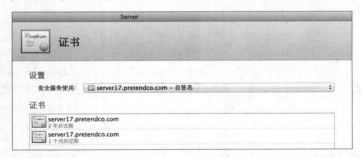

在这个可以选择进行的练习中，使用 Server 应用程序导入了已签名的 CSR。

练习5.3
归档证书（可选）

▶ **前提条件**

完成练习5.1"创建证书签名请求"。

在本练习中，将学习使用钥匙串访问应用程序来创建证书的安全归档，这包括私钥，然后学习如何重新导入它们。

SSL 证书的归档

为 SSL 证书及私钥做一个备份是一个不错的主意，这样当服务器系统出现问题时，可以根据需要重新导入证书和私钥。所幸的是，钥匙串访问应用程序可以很方便地以一种安全方式来归档证书和私钥。

1 在服务器计算机上打开钥匙串访问应用程序，在"钥匙串"选项组中选择"系统"选项，在"种类"选项组中选择"我的证书"选项，并选择带有服务器主机名称的证书。

NOTE ▶ 如果启用了 Apple 推送通知服务，那么还会看到以字符串 APSP 开头的证书被列出。

2 单击三角形展开图标，以显示该项目所包含的证书及它所关联的私钥。

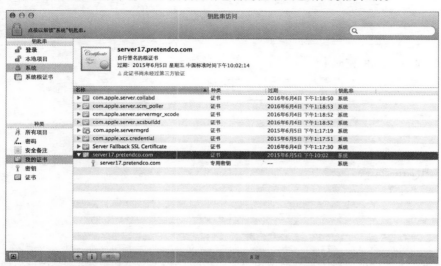

3 选择"文件">"导出项目"命令。

4 输入归档文件的名称，例如主机名称，并指定一个存储位置，例如桌面。

5 在文件格式下拉菜单中选择"个人信息交换"命令。

6 单击"存储"按钮。提供本地管理员的凭证信息并单击"好"按钮。

7 输入 private! 作为密码来保护私钥，转到"验证"文本框并再次输入 private! 进行确认（因为用户无法看到输入的字符）。

注意，钥匙串访问应用程序会评估用户输入的密码强度。

NOTE ▶ 在实际工作中，应当使用强健的密码。

8 单击"好"按钮。

重新导入已导出的证书

NOTE ▶ 以下步骤只是用于说明。不要删除并重新导入自己的证书和私钥。

1 如果以后需要重新导入证书，那么确保在操作菜单（齿轮图标）中选择"显示所有证书"命令，然后单击添加（+）按钮并选择"导入证书身份"命令。

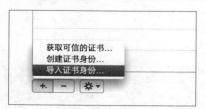

2 将 .p12 文件拖动到相应的设置区域。

3 提供导出证书时所选用的密码（private!），并单击"解密"按钮。

如果证书是自签名的，那么界面看上去应与下图类似。

如果证书是由 CA 签发的，该 CA 还要求用户下载和导入中级证书，那么将这些项目也拖动到设置区域中。

操作后的界面会与下图类似。注意"签发者"部分包含了签发 CSR 的 CA 信息。试用的根 CA 及试用的中级根 CA 项目也被拖动到设置区域。

4 对于这两种情况，都要单击"导入"按钮来导入项目。

用户使用钥匙串访问应用程序创建了证书的安全归档，其中包含了用户的私钥。这个归档文件通过密码来保护，但还是建议用户将归档保存在一个安全的位置。

练习5.4
配置服务器使用新的 SSL 证书

▶ **前提条件**

完成练习5.1"创建证书签名请求"。

NOTE ▶ 如果用户没有获得新的 SSL 证书，那么也可以使用其他任何证书，例如默认的自签名证书。

由于用户不能控制 pretendco.com 域，所以无法让一个普遍信任的 CA 来为自己的服务器的 SSL 证书签署 CSR，以用于生产工作。由于服务器的 SSL 证书并不在以 CA 为起点的证书链中，该 CA 已被配置在系统根钥匙串中，所以计算机和设备不会信任服务器的 SSL 证书。用户可以在练习5.5"配置管理员计算机信任 SSL 证书"中解决这个问题。

使用 Server 应用程序配置服务器的网站服务使用证书。

1 在管理员计算机上，如果尚未连接到服务器，那么打开 Server 应用程序连接服务器，并鉴定为本地管理员。

2 在证书设置界面中，单击文字"安全服务使用"旁边的下拉菜单。

选择"自定"命令。这说明用户可以单独配置每个服务去使用不同的证书，或者根本不使用证书。

3 单击网站服务的证书下拉菜单，并选择一个证书。

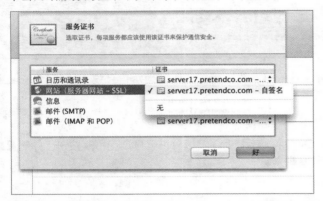

4 单击"好"按钮，保存更改并收起服务证书设置面板。

打开网站服务。

5 在 Server 应用程序的边栏中选择"网站"服务。

6 单击"开/关"按钮，开启服务。

用户刚刚配置了自己的服务器，让网站服务使用自签名的证书，并且开启了网站服务。接下来将确认服务已经实际使用了证书，这将在练习5.5中进行介绍。

练习5.5
配置管理员计算机信任 SSL 证书

▶ **前提条件**

▶ 完成练习5.1"创建证书签名请求"。

▶ 完成练习5.4"配置服务器使用新的 SSL 证书"。

NOTE ▶ 如果用户已获得由普遍信任的 CA 签发的证书，那么不需要进行本练习操作。

在实际工作中，最好使用由受信任的 CA 签发的有效 SSL 证书。如果不具备这个条件，那么应当配置用户计算机和设备去信任服务器的自签名 SSL 证书，以避免让用户养成配置他们的设备去信任未经验证的 SSL 证书的习惯。

本课程将向用户讲解如何配置一台个人计算机去信任服务器的自签名 SSL 证书，而如何在多台计算机和设备上去复制这个最终结果的知识已超出了本课程学习的范围。

验证网站服务使用了新证书

在管理员计算机上，确认正在使用服务器的 DNS 服务，否则就无法使用它的主机名称去连接它的网站服务。然后打开 Safari 去访问服务器的默认 HTTPS 网站。最后，配置管理员计算机去信任 SSL 证书。

1 在管理员计算机上打开系统偏好设置。

2 打开网络偏好设置面板。

3 选择活跃的网络服务，并确认服务器的 IP 地址被列为 DNS 服务器的值。

如果使用的是 Wi-Fi，那么需要单击"高级"按钮，然后再选择 DNS 选项卡来查看 DNS 服务器的值。

4 退出系统偏好设置。

5 在管理员计算机上打开 Safari，按【Command+L】组合键，在地址文本框中设置插入点并输入 https://server*n*.pretendco.com （其中 *n* 是学号）。

6 按【Return】键，打开页面。

由于用户的证书并不是由受信任的 CA 签发的，所以会看到提示信息说 Safari 无法验证网站的身份。

配置管理员计算机去信任这个 SSL 证书

当用户看到 Safari 无法验证网站的身份的对话框时，可以单击"显示证书"按钮，并配置当前已登录系统的用户去信任网站所用的 SSL 证书。

1 单击"显示证书"按钮。

2 单击"细节"旁边的三角形展开图标并检验信息。

3 单击"信任" 旁边的三角形展开图标。

注意，"加密套接字协议层（SSL）"和"X.509 基本策略"选项都被设置为"未指定值"，这说明管理员计算机并不信任这个 SSL 证书。

4 选择 "连接'server*n*.pretendco.com'时始终信任'server*n*.pretendco.com'"" （其中 *n* 是学号）复选框。

注意，这会将"信任"选项组中的所有值都设置为"总是信任"。

5 单击"继续"按钮。

6 提供登录凭证信息并单击"更新设置"按钮。

这会更新当前已登录用户的设置，但这并不会影响到这台计算机上的其他用户。

7 通过 Safari 地址栏中显示的包含有 https 文本的图标及锁型图标来确认 Safari 正在使用 SSL 打开页面。

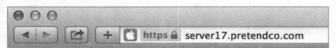

8 为了进行本练习下一小节的操作，保持 Safari 打开。

确认 Mac 信任 SSL 证书

要查看网站服务正在使用的证书，按照以下步骤进行操作。

1 在地址栏中单击 https 图标。

2 在通知用户 Safari 正在使用加密连接的面板中，单击"显示证书"按钮。

3 单击"信任"旁边的三角形展开图标来显示信任分段的内容。

4 单击"细节"旁边的三角形展开图标来显示细节分段的内容。

5 确认"主题名称"部分包含了自己所需的信息。

6 单击"好"按钮，关闭面板。

7 按【Command+Q】组合键，退出 Safari。

确认网站服务已经使用了自己在前面练习中所配置的 SSL 证书。

由于用户并没有让 CA 去签发用于工作的证书，所以需要配置管理员计算机去信任证书。

练习5.6
清理

为了确保剩余的练习操作都是一致的，需要关闭网站服务。

1 在 Server 应用程序的边栏中选择网站服务，并单击"开/关"按钮来关闭服务。

2 确认网站服务的旁边没有绿色状态指示器显示，这表明服务是关闭的。

接着去完成其他课程的练习操作。

课程6
状态和通知功能的使用

一台服务器只有当其具备良好的状态并且具有它所需的资源时，才能履行它的职能。OS X Server 通过它的 Server 应用程序可以提供监视功能，并且如果某些情况触发了阈值或者条件，还可以推送通知。监视和通知功能的使用有助于服务器保持正常运行。

目标
► 监视 OS X Server。
► 设置通知。

参考6.1
监视和统计数据的概念

服务器，甚至是OS X Server 计算机，需要时不时地进行关注，而不能让它们自生自灭地运行。通过定期审查所有操作参数来确保服务器的正常工作是一种低效的工作方式。当出现状况时，可以利用服务器内建的功能来通知用户这一情况，或者在达到特定的触发点时，向用户展示这个情况。当出现这些情况时，OS X Server 可以通过一个通知来提醒用户。虽然这不能让用户摆脱定期去查看服务器的工作，但是可以帮助用户获知正在发生的情况或者可能在短期内发生的情况。

在 Server 应用程序中，可帮助用户监视服务器的以下4个主要部分。

► 提醒：设置触发点并添加可接收到提醒通知的电子邮件地址。

► 日志：可快速访问并搜索服务日志，这些服务都是由 OS X Server 提供的。

► 统计数据：可查看处理器和内存的使用率外加网络流量，查看的时间周期可从过去的1小时一直到7天。新的功能是可以查看缓存的使用率。

► 储存容量：查看服务器可用的可见卷宗列表，以及可用的存储空间总量。

屏幕共享也可用于远程观察服务器，并且 Server 应用程序也可被安装在非服务器计算机上（例如安装在管理员计算机上）。这可以让用户在不同的计算机上去监视和管理服务器。

参考6.2
OS X Server 提醒

在 Server 应用程序的服务器分段中，"提醒"设置界面可以让用户配置接收提醒通知的电子邮件地址列表及哪种类型的提醒会被发送。提醒设置界面有以下两个选项卡。

► 提醒：显示提醒消息的地方。

► 传送：列出电子邮件收件人及设置什么类型的提醒通知会传送给他们的地方。在这里也可以选择推送通知。

NOTE ► 只有当 Apple 推送通知服务在服务器上被配置好并启用的情况下，推送通知设置才可用。

当为通知选用一个电子邮件地址时，建议创建一个单独的电子邮件账户，可以联系到多个人，而不要通过 Server 应用程序将它发送到特定的某个用户。这可以避免一种情况的发生：当负责管理服务器的人员离开了管理团队，也同时导致通知的无人关注。一个诸如alerts@pretendco.com的账户可以用于多个用途，同时也可以缓解提醒通知的个人化。

当用户通过 Server 应用程序启用了 Apple 推送通知并为推送通知提供了 Apple ID 后，服务器可发送提醒通知到运行有Mavericks 的 Mac，该 Mac 是用户使用 Server 应用程序来管理服务器的计算机。这些提醒通知会显示在 Server 应用程序中，以及这些计算机的通知中心里。在下图中，服务器被配置为将提醒通知发送至 server17 的管理员账户。

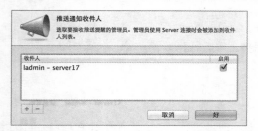

提醒消息会显示一个简要说明，说明发生了什么状况。用户可以在界面底部添加一个关键词来过滤提醒消息。双击提醒消息，或者单击操作按钮（齿轮图标）并选择"查看提醒"命令，来获取与提醒相关的额外信息。在某些情况下，还有一个可用的按钮来帮助用户纠正错误，但是必须清楚是什么情况导致的错误，以及单击按钮后如何对服务器有所帮助或者伤害。有时提醒并不是出现了问题，而是有软件更新可用或者执行更新操作的消息。

参考6.3
OS X Server中的日志

在 Server 应用程序的服务器分段中，"日志"界面可以快速访问在服务器上运行的各个服务的日志。其中的搜索文本框可以让用户追查日志中的特定项目。

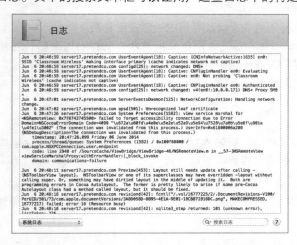

有些日志始终都可用，而有些日志只有当服务被启用的时候才会变得可用。

其他的日志可通过控制台应用程序来使用，控制台应用程序位于/应用程序/实用工具中。

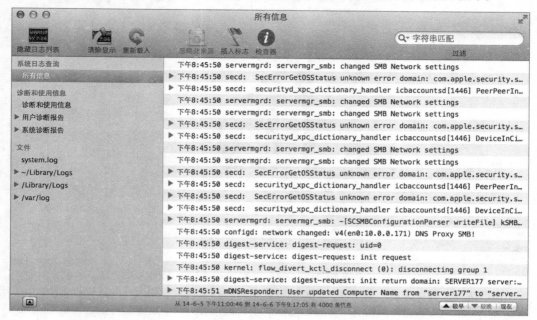

参考6.4

OS X Server中的统计数据

在"统计数据"界面中，有以下4个性能曲线图可用。

▶ 处理器使用率：分为系统 CPU 和用户 CPU，以帮助确定是什么资源占用了最多的 CPU 时钟周期。

▶ 内存使用率：显示有多少物理内容正在被使用。

▶ 网络流量：显示出站和入站的流量。

▶ 缓存，已提供的字节数：显示缓存服务的数据传输情况。

所有4个图表都可以调节显示时间间隔，从过去的1小时直到过去的7天。

当使用图表时要意识到，反映在图表上的实际数字并不能说明完整的情况。通常，图表的形状是最重要的。在实际工作中，要经常查看图表来了解正常情况下的状态，以便在发生变化时可以识别出来。

一个正常的处理器使用率图表可能会显示出工作日期间的一些百分比数值，通过峰值来对应大量的服务器使用率。当图表显示出比平时状态的普通百分比更高的数值时，那么说明可能存在问题。这意味着是时候去进行一些调查工作了。

如果一个应用程序不释放 RAM，那么内存的使用率会随着时间的推移而攀升。图表还可能会显示出所有可用的 RAM 都在被连续不断地使用，这表明服务器需要升级 RAM 了。

网络流量也应当遵循使用率的模式，繁重的访问会在图表中显示出来，而夜间的流量或其他时间的低使用率，则可能是备份操作或是无计划的访问所引起的。

在统计数据中查看缓存服务的情况，可以让用户了解到与它相关的网络使用情况。

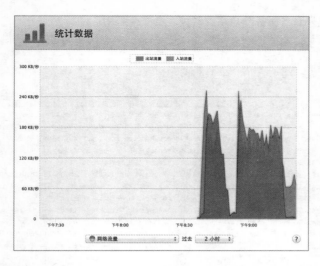

参考6.5
储存容量

在 Server 应用程序的服务器分段中，储存容量被列在服务器的名称之下。在边栏中选择服务器，然后选择"储存容量"选项卡，已连接到服务器的各个卷宗被列出，并且储存容量的可用量被列在各个卷宗的旁边，并且带有一个条形图以用于快速查看。每个卷宗都可以进行查看，而且还可以查看和更改权限（将在课程13和课程14中进行介绍）。

练习6.1
使用 Server 应用程序来监视服务器

▶ **前提条件**

完成课程2"OS X Server 的安装"中的所有练习操作。

当用户登录服务器后，可以在本地使用 Server 应用程序去管理 OS X Server，或者在另一台运行OS X Mavericks的 Mac 上使用 Server 应用程序来远程管理 OS X Server。

可以使用 Server 应用程序来配置服务器，当发生以下任何一种情况时，应发送电子邮件消息、推送通知或两者一起发送。

> ▶ SSL证书即将到期。

> ▶ OS X Server使用的磁盘不可访问。

> ▶ 磁盘的S.M.A.R.T（自我监测、分析及报告技术）状态预测到将有故障发生。

> ▶ 磁盘的可用空间变得较少。

> ▶ 邮件的存储配额已经被超出。

> ▶ 电子邮件消息带有病毒。

> ▶ 网络配置已被更改。

> ▶ 服务器有可用的软件更新。

> ▶ Time Machine故障。

> ▶ 缓存故障。

1 在管理员计算机上进行这些练习操作。如果用户在管理员计算机上还没有通过 Server 应用程序连接到自己的服务器计算机，那么按照以下步骤进行连接：在管理员计算机上打开 Server 应用程序，选择"管理">"连接服务器"命令，单击"其他计算机"按钮，选择自己的服务器，单击"继续"按钮，提供管理员的凭证信息（管理员名称ladmin及管理员密码 ladminpw），取消选择"在我的钥匙串中记住此密码"复选框，然后单击"连接"按钮。

2 在边栏中选择服务器，设置允许使用推送通知。选择"设置"选项卡。

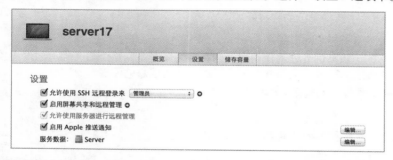

3 选择"启用 Apple 推送通知"复选框。

4 如果还没有配置用于推送通知的 Apple ID，那么在对话框中输入 Apple ID 来获取推送通知证书。在有培训教师指导的培训课堂中，讲师会提供 Apple ID。当完成操作后单击"好"按钮。

配置电子邮件地址，接收 Server 应用程序发来的提醒。

1 在 Server 应用程序的边栏中选择"提醒"选项。

2 选择"传送"选项卡，单击"电子邮件地址"旁边的"编辑"按钮。

3 单击添加（ + ）按钮。

4 输入将用于接收提醒信息的电子邮件地址（可以使用自己的地址）。如果需要的话，还可以添加第二个邮件地址。单击"好"按钮。

使用 Server 应用程序去主动监视服务器是非常好的想法，这样就可以及时解决任何突然出现的问题，而不是等到危及的情况下去应对警报。

配置要发送的提醒消息。

1 在 Server 应用程序的边栏中选择"提醒"选项。

2 选择"传送"选项卡，选择要发送的提醒类型。

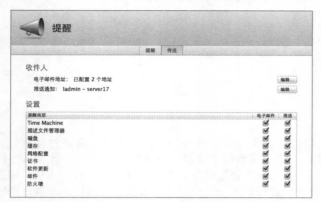

其中一个提醒是磁盘空间不足。除了等待提醒消息外，还应当定期使用 Server 应用程序去查看可用磁盘空间的信息。

1 在 Server 应用程序的边栏中选择自己的服务器。

2 选择"储存"选项，并查看可用空间总量。

虽然没有提醒存在异常的、较高的处理器使用率、内存使用率或是网络流量，但有时候去监视这些信息仍是一个非常好的做法。Server 应用程序显示了以下几类信息的图表。

▶ 处理器使用率（包括系统CPU和用户CPU）。

▶ 内存使用率。

▶ 网络流量（包括出站流量和入站流量）。

▶ 缓存：已提供的字节数。

通过 Server 应用程序来显示可用的图表。

1 在 Server 应用程序的边栏中选择"统计数据"选项。

2 单击下拉菜单分别选择处理器利用率、内存利用率、网络流量及缓存。

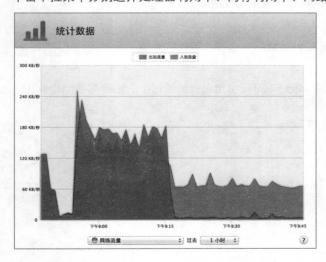

3 单击右边的下拉按钮，选择图表所包含显示的持续时间。

通过屏幕共享进行监视

要在管理员计算机上通过屏幕共享去查看服务器的状态，必须先在"设置"中启用屏幕共享。查看服务器的状态的操作步骤如下。

1 在 Server 应用程序菜单中，选择"工具"选项，然后再选择"屏幕共享"选项。

2 输入服务器的主机名称server*n*.pretendco.com，其中 *n* 是学号。

3 输入ladmin 和ladminpw 进行鉴定，并开始观察会话。

触发一个提醒（可选）

通过以下可选择进行的操作来临时更改服务器的网络配置。这会让服务器给用户发送一个提醒消息。要实现这个操作，必须具有一个无线网络，服务器必须已连接到因特网，并且 Server 应用程序必须配置有用户可访问的有效电子邮件地址。

NOTE ▶ 由此产生的提醒邮件将是由root@server*n*.pretendco.com（其中 *n* 是学号）来发送的，并且可能会被电子邮件的过滤功能视为垃圾邮件。用户可以通过配置垃圾邮件过滤功能来接收来自该地址的电子邮件。

1 如果可以的话，拔掉以太网线缆，开启无线网络，然后连接服务器到无线网络。在有教师指导的环境下，讲师会告诉学生要使用哪个无线网络。保持线缆被拔出的状态至少持续1分钟的时间，然后关闭AirPort来断开与无线网络的连接。将以太网线缆插回。

2 在提醒中，注意网络配置已被更改的通知已经出现。双击提醒信息来查看详细情况，查看完详细信息后单击"完成"按钮。

3 如果提醒没有被设置，那么可以在"提醒"设置界面中选择"传送"选项卡，然后发送一个测试提醒消息。单击设置界面底部的操作按钮（齿轮图标）并选择"发送测试提醒"命令。

4 等待片刻，将会收到一封与更改相关的提醒邮件。它有可能会被视为垃圾邮件，所以，如果没有收到提醒邮件，那么在垃圾邮件中检查一下，看其是否存在。

清理

本课程不需要进行清理工作，因为用户所做的工作只是创建提醒，以及设置对所有服务器来说都建议设置的监视功能。

课程7
OS X Server 的备份

在实际工作中，有时需要用户去恢复硬件或软件出现故障的服务器。为了防止出现故障，需要使用一个可靠的备份系统。虽然市场上有很多备份产品可以选择，但是对于 OS X 来说，在 10.5 的版本中就已经内建了Time Machine备份功能。当使用 OS X Server 时，Time Machine可以提供一个实用的、低成本的、操作简单的备份方案。

参考7.1
备份的概念

当要备份一台计算机时，还有一些需要注意的地方。需要确定什么时间及多长时间需要进行一次备份，被备份到哪里，以及备份媒体通常是如何进行倒换的。

可用于备份 OS X Server 的商业产品具有广泛的备份技术和可选择的备份媒体。通过这些产品，可以指定服务器多久需要进行备份，以及什么内容需要进行备份。可以决定是否需要备份到磁带机、硬盘或是云存储上，还可以决定备份所使用的备份方式。

▶ 完整映像。服务器的整个驱动器以块拷贝的方式被复制，不过这需要服务器停止运行并从其他卷宗上进行操作。

▶ 完整的文件级复制。整个卷宗都进行文件对文件的复制。这需要花费较长的时间，但不需要服务器通过另一个卷宗来进行操作，不过对于某些服务，特别是那些使用数据库的服务，会被停止服务，而且备份并非是有效的。

▶ 增量备份。对于先前的备份来说，只有发生变更的部分会被复制。这只占用较少的时间和存储空间，但是它可能会花费较长的时间去进行恢复，因为它需要读取多个增量副本来获取完整的数据量。

▶ 持续备份。也称为持续数据保护（CDP），更改会尽量在较短的时间周期内进行备份，而不是等到一天结束后再去备份。这可以实现更加精细化的备份。这就是Time Machine所使用的备份技术。

在决定备份媒体时，要考虑到存储容量、寿命及便携性。一些常用的媒体包括以下几个。

▶ 磁带。磁带的淘汰已经被报道多年了，它依靠大容量存储、便携性及速度的提升来保持存活。而不足之处是磁带机或磁带库往往需要精心的维护才能保持运行。

▶ 磁盘。磁盘的成本已经被降低到可用其容量和速度来对其寿命进行平衡的地步，当磁盘被安装到大型的阵列设备中时，就会牺牲掉它的便携性。当然，单个驱动器还是很易于方便携带的。

▶ 基于云的存储。基于因特网在远端的主机上存储数据正变得越来越受欢迎，并且带宽的提升及可用的低成本数据存储方案都令这种方式变得可行。而不足之处是要依靠第三方来确保数据的安全，并且基于因特网来恢复数据需要花费较长的时间。而有些主机服务允许用户进行本地备份并将本地备份的"种子"发送给对方，对方将用户的数据从磁盘复制到他们的设施上并发送给用户用于恢复的磁盘。

如果不考虑备份技术和媒体的选用，那么对于恢复操作的测试是极为重要的。当需要进行恢复操作时，一个认为可靠的备份竟然出现问题，那么数据就会因此而丢失。备份应当定期进行测试，以确认它是有效的。

备份的多样化

拥有备份的备份是明智之举。备份有时会失败或是无法被恢复，因此使用不同的技术来提供额外的保护是一个不错的想法。或许需要采用本地备份加云备份的方式。每种备份方式都有它的优势与劣势，但是可以通过采用多种技术来进行互补。

本地备份是一个不错的选择，因为这种方式快速并且容易进行恢复，但如果问题是出在本地，损坏了这些备份连同原始的数据资源，例如火灾或是水灾，那么就没有更好的办法来恢复了。

云备份或远程备份也不错，因为它们可以避免本地的破坏，但它们进行备份和恢复都需要花费较长的时间，这使得它们不适合在紧急的情况下使用。同时还要小心，不要排除掉那些无法从损失中恢复的信息。

结合本地备份和远程备份，只要适当地使用它们，就可以为用户提供两全其美的备份方案。例如，可以只进行远程数据备份，而不去备份操作系统。这可以加速备份的过程，因为对于操作系统来说，总是可以进行重建的。也可以进行本地备份，因为它们可被引导启动，可以实现快速恢复。

参考7.2
Time Machine

Apple 自 OS X v10.5开始，在系统中提供了一个易于使用并且有效的备份应用程序。Time Machine最初的设想是可以很方便地对计算机进行备份。Time Machine的设置过程只需要简单地连接外置硬盘并打开Time Machine就可以了。

Time Machine的功能逐渐增强，并且可以选择用来备份OS X Server。Time Machine可以被视为连续数据保护方式，并且它对 OS X Server 所用的数据库可以进行恰当的处理。Time Machine可支持 OS X Server 的备份流程。

NOTE ▶ 如果将启动卷宗上的服务数据进行了转移，那么需要参考 Apple 技术支持文章 HT5139 "从 Time Machine 备份恢复 OS X Server"，了解有关如何使用命令行工具来正确恢复服务数据的操作说明。

Time Machine的备份磁盘只限于服务器可见的硬盘卷宗及为Time Machine开启的 AFP 网络共享点。

NOTE ▶ 要了解有关Time Machine的更多情况，请参阅Apple Pro Training Series: OS X Support Essentials 10.9指南中课程18的介绍。

对于OS X Server 来说，Time Machine可备份以下服务数据。

▶ 通讯录。

▶ 文件共享。

▶ 日历。

- ▶ 信息。
- ▶ 邮件。
- ▶ Open Directory。
- ▶ 描述文件管理器。
- ▶ Time Machine（通过网络提供备份目标位置的服务）。
- ▶ VPN。
- ▶ 网站。
- ▶ Wiki。

Time Machine不会备份以下内容。

- ▶ /tmp/。
- ▶ /资源库/Logs/。
- ▶ /资源库/Caches/。
- ▶ /用户/<username>/资源库/Caches。

Time Machine有能力备份到多个目标位置上。这很容易实现将一块硬盘连接到服务器上用于进行连续保护，并连接第二块用于进行异地倒换的磁盘驱动器。通过两块或多块硬盘驱动器进行倒换备份，当需要从本地驱动器提供即时数据恢复时，需要实施一个灾难恢复计划。

Time Machine具有拍摄快照的功能并将备份在它自己的启动卷宗上。快照功能是专为笔记本式计算机设计的便利功能，对于生产工作用的服务器来说不应当被考虑在内。

Time Machine会保留过去24小时的每小时备份，超过24小时会保留过去一个月的每日备份，以及过去所有月份的每周备份，直到目标卷宗被填满。这时最旧的备份会被删除。如果不希望失去备份的话，那么当备份磁盘快填满时可以替换备份目标磁盘。

练习7.1
通过Time Machine备份 OS X Server

当规划自己的 IT 环境时，考虑进行备份是非常重要的。通过Time Machine，使备份和还原操作变得十分容易。本练习将指导用户完成使用Time Machine的基本操作。

为Time Machine备份准备两个临时的备份目标位置。

选择1：使用两块外置磁盘作为Time Machine的目标磁盘

如果用户有两块可以在练习前后抹掉的外置 HFS + 格式的磁盘，那么按照以下步骤进行操作。否则跳转到下一节"选择2：使用内部卷宗作为Time Machine的目标磁盘"。

1 将两块外置磁盘物理连接到服务器计算机。

2 在 Finder 中选择 Finder > "Finder 偏好设置"命令。

3 如果需要，单击工具栏中的"通用"按钮，并选择"在桌面上显示硬盘"复选框。

4 选择其中的一块外置磁盘，按【Return】键，更改名称，输入Backup1作为名称，并按【Return】键，完成对名称的更改。

5 将另一块磁盘命名为Backup2。

跳过选择2 小节的内容，并继续"配置Time Machine"部分的操作。

选择2：使用内部卷宗作为Time Machine的目标磁盘

另外，考虑到 ACL 会阻止用户从Time Machine的目标磁盘上去移除备份文件，并且这是一个测试环境，所以可以通过以下步骤，使用磁盘工具在外置磁盘上创建两个新的临时卷宗。在实际工作中，Time Machine的目标磁盘应当是一块物理上独立的磁盘上的卷宗。

NOTE ▶ 可以使用相同的磁盘或磁盘分区作为Time Machine备份的目标磁盘，但是只适用于演示和教学的情况，不要在实际工作的计算机上采用这种方式。此外，在对一块已有数据的磁盘进行动态分区前，确保具有可用的数据备份。要了解有关磁盘分区的情况，可参考Apple Pro Training Series: OS X Support Essentials 10.9 指南中的课程18 "Time Machine"。

1 在服务器计算机上，单击 Dock 中的LaunchPad，然后单击"其他"并打开磁盘工具。

2 在磁盘工具的边栏中，选择包含服务器启动卷宗的磁盘，确认选中的是磁盘而不是卷宗。

3 选择"分区"选项卡。

4 单击添加（＋）按钮。如果带有启动卷宗的磁盘已具有多个分区，那么在添加（＋）按钮变为可用前，需要先选择一个具有额外空间的卷宗，如同用户的启动卷宗一样。

5 选择刚刚创建的新卷宗。在"名称"文本框中输入Backup1。

6 单击添加（＋）按钮，创建第二个额外的卷宗。

7 选择创建的第二个新卷宗，它会被自动命名为Backup1 2。

8 为了更正Backup1 2 的名称，在新分区的"名称"文本框中输入Backup2 。

9 单击"应用"按钮，并在对话框中确认所做的操作，单击"分区"按钮。

10 退出磁盘工具。

配置Time Machine

1 在服务器计算机上打开系统偏好设置，并选择Time Machine选项。

2 在Time Machine偏好设置界面中，单击"选择备份磁盘"按钮。

3 选择Backup1，单击"使用磁盘"按钮。如果对启动磁盘驱动器做了分区，会询问用户"您确定要备份到原始数据所在的同一设备上吗？"，单击"使用选定的卷宗"按钮。如果要求抹掉磁盘，那么单击"抹掉"按钮。

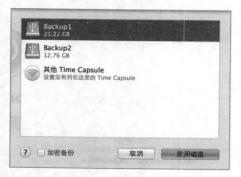

4 在Time Machine的主设置界面中，单击"选项"按钮，查看从备份中排除的项目列表。查看选项，但是对于本练习来说，需要保持它的默认设置。如果是在有教师指导的培训课堂上进行练习操作，可能需要排除磁盘上除用户文件夹以外的所有文件夹，这会使备份操作完成得较快。如果并不是在有教师指导的培训课堂上进行练习操作，那么可以备份所有的内容，如果用户进行了错误的操作，可以帮助用户恢复到早先的版本。

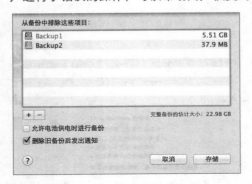

5 单击"取消"按钮，关闭排除表单。

6 单击"选择备份磁盘"按钮，添加第二块目标磁盘。

7 选择 Backup2 并单击"使用磁盘"按钮。

8 当询问是要替换现有的备份目标磁盘还是备份到两个磁盘时，单击"使用两者"按钮。

9 从Time Machine菜单中选择"立即备份"命令。Time Machine准备进行备份并在首次备份时进行完整的磁盘复制。当完成首次备份后，Time Machine只复制发生改变的项目。

练习7.2
通过Time Machine备份进行恢复（可选）

▶ **前提条件**

完成练习7.1"通过Time Machine备份 OS X Server"。

由于需要花费一些时间来完成备份操作，考虑到其他课程的继续进行，等到备份操作完成后再返回到这个练习继续进行操作。不必担心，当备份正在进行时也可以正常进行其他工作，只是在进行恢复操作前，确保按照本练习的以下操作来完成最后一个备份。

在本练习中，将从 Finder 中恢复一个文件（由于已知在"下载"文件夹中存有一个名为"关于下载"的默认文件，所以将使用该文件作为示例进行操作），然后将学习通过 OS X 恢复系统来恢复整个系统的操作。

1　在服务器计算机上单击Time Machine菜单，并确认列出了最新备份完成的时间。如果备份仍在进行，那么稍后再返回到这个练习。

2　单击Time Machine菜单，并选择"立即备份"命令，在进行恢复操作前完成最后一次备份。如果备份在第二个备份位置上进行，那么让备份进行，然后在最初的备份位置上再次进行备份。一直等到这个备份操作完成，这应该只需要几分钟的时间。

3　在服务器计算机上，选择"前往">"下载"命令。

4　在Time Machine菜单中选择"进入Time Machine"命令。

5　单击上箭头，前往较早的备份时间。这个箭头指向过去的时间。

6　选择"关于下载"文件。

7　单击"恢复"按钮。当询问是保留原始文件还是替换文件，或保留两个文件时，单击"保留两者"按钮，并对文件进行比较。

8　Time Machine备份卷宗中的文件也可以直接使用，只需要前往备份卷宗，找到要进行恢复操作的备份时间文件夹，并复制所需的文件即可。

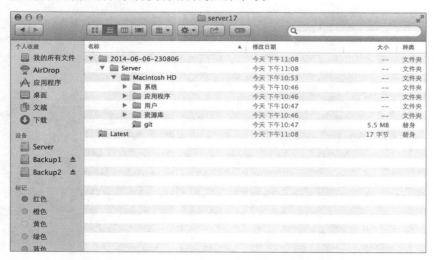

9 重新启动服务器并按住【Option】键，选择恢复卷宗，当从该卷宗启动后，从 OS X 实用工具窗口中选择"从Time Machine备份进行恢复"，按照指引进行操作，但是不要进行恢复。

> **NOTE** ▶ 使用Time Machine是一种可将用户的测试服务器恢复到一个已知状态的便捷方法。如果在进行测试操作时，弄坏了服务器系统或者要将服务器恢复到一个已知良好的状态，那么Time Machine可以很方便地进行恢复。

第2篇
配置账户

课程8
本地用户的管理

鉴定是确认一个用户要在系统中使用的用户账户的过程。这与说鉴定是一个用户向系统证明他/她的身份类似，但略有不同。主要的区别是，多个用户可以共享使用相同的用户名和密码，或者一个用户可以在同一个系统中拥有多个用户账户。不管是哪种情况，该用户都需要提供用户账户凭证（通常包括用户名和密码）来确认他要使用的用户账户。如果提供的凭证有效，那么该用户成功通过鉴定。虽然还有其他鉴定用户账户的方法，例如智能卡或语音，但是用户名和密码的组合是最为常用的（在本课程中也是如此）。

> **目标**
> ▶ 了解鉴定与授权。
> ▶ 创建并配置本地用户账户。
> ▶ 创建并配置本地群组账户。
> ▶ 导入本地账户。
> ▶ 管理服务访问的授权。

授权是确定一个已通过鉴定的用户账户允许在系统中做什么的过程。OS X Server 可以禁止授权去使用 OS X Server 服务，除非是用户被明确授予了使用服务的授权才可以。在课程13"配置文件共享服务"中，还将学到有关访问特定文件的授权的内容。

在本课程中，将使用 Server 应用程序。

▶ 配置本地用户和群组账户。

▶ 导入本地账户。

▶ 配置访问服务。

参考8.1
鉴定与授权的理解

当配置用户访问服务器时，需要确定服务器将提供什么服务，并且需要分配什么级别的用户访问能力。对于本指南所涵盖的很多服务来说，例如文件共享，需要在服务器上去创建特定的用户账户。

当考虑创建用户账户时，需要确定如何以最好的方式来设置自己的用户，如何将他们组织到群组中来符合组织机构的需要，而且还要考虑到，随着时间的推移，如何以最好的方式来维护这些信息。因为对于任何服务或信息技术工作来说，最佳的途径是，在开始实施一个解决方案前要彻底地去规划自己的需求和实施的方法。

鉴定与授权的使用

在 OS X 和 OS X Server 中，鉴定会发生在不同的环境下，但是通常都会使用一个登录窗口。例如，当启动 OS X 计算机时，在允许完全使用系统前，可能需要在初始的登录窗口中输入用户名和密码。

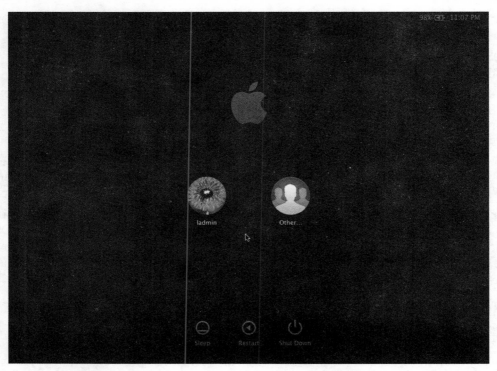

当用户试图连接网络文件服务时也会进行鉴定,无论是 AFP 还是 SMB 都是如此。在下图中,为了进行 AFP 服务的鉴定,需要提供名称和密码。

一个用户在访问这些服务前,即使作为客人用户进行登录,都必须进行鉴定。根据他试图访问的内容,用户可能会得到回应,而对于输入错误的密码(鉴定)或者不允许去访问的服务(授权),那么也有可能得不到回应。例如,如果在登录窗口中输入了错误的密码,登录窗口只会晃动一下并返回到登录窗口,在 OS X 中对于很多鉴定对话框来说都是如此。

如果用户没有授权在计算机上进行登录,即使提供的用户名和密码是正确的,登录窗口也同样会晃动并返回到登录窗口。尽管对于用户无法访问服务的原因是不同的,但是体验却是相同的。

参考8.2
用户和管理员服务器账户的创建与管理

有一些工具可以用来创建和管理用户与群组账户。可以使用 OS X 中的用户与群组偏好设置来指定本地用户,并实现本地群组的基本管理。但是系统偏好设置并没有远程模式,只能使用诸如屏幕共享或是Apple Remote Desktop这样的工具来远程管理 OS X Server 计算机上的系统偏好设置。

NOTE ▶ 将术语"用户账户"说成"账户"是很常见的。

本课程的重点是使用 Server 应用程序去远程管理本地用户和群组账户，并且远程管理对 OS X Server 所提供服务的访问。

OS X 将本地用户和群组账户存储在本地目录域中（也称为本地目录节点）。将会在课程10"本地网络账户的管理"中去学习有关本地网络账户管理的内容。

要通过 Server 应用程序去管理服务器，必须鉴定为管理员。无论是在服务器本地使用 Server 应用程序，还是在另一台计算机上远程使用 Server 应用程序都需要通过鉴定。

使用 Server 应用程序配置用户账户

在 OS X Server 上要授予某人特定的权限，必须为该人设置用户账户。Server 应用程序是在本课程中，在 OS X Server 上创建和配置用户账户所使用的主要工具。在课程10中，还将使用 Server 应用程序去创建网络用户账户。

在 OS X 中，普通的本地用户账户允许让一个人去访问计算机本地的文件和应用程序。在安装 OS X Server 后，本地用户账户扩展到允许去访问文件和服务，无论是使用本地用户账户在 OS X Server 计算机上进行登录，还是使用本地用户账户去访问 OS X Server 服务，例如邮件和文件共享，都是可以的。当使用其他的计算机时，可以使用服务器的本地用户账户去远程访问由服务器提供的各种服务。但是不能使用本地用户账户在其他计算机的登录窗口中去登录那台计算机，除非是其他计算机上，在其本地目录域中也指定了具有相同用户名和密码的本地用户账户。这是一种比较复杂的情况，应当使用集中管理的目录服务来避免出现这种情况，集中管理的目录服务会在课程10中进行介绍。

当使用 Server 应用程序创建用户时，可以指定以下设置。

- ▶ 全名。
- ▶ 账户名称。
- ▶ 电子邮件地址。
- ▶ 密码。
- ▶ 是否允许用户管理此服务器。
- ▶ 个人文件夹。
- ▶ 磁盘配额。
- ▶ 关键词。
- ▶ 备注。

用户账户的全名也称为长名称或是名称，通常使用一个人的全名，在名称中每个单词的第一个字母大写并且之间用空格分开。该名称可包含不超过255个字节的字符，所以对于每个字符占用多个字节的字符集来说，会有较少的最大字符数量。

账户名称也称为短名称，是一个缩写名称，通常全部由小写字符组成。用户可以使用全名或账户名称进行鉴定。当 OS X 为用户创建个人文件夹时，会使用用户的账户名称进行命名。在指定账户名称前要仔细考虑账户名称，因为要更改用户的账户名称并不是一项简单的任务。在用户账户名称中，不允许使用空格字符，必须包含至少一个字母，而且只能包含以下字符。

▶ a～z。

▶ A～Z。

▶ 0～9。

▶ _（下画线）。

▶ –（连字符号）。

▶ .（句点）。

关键词和备注的使用

关键词和备注是Mavericks OS X Server 的新功能。它们可让用户对账户进行快速搜索和分类，还可以帮助用户快速创建分组或编辑用户的群组。这些功能对于组织用户或基于一些非用户名称或用户 ID 的条件来搜索特定的用户是非常有用的。当需要指定一个范围下的用户，而这些用户没有实际添加到一个特定的群组时，这提供了一个更为现实的搜索模式。

要添加一个新的关键词，只需要在"关键词"文本框中输入这个关键词，然后按【Tab】或【Return】键即可。

NOTE ▶ 本地账户和网络账户（参阅课程9"Open Directory服务的配置"）都有单独的关键词列表。

可以为用户账户添加一个备注信息，以备以后使用，例如是谁创建的账户、毕业的年份或该账户的用途。

要通过同一个关键词或备注信息搜索用户，在"过滤用户"文本框中输入文本，然后从菜单中选择相应的选项。

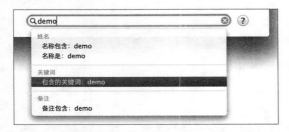

可以输入多个搜索字词来添加多个过滤条件。

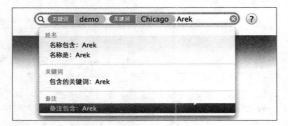

在对用户列表进行了过滤后，不要忘记，可以单击"过滤用户"文本框中的清除按钮，移除过滤字词来再次显示出所有用户。

高级选项的使用

高级选项提供了关于用户的更多信息，在"用户"设置界面中选择用户，辅助单击（或按住【Control】键并单击），并从弹出的快捷菜单中选择"高级选项"命令。

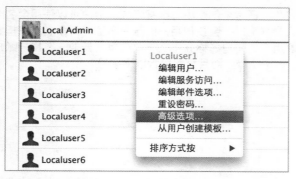

在高级设置界面中，可以查看并修改用户账户的一些属性信息。

被列在高级设置界面中的完成属性列表包括以下几个。

▶ 用户 ID。

▶ 群组。

▶ 账户名称。

▶ 替身。

▶ 登录shell。

▶ 个人目录。

如果不完全了解更改后的效果，那么就不应当去修改这些属性信息。

NOTE ▶ 错误的设置会导致用户无法登录或无法访问资源。

对于这些属性信息的完整解释说明已超出了本指南的学习范围，但有些还是非常重要的，这会在后面的内容中进行介绍。

用户 ID（UID）是一个数值，系统用来区分各个用户。虽然用户是通过名称或是短名称来访问系统的，但是每个用户都被分配了一个 UID，并且 UID 还被用来决定授权。万一两个用户通过不同的用户名和密码进行了登录，但是他们具有相同的 UID，所以当他们去访问文档和文件夹时，系统会认为他们是相同的所有者。正因如此，系统会让两个用户访问到相同的文档和文件夹，这是一个应当去避免的情况。

NOTE ▶ Server 应用程序可以让用户去配置多个具有相同 UID 的用户，但是并不建议这样做。

群组是与用户相关联的主组，可以配置用户与多个群组相关联。不需要特意将一个用户添加到他的主组中。注意，当查看群组的成员列表时，对于群组的一个成员用户来说，如果群组是用户的主组，那么该用户不会作为群组的成员被列出，尽管该用户确实是该组的一个成员也是如此。

建议不要在高级设置界面中去更改账户名称，因为这会导致用户无法去访问资源。

可以为一个用户账户分配一个或多个替身。替身可以让用户使用他的一个替身和它的密码来通过鉴定去访问服务。替身可以是一个比账户名称更短或是其他更为方便使用的文本字符串。

创建模板

可以通过现有的账户来创建用户和群组模板，在创建带有所需属性信息的新用户时可以节省所花费的时间。当辅助单击（或按住【Control】键并单击）一个账户时，从弹出的快捷菜单中选择"从用户创建模板"或"从群组创建模板"命令。当创建完一个模板后，在创建新账户时，会显示一个模板菜单，可以选择使用或不使用模板。

本地用户账户的配置

OS X Server 为了管理对资源的访问，维护着本地用户账户列表。在本节内容中，将学习使用 Server 应用程序去完成下列任务。

► 创建可访问服务器上的服务和文件的本地用户账户。
► 让本地用户可以管理用户的服务器。
► 创建本地群组账户。
► 将本地用户账户分配给本地群组账户。
► 将本地群组账户指派给本地用户账户。
► 将本地群组账户分配给本地群组账户。

创建可访问服务器上的服务和文件的本地用户账户

在 Server 应用程序的"用户"设置界面中，只需单击添加（ + ）按钮，就可以创建一个新用户。

为新用户的属性输入相应的值并单击"创建"按钮。

让本地用户可以管理服务器

在 OS X Server 上，管理员账户是一类特殊的用户账户，它允许用户管理服务器。一个具有管理员账户的用户既可以创建、编辑及删除用户账户，也可以修改管理员账户所在服务器上各个运行服务的设置。管理员通过 Server 应用程序进行基本的账户及服务管理工作。

NOTE ► 由于管理员账户的权利很大，所以在配置一个账户可以管理服务器之前，一定要慎重考虑。

让一个本地用户成为管理员非常简单，只需选择"允许用户"中的"管理此服务器"复选框即可。当创建用户账户时可以启用这个功能，也可以在创建之后随时进行设置。下面将创建一个用户并让该用户成为管理员。

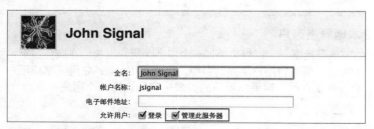

当将一个用户账户设置为管理员时，操作系统会对用户账户所属的群组进行设置，使其成为全名为Administrators的本地群组的成员。凡是Administrators群组中的成员，都可以使用 Server 应用程序，并且可以解锁系统偏好设置中的所有偏好设置项。Administrators群组中的成员还可以更改文件的所有权，可以进行任何系统范围的更改，并且在命令行环境下还可以以 root 用户身份来执行指令。所以在配置一个用户账户成为Administrators群组成员时要慎重考虑。

NOTE ▶ 还可以使用系统偏好设置的用户与群组设置项将一个用户指定为管理员。

NOTE ▶ 当为一个用户选择"允许用户"中的"管理此电脑"复选框时，即可将他/她加入名为admin 的本地群组。可以使用 admin 群组中的任一用户凭证信息来访问与安全相关的系统偏好设置，例如用户与群组和安全设置界面，以及拥有其他的特权。所以对于分配哪些用户到本地 admin 群组，要非常小心。

在用户列表中，并没有体现出哪些是管理员用户。

要移除一个用户的管理员状态，只需取消选择"允许用户"中的"管理此计算机"复选框，并单击"好"按钮即可。

创建本地群组账户

群组设置可以让用户分配权限到用户的群组，所以不需要单独修改各个用户。在 Server 应用程序的边栏中选择"群组"选项。

要创建一个群组，单击添加（＋）按钮，并在文本框中输入相应的信息，然后单击"创建"按钮即可。

将本地用户账户分配给本地群组账户

将用户填充到群组最常用的方法是选取一个群组并添加一个或多个用户进去。在服务器上，需要选择一个群组，单击添加（＋）按钮，然后将用户添加到群组。当使用 Server 应用程序将用户添加到群组时，不能只输入名称。当开始输入时，需要从显示的列表中实际选择一个用户。

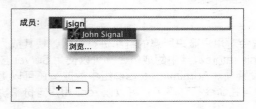

也可以选择"浏览"命令，然后从打开的新窗口中选择用户或群组，将他们拖动到成员列表中。

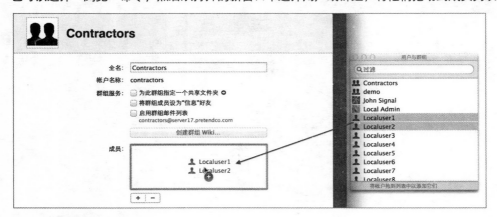

将本地群组账户指派给本地用户账户

正如可以将用户分配到群组一样，也可以编辑一个用户，将群组添加到该用户。效果是相同的，即用户成为群组的成员。

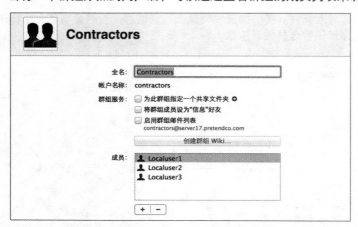

当将一个群组添加到用户后，可以通过查看群组的成员列表来确认操作。

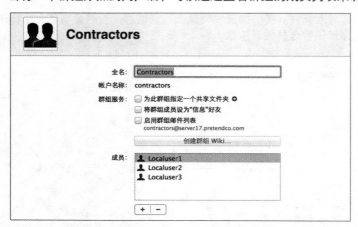

将本地群组账户分配给本地群组账户

可以让一个群组成为另一个群组的成员。这样，当要让多个群组都去访问相同的资源时，可以只配置它们的父级群组，而不是单独去配置各个群组。

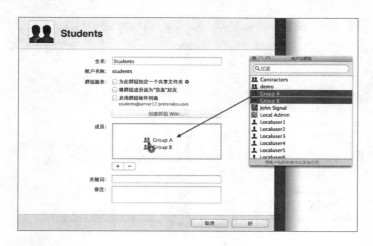

导入账户

可以逐个地创建账户，或是通过相应格式的文件来导入他们。这类文件可以由用户自己创建、通过第三方工具创建或是通过命令行工具来创建。

可以随时通过文件来导入用户，文件并不为用户指定密码，当导入用户后，需要去设置他们的密码。

通过 Server 应用程序导入用户列表

Server 应用程序可以导入包含用户账户数据的用户列表。其中第一行必须是标题行，定义了文件中哪些类别的数据被包含在文件中，以及文本的格式是怎样的。

更多信息▶ *如果没有有效的标题行去复制，那么可以使用应用程序，例如macinmind.com的Passenger，来生成相应的标题行。*

要导入账户，选择"管理">"从文件导入账户"命令。

在导入用户界面，找到并选择导入文件。务必要提供管理员凭证信息，否则会得到一个错误信息（默认情况下，Server 应用程序提供管理员凭证信息）。

如果导入文件并不包含纯文本密码，那么需要设置用户密码。选择刚刚导入的用户，辅助单击
（或按住【Control】键并单击），并从弹出的快捷菜单中选择"重设密码"命令。

当然，在实际工作中，应当使用安全的密码。

这里有一个带有相应标题行的导入文件示例，描述了文件的内容。

```
employees-exported.txt — 已编辑
0x0A 0x5C 0x3A 0x2C dsRecTypeStandard:Users 15 dsAttrTypeStandard:NFSHomeDirectory
dsAttrTypeStandard:GeneratedUID dsAttrTypeStandard:RecordName
dsAttrTypeStandard:RealName dsAttrTypeStandard:PrimaryGroupID
dsAttrTypeStandard:UniqueID  dsAttrTypeStandard:Password dsAttrTypeStandard:UserShell
dsAttrTypeStandard:LastName dsAttrTypeStandard:FirstName
dsAttrTypeStandard:MailAttribute base64:dsAttrTypeStandard:JPEGPhoto
dsAttrTypeStandard:Comment dsAttrTypeStandard:Picture dsAttrTypeStandard:Keywords
/Users/localuser3:7C9D62E3-1A34-4B8B-AA8D-F8B469D2DBBE:localuser3:Localuser
3:20:2027:*********:/bin/bash:3:localuser:::You will eventually delete
these.::demo,imported
/Users/localuser4:3CA0A992-BA49-4A29-947D-568D2E276958:localuser4:Localuser
```

更多信息▶ 要了解有关使用Workgroup Manager来为导入文件生成相应标题行的信息，可以下载并安装Workgroup Manager并查看Workgroup Manager的帮助内容。

参考8.3
访问服务的管理

默认情况下，如果并没有将服务器配置为Open Directory服务器，那么在授予访问 OS X Server服务的权利前，例如邮件、文件共享及日历，服务器并不检查授权情况。在这种情况下，如果给定的服务正在运行，并且有用户可以连接到它并成功通过鉴定，那么 OS X Server 授予使用该服务的权利。

但是，用户可以选择手动控制管理服务的访问。当进行管理后，当有用户试图去连接给定的服务并使用用户账户成功通过鉴定后，OS X Server 在授予访问权利之前，会去查看该用户是否被授权使用这个服务。这将会在课程10中学到，在将服务器配置为Open Directory服务器后，访问控制管理是自动进行设置的。

服务访问的手动管理

当辅助单击（或按住【Control】键并单击）用户并从弹出的快捷菜单中选择"编辑服务访问"命令时，会看到服务列表及一些按钮。每个服务的复选框都是不可用的，因为这时还没有去管理服务的访问。如果服务是运行的，那么每个已鉴定的用户都可以访问服务。

单击"管理服务访问"按钮，会询问是否要手动管理服务访问。单击"管理"按钮，默认情况下，通过 Server 应用程序创建的每个用户都会被自动授予访问各 OS X Server 服务的权利（当然，如果要访问的服务没有运行，那么没有用户可以访问到该服务）。

当辅助单击（或按住【Control】键并单击）用户并从弹出快捷菜单中选择"编辑服务访问"命令时，会看到服务列表，并且每个服务都有复选框。当取消选择一个复选框时，那么就移除了该用户访问该服务的授权。

如果一个用户或者是用户所在的群组，针对一个服务已选择了获准访问的复选框，那么OS X Server授予该用户访问服务的权利。因此，当编辑用户的服务访问设置并取消选择一个服务的复选框时，如果该用户所在的群组已被授权可访问该服务，那么显示的提示信息会说明该用户仍可以访问该服务。

更多信息 ▶ 如果通过Workgroup Manager，或者通过系统偏好设置的用户与群组设置界面来创建账户，那么该账户是不能自动被获准去访问任何服务的。实际上，当通过Workgroup Manager创建新用户账户时，Workgroup Manager会提供与此相关的警告信息："新用户可能无法访问到服务。如果服务访问控制是被启用的，您需要为那些在 Workgroup Manager 中创建的用户授予访问所需服务的权利。"由于在导入用户时可以使用Workgroup Manager，所以之后可以通过 Server 应用程序来授予访问服务的权利。

使用群组去管理对文件和服务的访问

如果管理服务访问是基于分配给群组的组织机构角色，而不是针对个人，那么会发现比较容易进行长期管理。当组织机构内部发生变化时，这会比较容易进行调整，因为只需要修改群组的成员即可，而不需要去为每个人来单独修改文件和服务的访问权限。

当通过 Server 应用程序启用了文件共享服务时，会自动开启 AFP 和 SMB 文件共享协议（将会在课程13"配置文件共享服务"中学习更多有关这些服务的知识）。

更多信息 ▶ 一些系统群组在视图中通常是隐藏的，例如名为com.apple.access_afp 和 com.apple.access_backup的群组。这些群组包含了已授权去使用给定服务的用户名或是群组名称。可以选择"显示">"显示系统账户"命令来查看这些群组。用户可能会在其他地方看到该功能被称为服务访问控制列表（SACL）。

参考8.4
故障诊断

要区分鉴定与授权的概念，这是因为用户可以通过鉴定但并不意味着已获得对该操作的授权。

导入用户的故障诊断

当使用 Server 应用程序去导入用户或群组时，在个人文件夹的日志文件夹中，一个名为ImportExport的日志文件会被自动创建（~/资源库/Logs/ ImportExport）。可以使用控制台应用程序来查看这些日志。

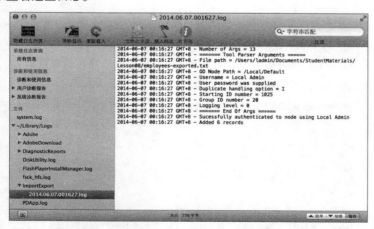

注意，这个日志文件展示了已成功导入6个用户记录。如果发生了与账户导入相关的一些问题，那么会显示在这些日志文件中。

NOTE ▶ ImportExport日志文件被存储在运行 Server 应用程序进行导入操作的 Mac 上。

服务访问的故障诊断

如果一个用户试图去连接并没有被授权访问的服务，那么结果会令人感到有些困惑。尽管他输入的密码实际上是正确的，但是他可能会认为没有输入正确，因为他看到了鉴定窗口的晃动或是看到了报错消息。让用户去尝试鉴定到一个他们有权访问的服务是非常有帮助的，因为可以确认他们的密码并不是问题所在。

练习8.1
创建并配置本地用户账户

对于要访问服务器的用户来说，他们需要在服务器上具有一个账户。Server 应用程序是用于创建和管理 OS X Server 用户账户的主要工具。本练习将配置Localuser 1作为管理员用户，并以Localuser 1的身份去创建名为Localuser 2 的用户。

创建一个新用户

创建一个新用户账户的操作非常快捷方便。创建用户后，还将编辑该用户的基本属性信息。

1 在管理员计算机上进行练习操作。如果在管理员计算机上还没有通过 Server 应用程序连接到服务器计算机，那么按照以下步骤进行连接：在管理员计算机上打开 Server 应用程序，选择"管理" > "连接服务器"命令，单击其他计算机，选择自己的服务器，单击"继续"按钮，提供管理员的凭证信息（管理员名称ladmin和管理员密码ladminpw），取消选择"在我的钥匙串中记住此密码"复选框，然后单击"连接"按钮。

2 在 Server 应用程序的边栏中选择"用户"选项。

3 在用户设置界面的左下角单击添加（＋）按钮，添加新用户。

4 输入以下信息。

 ▶ 全名：localuser 1。

 ▶ 账户名称：localuser 1。

 ▶ 电子邮件地址：保持为空。

 ▶ 密码：local。

 ▶ 验证：local。

5 目前先保持取消选择"允许用户管理此服务器"复选框。

6 保持"个人文件夹"设置为"仅本地"。

7 在"关键词"文本框中输入demo，然后按【Return】键，使它成为一个单独的关键词。

8 在"关键词"文本框中输入 class，然后按【Return】键。

9 在"备注"文本框中输入Employee #408081。

10 检查这个新用户的设置。

11 单击"创建"按钮，创建用户。

编辑用户

通过 Server 应用程序编辑这个用户的基本属性信息：更改用户的图片，并允许该用户管理计算机。选择"允许用户"中的"管理此服务器"复选框，会自动将用户添加到系统群组账户，该群组账户的全名是 Administrators，账户名称是 admin。

1 在用户列表中双击localuser 1，以编辑该用户的基本属性信息。

NOTE ▶ 编辑用户基本属性信息的其他方法包括，单击操作按钮（齿轮图标）并选择"编辑用户"命令；按住【Control】键并单击用户，从弹出的快捷菜单中选择"编辑用户"命令。按【Command+↓】组合键。

2 单击用户的头像，并从可用的图片中选择一张图片。

3 选择"管理此服务器"复选框。

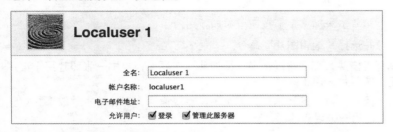

4 单击"好"按钮，保存刚才所做的更改。

使用 Server 应用程序去查看和编辑该用户的其他属性信息。添加一个替身（对于一些身份鉴定，可以使用替身而不是全名或是账户名称，并且邮件服务也可以使用替身来作为邮件地址）。

5 在用户列表中，按住【Control】键并单击Localuser 1，从弹出的快捷菜单选择"高级选项"命令。

6 在"替身"文本框中输入localuserone。

警告 ▶ 虽然可以更改这里的各个选项的信息，但如果更改了某些属性值后，那么可能会导致用户无法登录或是无法访问文件。在本练习中只在"替身"文本框中进行信息更新。

7 单击"好"按钮，关闭该界面。

用不同的账户来使用 Server 应用程序

接下来使用Localuser 1账户去连接服务器并创建另一个本地用户。

1 要关闭连接到服务器的连接，单击 Server 应用程序的"关闭"按钮（或按【Command+ W】组合键，或是选择"管理">"关闭"命令）。

2 选择"管理">"连接服务器"命令（或按【Command+N】组合键）。

3 单击其他计算机，选择服务器并单击"继续"按钮。

4 在"管理员名称"文本框中输入localuser1，并且在"管理员密码"文本框中输入 local。

5 取消选择"在我的钥匙串中记住此密码"复选框。

> **NOTE ▶** 确认取消选择"在我的钥匙串中记住此密码"复选框，否则 Server 应用程序会在用户下次连接服务器时自动输入这些凭证信息，直到移除钥匙串项目。

6 单击"连接"按钮。

7 在 Server 应用程序的边栏中选择"用户"选项。

8 在用户设置界面的左下角单击添加（＋）按钮，添加新用户。

9 单击这个新用户的头像并选择"编辑图片"命令。

10 如果管理员计算机具有摄像头，那么可以选择"摄像头"选项卡，自拍一张照片用于该用户，并单击"完成"按钮，将照片应用于这个用户。

如果不希望使用自己的照片，或者是管理员计算机不具有摄像头，那么单击"取消"按钮，然后单击这个用户的头像，并选用一张现有的图片。

11 为这个新用户输入以下信息。

- ▶ 全名：localuser 2。
- ▶ 账户名称：localuser2。
- ▶ 电子邮件地址：保持空白。
- ▶ 密码：local。
- ▶ 验证：local。

12 保持取消选择"允许用户管理此服务器"复选框。

13 选择"将磁盘用量限制为"复选框，并在文本框中输入 750，保持单位是 MB。

14 在"关键词"文本框中输入 demo 并按【Return】键。

15 在"关键词"文本框中输入 class 并按【Return】键。

16 在"备注"文本框中输入Another local user。

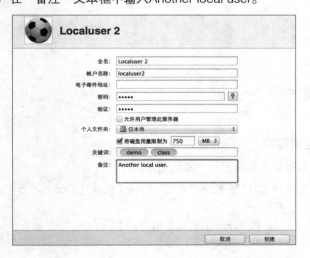

17 单击"创建"按钮，创建用户账户。

现在，已经验证了用户可以进行一些权利很大的操作：通过使用已配置为服务器管理员的一个账户（Localuser 1），来创建一个新的用户账户。

创建用户模板

在前面的练习中，输入了关键词 demo 和 class，以及一个备注信息。如果能使用一个通用的设置，如关键词和备注，来创建新用户会更好，可以通过模板功能来实现。

使用最初的管理员账户进行以下操作，来说明这些操作与哪个管理员创建的模板无关。模板对任何管理员都可用。

1 在管理员计算机上，选择"管理" > "关闭"命令。

2 选择"管理" > "连接服务器"命令。

3 选择服务器并单击"继续"按钮。

4 在"管理员名称"文本框中输入 ladmin，在"管理员密码"文本框中输入ladminpw。

5 取消选择"记住此密码"复选框。

6 单击"连接"按钮。

现在是以不同的管理员身份进行的连接，而不是创建用户账户的那个管理员，通过新创建的用户账户来创建一个新的模板。

1 在用户列表中，按住【Control】键并单击刚刚创建的新用户，选择"从用户创建模板"命令。

2 在"模板名称"文本框中，将内容替换为 Lesson 8 user template。

3 确认"磁盘用量"、"关键词"文本框及"备注"文本框的值是模板中的部分内容。

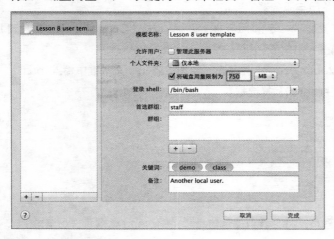

4 单击"完成"按钮，创建模板。

使用用户模板

现在已具有了一个模板，当创建新用户时可以使用它。

1   在"用户"设置界面中单击添加（＋）按钮，创建新用户。

2   单击"模板"菜单，选择刚刚创建和编辑的模板。

3   为新用户输入以下信息。

  ▶ 全名：localuser 3。

  ▶ 账户名称：localuser3。

  ▶ 电子邮件地址：保持空白。

  ▶ 密码：local。

  ▶ 验证：local。

4   保持以下文本框中通过模板填充的值。

  ▶ 个人文件夹：仅本地。

  ▶ 将磁盘用量限制为：750MB。

  ▶ 关键词：demo 和 class。

  ▶ 备注：Another local user。

5   保持取消选择"允许用户管理此服务器"复选框。

6   单击"创建"按钮，创建用户账户。

以非管理员的身份试图使用 Server 应用程序

在以 Localuser 1 的身份通过 Server 应用程序连接到服务器时，可以创建新的本地用户，因为用户已选择了允许Localuser 1去管理服务器的复选框。尝试以Localuser 2的身份通过 Server 应用程序连接到服务器。用户是不能够连接的，只有在Administrators群组中的用户才有能力去管理服务器。

1   按【Command+W】组合键，关闭与服务器的连接。

2   建立到服务器的新连接（选择"管理" > "连接服务器"命令，或按【Command+N】组合键）。

3   选择服务器并单击"继续"按钮。

4   在"管理员名称"文本框中输入localuser2，并且在"管理员密码"文本框中输入 local。

5   取消选择"在我的钥匙串中记住此密码"复选框。

6   单击"连接"按钮。

由于用户localuser 2 并不是管理员，将会看到提示信息" 'Server'要求管理员登录"。

7 单击"好"按钮，关闭提示窗口。

8 单击"取消"按钮，返回到"选取 Mac"窗口。

使用在本指南中最常用的本地管理员账户进行连接。

1 在"选取 Mac"窗口中选择服务器并单击"连接"按钮。

2 输入本地管理员凭证信息（在"管理员名称"文本框中输入ladmin，并且在"管理员密码"文本框中输入 ladminpw）。

3 取消选择"记住此密码"复选框。

4 单击"连接"按钮。

在进行下一个练习前，可以保持 Server 应用程序的打开。

在本练习中，使用 Server 应用程序创建和配置了本地用户账户，包括本地管理员账户。另外，还创建并使用了用户模板，还验证了无法通过非管理员账户来使用 Server 应用程序。

练习8.2
导入本地用户账户

在本操作场景中，具有一个以制表符分隔的文本文件，该文件是通过员工信息数据库生成的。它包含了每位员工的一些信息，包括姓、名、全名、要用于账户名称的缩写名称、关键词、备注，以及该用户的密码。该文件还具有一个正确格式的标题行。

还有一个通过另一台服务器（通过Workgroup Manager）生成的文本文件。由于 OS X Server 不能导出用户密码，所以导入文件也不包含密码，因此在导入账户后，需要重设用户密码。

通过带分隔符的文本文件导入用户账户

1 在管理员计算机上，如果尚未连接到服务器，那么打开 Server 应用程序，连接到服务器，并鉴定为本地管理员。

2 在 Server 应用程序中，选择"管理">"从文件导入账户"命令。

3 在打开的文件窗口中，选择边栏中的"文稿"选项，打开StudentMaterials，然后打开Lesson08。

4 选择employees-tabdelimited.txt文件。

5 如果需要，单击"分栏视图"按钮。

6 将鼠标指针悬停在导入面板的右边框上，直到指针变为一个双向箭头，然后向右拖动边框，以便可以预览更多的文件内容。

NOTE ▶ 确认调整的是导入面板的大小，而不是整个 Server 应用程序窗口，通过改变来查看将要导入的数据。

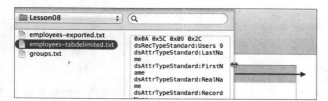

标题行（首行）有数字9，表明每条记录包含9个属性。在导入窗口的右侧竖栏中，可以预览文本文件的内容。

在本场景中，文本文件包含了以下9个属性。

▶ Last name。

▶ First name。

▶ Full name。

▶ Account name。

▶ Password。

▶ User Shell。

▶ Primary Group ID。

▶ Keywords。

▶ Comment（Server 应用程序将此字段显示为备注）。

NOTE ▶ 用户的屏幕可能无法将窗口展开得像下图一样宽，下图中将每条记录显示为一个单行文本。

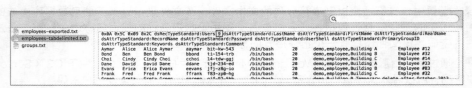

7 保持取消选择"用户模板"复选框。

8 如果需要，输入本地管理员的凭证信息。

9 单击"导入"按钮。

在导入操作完成后，Server 应用程序将显示"用户"设置界面。

10 检查其中的一个用户，确认用户已被正确导入。注意，在下图中，用户并不具有个人文件夹，因为在导入文件中没有指定个人文件夹。这是没有问题的，因为有些用户并不需要网络归属位置，他们只需要访问服务。

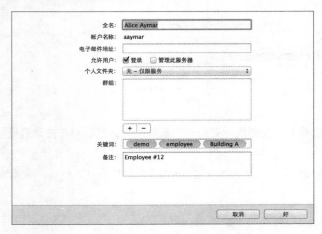

至此，已导入了用户账户。

通过导出的格式文件导入用户

本节将使用 Server 应用程序，通过相应格式的文件来导入用户，例如在另一台服务器上通过

Workgroup Manager导出的文件。这个导入文件具有多个名称中带有 Localuser 的用户，用于强调用户正工作在服务器的本地目录上。

1 在管理员计算机上，在 Server 应用程序中选择"管理">"从文件导入账户"命令。

2 选择边栏中的"文稿"选项，打开StudentMaterials文件夹，然后打开Lesson08文件夹。

3 选择employees-exported.txt文件。

注意，在右侧的竖栏中，会看到文本文件的内容预览。其中的标题行要比之前的标题行长很多。这个标题行指定了每个用户记录包含40个属性（相对于以前的文件，在以前的文件中每个用户记录包含了9个属性）。

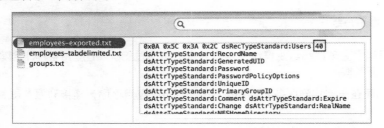

4 如果需要，输入本地管理员凭证信息。

5 保持取消选择"用户模板"复选框。

6 单击"导入"按钮，导入文件。

当 Server 应用程序显示用户列表时，将会看到额外的5个用户已经被导入（Localuser 4 ～ Localuser 8）。

7 向下滚动到用户列表的底部。

由于密码并没有包含在这个导入文件中，需要为每个新账户设置密码。现在，将设置每个账户使用密码 local 。

8 选择Localuser 4，按住【Shift】键，然后选择Localuser 8，选择所有新导入的账户——Localuser 4～Localuser 8。

9 当鼠标指针仍悬停在某个已选取用户上面时，按住【Control】键并单击来显示快捷菜单。上面的文本说明了所选取的操作中包含了多少用户。

10 选择"重设密码"命令。

11 在"新密码"和"验证"文本框中，都输入local。

12 单击"更改密码"按钮。

至此，已通过两类不同的文件导入用户账户了。第一个是简单的文本文件，是已导出的一些外部员工列表数据，带有由制表分隔符分隔的属性信息。该文件包含密码信息，所以不需要重设这些用户的密码。这个文件还包含了标题行，指定了用于分隔属性和值的字符，以及在文本文件中哪些字段对应着哪些属性。

第二个导入文件是从另一台服务器上导出的，所以它并不包含密码信息，因此必须为这些用户设置密码。

在练习8.4"诊断与导入账户相关的问题"中，还会去查看与导入这些用户操作相关的日志信息。

练习8.3
创建和配置本地群组

▶ **前提条件**

完成练习8.2"导入本地用户账户"。

可以使用 Server 应用程序去创建和组织群组及用户。本节将通过 Server 应用程序来创建群组，并将用户与群组进行相互关联。

1 在管理员计算机上，如果还未连接到服务器，那么打开 Server 应用程序，连接到服务器，并鉴定为本地管理员。

2 在 Server 应用程序的边栏中选择"群组"选项。

创建群组

1 在"群组"设置界面中单击添加（+）按钮。

2 为要创建的第一个新群组输入以下信息。

　　▶ 全名：Engineering。

　　▶ 群组名称：engr。

3 单击"创建"按钮，创建群组。

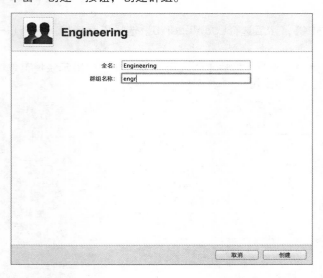

导入群组

通过一个群组导入文件可以导入一些群组，而不需要花费太多的时间来创建更多群组。在剩余的练习中，将使用这些群组。

1 选择"管理">"从文件导入账户"命令。

2 如果Lesson08文件夹没有显示出来，那么在边栏中选择"文稿"选项，然后打开StudentMaterials/Lesson08文件夹。

3 选择groups.txt文件。

注意，在文件预览中，显示该文件具有一个标题行，定义了特定的字符、账户类型（Groups），以及所包含的属性名称。

4 如果需要，输入本地管理员凭证信息。

5 单击"导入"按钮。

Server 应用程序会显示刚刚创建和导入的群组。

6 双击Projects群组。

导入文件包含了Projects群组的成员用户列表，所以会看到他们已被列为群组的成员。

7 单击"好"按钮，返回到群组列表。

添加用户到群组

本节将使用 Server 应用程序将用户添加到群组。虽然所使用的导入文件中，一些群组已填充了用户，但是以后可能还需要更新群组成员。

在这个练习中，组织机构中的一些用户被分配到新的Engineering部门，所以，应当添加这些人的用户账户到Engineering群组。添加Alice Aymar 和 Ben Bond到Engineering群组。

1 双击Engineering群组。

2 单击Engineering群组的头像，并为群组选择一张图片。

3 在"成员"列表框下单击添加（＋）按钮。

4 在文本框中按空格键。

5 选择"浏览"选项，这将打开一个显示本地用户和群组的新窗口。

6 拖动新窗口到 Server 应用程序窗口的一侧。

7 拖动Alice Aymar 和 Ben Bond到成员列表。

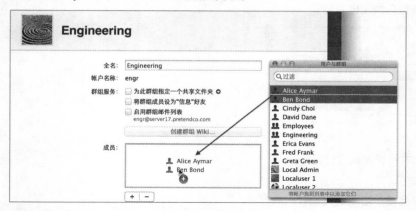

8 单击"好"按钮，保存对群组成员列表的更改。

9 关闭显示本地用户和群组的窗口。

将群组成员关系添加到用户账户

用户可以很方便地使用在前一节中所采用的相同步骤，将用户添加到新创建的群组中。这次将尝试另一种方法，添加群组设置到用户的账户。在本练习场景中，Cindy Choi将加入Marketing和Engineering两个群组，添加这些群组设置到该用户账户。

1 在 Server 应用程序的边栏中选择"用户"选项。

2 双击 Cindy Choi 账户。

3 在"群组"列表框的下面单击添加（+）按钮，添加群组。

4 按空格键并选择"浏览"选项。

5 将显示本地群组的窗口拖动到一侧。

6 选择Engineering群组，按住【Command】键，然后选择Marketing群组。

7 将Marketing和Engineering群组拖动到"群组"列表框中。

8 单击"好"按钮，保存对用户账户的更改。

9 关闭显示本地群组列表的窗口。

将群组添加到群组

嵌套组，或者称添加群组到群组，是简化用户与群组管理的关键。在本练习中，每个Pretendco

员工都是3个部门Marketing、Engineering或 Management当中某一个部门的成员。这里还有一个名为Employees的群组，计划使用这个群组来允许所有的员工都可以去访问某个资源。虽然用户可以将Marketing、Engineering和 Management 这3个部门的用户账户分别填充到Employees群组中，但是最容易的方法只需将3个群组添加到Employees群组中即可。当组织结构随着时间而发生变化时，例如，新的部门被创建，那么需要使用 Server 应用程序来为这个部门创建新的群组账户，并将该群组添加到Employees群组中。

当完成这个练习后，Pretendco Employees群组将由3个群组组成：Marketing、Engineering和Management。

1 在 Server 边栏中选择"群组"选项。

2 双击Employees群组。

3 单击"成员"列表框下方的添加（＋）按钮。如果"用户与群组"窗口并没有显示在 Server 应用程序窗口的旁边，那么在文本框中输入一些文本，然后选择"浏览"选项。

4 在"用户与群组"窗口中，按住【Command】键并单击Engineering、Marketing和Management群组，选择这几个群组。

可以调整"用户与群组"窗口的大小，以显示更多的账户名单。

5 将这些群组拖动到Employees群组的成员列表中。

注意，虽然按住【Command】键选择了3个群组，但是所有3个群组并不会显示在"成员"列表框中，只有将账户拖动到列表框中才会显示。

6 单击"好"按钮，保存对群组的更改。

7 双击Employees群组，确认新的群组已被列在"成员"列表框中。

Marketing、Engineering和 Management群组的所有成员现在就可以访问Employees群组可以访问的资源了。

用户刚刚使用了 Server 应用程序创建并组织了群组及用户，并通过 Server 应用程序创建了群组，最后将用户与群组进行了相互关联。

练习8.4
诊断与导入账户相关的问题

▶ **前提条件**

▶ 完成练习8.2"导入本地用户账户"。

▶ 完成练习8.3"创建和配置本地群组"。

当使用 Server 应用程序导入用户或群组时，在执行导入操作的计算机上，在个人文件夹的资源库/Logs文件夹中，一个名为ImportExport的日志文件会被自动生成。由于在前面的练习中已导入了用户，所以可以使用控制台应用程序来查看导入日志。

在管理员计算机上，打开控制台应用程序。

1 如果控制台应用程序还没有运行，那么打开Launchpad，打开其他，再打开控制台。

2 如果控制台窗口的边栏没有被显示出来，那么在工具栏中单击"显示日志列表"按钮。

控制台应用程序会显示计算机上一些位置的日志文件内容。波形字符（～）是表示个人文件夹的符号，所以~/Library/Logs是个人文件夹中的文件夹，其中是与用户账户相关的日志。/var/log和/Library/Logs文件夹中是针对系统的日志。将在~/Library/Logs文件夹的ImportExport文件夹中查找日志文件。

3 单击~/Library/Logs的三角形展开图标，显示该文件夹中的内容，然后单击ImportExport文件夹的三角形展开图标来显示该文件夹中的内容。

4 在ImportExport下选择一个日志文件。

注意，这个日志文件显示了已导入的、没有发生错误的记录数量。如果有与导入账户相关的一些问题，那么会显示在这些日志文件中。

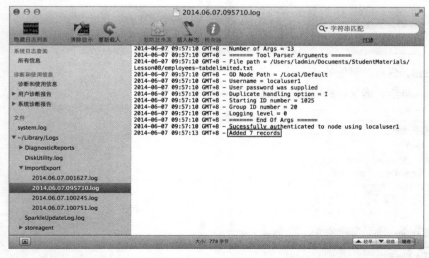

本节使用了控制台应用程序查看了日志，这些日志是导入账户时被创建的。记住，导入日志是被存储在进行导入操作的计算机上的，它并不一定存储在服务器上。

练习8.5
管理服务访问

> ▶ **前提条件**
>
> ▶ 完成练习8.1 "创建并配置本地用户账户"
>
> ▶ 完成练习8.2 "导入本地用户账户"。
>
> ▶ 完成练习8.3 "创建和配置本地群组"。

现在,已体验了对用户和群组鉴定的控制,那么是时候来了解一下授权了。可以在用户和群组的级别上来限制对服务的访问。使用 Server 应用程序来启用可供用户使用的特定服务。

用户可能不希望服务器上具有账户的所有用户都能够访问服务器所提供的全部服务。在本练习中,将配置与文件共享服务相关联的两个服务:AFP(Apple 归档协议,主要面向Mavericks之前的 Mac 计算机)及 SMB(服务器信息块协议,针对 Windows 和Mavericks)。将会在课程13 "配置文件共享服务"中学习有关文件共享服务的更多内容。

使用 Server 应用程序禁止特定用户去访问文件共享服务。

从限制对文件共享服务的访问开始。

1 在管理员计算机上,如果尚未连接到服务器,那么打开 Server 应用程序,连接到服务器并鉴定为本地管理员。

2 在 Server 应用程序的边栏中选择 "用户" 选项。

3 选择Localuser 1 和 Localuser 2。

目前,Localuser 1应当是一个管理员用户,Localuser 2 应当是一个普通用户。如果并没有这些用户,那么现在可以使用 Server 应用程序来创建他们。

4 按住【Control】键并单击已选取的用户,并从弹出快捷菜单中选择 "编辑服务访问" 命令。

5 单击 "管理服务访问" 按钮。

6 在弹出的对话框中单击 "管理" 按钮。

7 取消选择 "文件共享" 复选框。

NOTE ▶ Time Machine服务依靠文件共享服务,当取消选择 "文件共享" 复选框时,就不能再对Time Machine复选框进行修改了。

8 单击 "好" 按钮。

这里为两个用户移除了对文件共享服务的使用授权，而其他用户仍被授权可以去使用文件共享服务。

开启文件共享并验证授权

开启文件共享并通过该服务去验证授权，以及对服务使用缺少授权的情况。

1 在 Server 应用程序的边栏中选择"文件共享"选项。

2 单击开/关按钮，开启服务。

在管理员计算机上，尝试通过 AFP 协议去连接到服务器。

1 在管理员计算机上，在 Finder 中选择"前往">"连接服务器"命令。

2 在"服务器地址"文本框中输入服务器的完整主机名（server*n*.pretendco.com，其中 *n* 是学号），然后单击"连接"按钮。

在弹出的连接对话框中，尝试使用以下用户账户进行鉴定，这些用户并没有被授权去使用文件共享服务。

3 在"名称"文本框中输入localuser1，在"密码"文本框中输入 local，并单击"连接"按钮。

如果窗口晃动，说明鉴定或授权出现了问题。

在当前情况下，用户没有被授权去使用文件共享服务，即使他是Administrators群组中的成员也是如此。

4 在"名称"文本框中输入localuser2，在"密码"文本框中输入 local，并单击"连接"按钮。

如果窗口晃动，说明鉴定或是授权出现了问题。

在当前情况下，用户没有被授权去使用文件共享服务。

5 在"名称"文本框中输入localuser3，在"密码"文本框中输入 local，并单击"连接"按钮。

出现了一个可用卷宗列表。

6 选择localuser3卷宗并单击"好"按钮。

7 确认可以真正看到文件，用户将会看到用户localuser3网络个人文件夹中的那些文件夹。

8 在 Finder 窗口的边栏中，单击服务器图标旁边的推出按钮，断开连接。

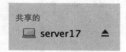

可以看到，将用户访问服务的授权移除后，用户就不能访问该服务了。

练习8.6
清理

> ▶ **前提条件**
>
> ▶ 完成练习8.1"创建并配置本地用户账户"。
> ▶ 完成练习8.2"导入本地用户账户"。
> ▶ 完成练习8.3"创建和配置本地群组"。

在接下来的课程中，将配置服务器去管理网络账户。之后服务器将具有多个目录：本地目录和网络目录。在接下来的课程中，将用到网络用户和网络群组。

为了避免冲突，将进行以下操作。

▶ 删除刚刚使用的本地用户和本地群组账户。

▶ 停止文件共享服务。

确认使用本地管理员连接到服务器，该本地管理员账户是在开始本课程练习操作之前所用的账户，而不是Localuser1账户。这里从关闭 Server 应用程序的活动窗口开始。

1 在管理员计算机上，在 Server 应用程序中选择"管理">"关闭"命令（或按【Command+W】组合键），关闭 Server 应用程序窗口。

再次打开 Server 应用程序并使用本地管理员连接到服务器，该本地管理员账户是在开始本课程练习操作之前所用的账户。确保不要删除系统账户（这些账户通常是隐藏的，并且对于系统的正常运行是至关重要的），确认 Server 应用程序没有显示系统账户。

1 打开 Server 应用程序，选择自己的服务器，并鉴定为本地管理员，该本地管理员账户是在开始本课程练习操作之前所用的账户（在"管理员名称"文本框中输入ladmin，并在"管理员密码"文本框中输入 ladminpw）。

2 单击"显示"菜单，但是不要选择任何命令。确认第二个命令是"显示系统账户"。

NOTE ▶ 不要选择"显示系统账户"命令。

如果第二个命令是"隐藏系统账户"，那么选择"隐藏系统账户"命令，然后再次单击"显示"菜单，确认"显示系统账户"是第二个菜单命令。

现在已确定了不会意外地删除系统账户，接下来要删除在本课程练习中已创建的其他账户。

TIP ▶ 如果选择了当前用于鉴定到 Server 应用程序的用户并意外地单击了"删除"按钮，那么会看到一个信息对话框，提示 Server 应用程序不允许去删除这个用户。如果有多个用户被选取，那么会试图去删除其他已选择的用户。

删除已创建和导入的群组。

1 在 Server 应用程序的边栏中选择"群组"选项。

2 选择一个群组并按【Command+A】组合键（或者选择"编辑" > "全选"命令）。

3 单击删除（－）按钮。

4 在操作确认界面中单击"删除"按钮，删除群组。

停止文件共享服务。

1 在 Server 应用程序的边栏中选择"文件共享"选项。

2 单击开/关按钮，关闭服务。

继续进行本指南中的其他练习操作。

课程9
Open Directory服务的配置

本课程介绍了如何使用目录服务来帮助用户在网络上管理用户和资源。用户将学到 Apple Open Directory服务的相关功能，以及在一个混合环境中，这些服务将如何与其他目录服务进行整合。还将学习如何通过 Server 应用程序来设置和管理目录及用户账户。最后，还将了解常见的Open Directory服务问题，以及如何去解决这些问题。

当处理与其他各种目录服务的协同工作时，例如 Active Directory、eDirectory 及 OpenLDAP，Open Directory的功能是极为灵活的，但是对于混合平台目录服务应用场景的学习已超出了本指南的学习范围。

> **目标**
> - ► 了解在 OS X Server 上可配置的Open Directory服务角色。
> - ► 将 OS X Server 配置为Open Directory服务器。
> - ► 将 OS X Server 绑定到另一台 Open Directory服务器。
> - ► 找到并识别与Open Directory相关的日志文件。

如果用户是独立进行练习操作，并且不具有额外的服务器计算机，那么可以阅读学习本课程的内容，但是不要进行涉及其他目录服务器的操作。

参考9.1
目录服务概念的介绍

让一个用户在不同的计算机上拥有多个用户账户可能会导致问题。例如，如果网络中的每台计算机都有它自己的鉴定数据库，那么一个用户可能需要记住每台计算机上不同的账户名和密码。即使在每台计算机上都为用户分配相同的用户名和密码，那么这些信息也可能会随着时间的推移而变得不一致，因为用户可能会在一个地方去更改他的密码，而忘记在其他地方进行相同的操作。所以，对于鉴定和授权信息可以使用一个单一的资源，从而解决这个问题。

目录服务可以为计算机、应用程序，以及一个组织机构中的用户提供这样一个集中的信息库。通过目录服务，可以为所有用户维护统一的信息，例如他们的用户名和密码，还有打印机和其他网络资源。可以在一个地方来维护这些信息，而不是在各台计算机上。所以，可以使用目录服务进行以下操作。

- ► 提供相同的用户体验。
- ► 可以很方便地去访问网络资源，例如打印机和服务器。
- ► 可以让用户使用一个账户在多台计算机上进行登录。

例如，当将 OS X 计算机绑定到Open Directory服务后（绑定是配置一台计算机去使用由另一台计算机所提供的目录服务），用户可以自由登录到任何已绑定的 OS X 计算机。根据他们是谁、属于哪个群组、登录的是哪台计算机，以及该计算机属于哪个计算机群组，来建立他们自己的会话管理。使用已共享的目录服务还可以让用户的个人文件夹位于另一台服务器上，并且无论用户登录到哪台计算机，只要该计算机是绑定到共享目录的，都会对个人文件夹进行自动装载。

什么是Open Directory

Open Directory是内建在 OS X 中的可扩展目录服务架构。Open Directory在目录（存储用户和资源信息）和要使用这些信息的应用程序及软件进程之间扮演着中间人的角色。

对于 OS X Server 来说，Open Directory服务实际上是提供识别和鉴定功能的一组服务。

OS X 上的很多服务都需要来自Open Directory服务的信息来进行工作。Open Directory服务可以安全存储和验证用户的密码，这些用户要使用密码来登录网络上的客户端计算机，或是使用其他需要进行鉴定的网络资源。也可以使用Open Directory服务来实施全局密码策略，例如密码过期和最小长度。

可以使用Open Directory服务来为要使用文件和打印服务的 Windows 用户提供鉴定，对于OS X Server 提供的其他服务来说也是一样。

Open Directory服务组件概览

Open Directory为身份识别和鉴定提供了一个集中管理的资源。对于身份识别，Open Directory使用的是OpenLDAP，是用于访问目录服务数据的标准协议——轻量级目录访问协议（LDAP）的开源实现。Open Directory使用LDAPv3来提供对目录数据的读写访问。

Open Directory服务还与其他开源技术协同工作，例如Kerberos，并且还将它们与功能强大的服务器管理工具进行了整合，从而提供功能强健的目录及鉴定服务，而且这些服务还是很容易去设置和管理的。由于不存在每客户端或是每用户的许可证费用，所以Open Directory可满足组织机构的规模需求，而不会增加高额的 IT 预算成本。

当用户将 OS X 计算机绑定到Open Directory服务器时，被绑定的计算机会自动获得对网络资源的访问，包括用户鉴定服务、网络个人文件夹及共享点。

可以配置 OS X Server，将Open Directory配置为以下4种基本模式。

▶ 独立的服务器。
▶ Open Directory主服务器。
▶ Open Directory备份服务器。
▶ 连接到另一个目录服务或是多个目录服务（也称为成员服务器）。

NOTE ▶ 可以配置服务器同时连接到一个或多个其他目录服务，同时还可作为Open Directory主服务器或备份服务器来提供服务。

当用户为自己的网络规划目录服务时，要考虑在多台计算机和设备之间共享用户、资源及管理信息的需求。如果需求不高，那么所需的目录规划工作并不是很多，所有内容都可从服务器的本地目录中进行访问。但是如果要在计算机之间共享信息，那么至少需要设置一台Open Directory服务器（一台Open Directory主服务器）。此外，如果要提供高性能的目录服务，那么还应当至少设置一台额外的服务器作为Open Directory备份服务器。

了解独立服务器角色

服务器是托管本地账户的默认模式。用户必须使用创建在服务器上的本地账户去访问服务器的服务。

了解Open Directory主服务器角色

当服务器被配置为托管网络账户并提供目录服务时，可以将服务器称为Open Directory主服务器（或是主域，这会在下节内容中进行介绍）。在 Server 应用程序中，要选择执行的操作是"创建新的Open Directory域"。域是目录的组织管理界限，用户创建的共享目录域也称为一个结点。

当使用 Server 应用程序将服务器配置为Open Directory主服务器时，会进行以下操作。

▶ 配置OpenLDAP、Kerberos及Password Server数据库。
▶ 将新的目录服务添加到鉴定搜索路径中。
▶ 创建名为Workgroup的本地网络群组。

- ▶ 将本地群组Local Accounts添加到网络群组Workgroup中。
- ▶ 根据用户在配置时所提供的组织名称来创建新的根 SSL 认证机构（CA）。
- ▶ 创建新的中级 SSL认证机构，由上面提到的 CA 进行签名。
- ▶ 创建一个带有服务器主机名称的新证书，由上面提到的中级 CA 进行签名（在还不具有带有服务器主机名称的已签名证书的情况下）。
- ▶ 将 CA、中级 CA 及 SSL 证书添加到服务器的系统钥匙串中。
- ▶ 在/var/root/Library/Application Support/Certificate Authority中为中级 CA 和 CA 创建一个文件夹，每个文件夹中是相应的证书助理文件及证书副本文件。
- ▶ 授予本地账户和本地网络账户访问 OS X Server 服务的权利。

在Mountain Lion OS X Server 中引入了一个新的术语集：本地账户和本地网络账户。本地账户是存储在服务器本地结点中的账户。本地网络账户是存储在服务器已共享的Open Directory结点中的账户（在它的OpenLDAP数据库中）。术语"本地网络"中的"本地"是用来区分来自其他结点目录中的网络账户；本地网络账户来自于本地网络已共享的OpenLDAP结点。

当已将服务器设置为Open Directory主服务器时，可以配置网络中的其他计算机去访问服务器的目录服务。

概括来说，服务器具有本地用户和群组账户，在配置为Open Directory主服务器后，这个本地数据库仍旧存在。Open Directory主服务器的创建操作会创建第二个数据库——已共享的 LDAP数据库。该数据库的管理员具有默认的短名称 diradmin。每个数据库是相互独立的，每个数据库的管理都需要不同的凭证信息。用户还创建了用来存储用户密码的Password Server数据库，以及Kerberos 密钥分发中心（KDC）。将在本课程中了解到这些内容。

了解Open Directory备份服务器角色

当有一台已配置为Open Directory主服务器时，还可以配置一个或多个装有 OS X Server 的Mac 作为目录备份服务器，来提供与主服务器相同的目录信息和鉴定信息。备份服务器托管着主服务器 LDAP 目录、Password Server鉴定数据库，以及Kerberos KDC 的副本。每当目录信息发生变化时，Open Directory服务器会进行相互通知，所以，所有的Open Directory服务器都具有当前的信息存储。

可以使用备份服务器来扩展目录架构，提升在分布式网络上进行搜索和回应的时间，并且还可以令Open Directory服务具有较高的可用性。备份还可以避免网络故障，因为客户端系统可以使用用户组织机构中的任一备份服务器。

当鉴定数据从主服务器被传送到任一备份服务器时，数据是被加密的，因为它是被复制过来的。

> **TIP** ▶ 由于备份和Kerberos都使用时间戳，所以最好是同步Open Directory主服务器、备份服务器及成员服务器的时钟。可以通过日期与时间系统偏好设置来指定时钟服务器，可以使用Apple 的时钟服务器或是一个内部的时钟服务。

可以创建嵌套的备份服务器，也就是备份的备份。一个主服务器可以有多达32个备份服务器，这些备份服务器可以各有32个备份服务器。一个主服务器加上32个备份服务器，再加上这些备份服务器的备份服务器32×32，所以对于一个Open Directory域来说，可以有总计 1 057 个Open Directory服务器。嵌套备份是将一个备份服务器加入到Open Directory主服务器来实现的，也称为一级备份，然后再将其他的备份服务器加入到一级备份服务器中。从一个一级备份服务器创建的备份服务器称为二级备份服务器。不能有超过两层的备份服务器。

在下图中，有一个Open Directory主服务器和一个中继（Relay）备份服务器，中继是至少具有一个备份的备份。

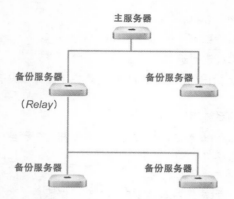

当出现灾难性故障时，可以提升一个Open Directory备份服务器成为一个新的主服务器，但是必须有Open Directory主服务器完成配置时的Time Machine服务器备份，或是具有Open Directory的归档。在 Server 的帮助中搜索"归档和恢复Open Directory数据"可以获得更多信息。

了解Open Directory区域设置

Open Directory区域设置是一项可以在相应的Open Directory服务器之间轻松实现分配负载的功能。一个Open Directory区域设置是一个或多个Open Directory服务器的群组，这些服务器都在特定的子网中提供服务，可以使用 Server 应用程序来定义一个区域设置，然后分配一个或多个Open Directory服务器，以及一个或多个子网到这个区域设置中。当一台客户端计算机（OS X v10.7或更高版本）被绑定到任一Open Directory服务器上时，如果该客户端计算机是在一个与某个区域设置相关联的子网中，那么该客户端计算机会优先选择与该区域设置相关联的Open Directory服务器来进行身份识别和鉴定操作。

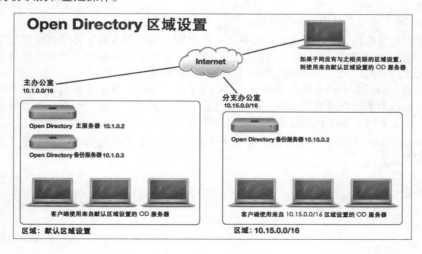

一旦配置了第一个Open Directory备份服务器，OS X Server 会创建两个额外的区域设置。

▶ 名为Default Locale的区域设置是一项故障保护设置，包含了主服务器和所有备份服务器，即使它们并不与主服务器在同一个子网中。如果一台 OS X 客户端所在的子网没有对应的区域设置，那么该客户端将使用这个区域设置。

▶ 第二个区域设置是基于Open Directory主服务器所在的子网来设置的，包含了主服务器，以及与主服务器处于相同子网中的备份服务器。处于同一子网中的Open Directory客户端使用这个区域设置。

当添加更多的区域设置时，它们会被显示在"区域设置"选项卡中。

要创建一个新的Open Directory区域位置，选择"区域设置"选项卡，单击添加（ + ）按钮，并为新的区域位置指定相应的信息。

当配置新的区域设置时，需要单击"服务器"列表框下的添加（ + ）按钮，并选择一个或多个已列出的Open Directory服务器。

可以参考https://help.apple.com/advancedserveradmin/mac/3.0来获取有关Open Directory区域设置配置的更多信息。

了解使用另一个Open Directory服务器的角色

如果打算设置多台服务器，每台服务器都使用相同的用户账户，那么这是一种非常低效的工作方式。相反，可以将服务器绑定到另一个目录系统，在这种情况下，用户的服务器被称为绑定的服务器或是成员服务器。在这类角色下，每台服务器通过其他服务器的目录服务来获得鉴定、用户信息，以及其他目录信息。在这种模式下，用户可以使用服务器本地目录中所定义的账户，或者使用服务器绑定的目录结点中所定义的账户来鉴定到服务器。其他的目录结点通常是Open Directory或Active Directory系统，但也可以是其他类型的目录。

描述文件管理器服务要求用户的服务器配置为Open Directory主服务器。这没有问题，因为让用户的服务器既是Open Directory主服务器，又绑定到其他目录服务的设置是可以实现的。当在一个较大的组织机构中，向某个群体提供服务时，这样的设置就特别有用了。如果是较大组织机构中一组用户的管理员，可以通过 OS X Server 来向定义在更大组织机构中的现有群组提供额外的服务，或者为较小群体的用户创建额外的群组。可以实现这些设置，而不需要去打扰较大组织机构中管理资源的人员，也不需要去考虑较大组织机构中使用的是什么目录服务。

了解服务访问

在独立的状态下，服务器默认并不对访问 OS X Server 服务（除了 SSH 服务）的授权进行检查。可以阅读参考8.3"访问服务的管理"来获取更多信息。

如果将服务器配置为Open Directory主服务器，那么 Server 应用程序会配置用户的服务器开始检查对 OS X Server 服务的访问授权。当通过 Server 应用程序创建新的本地账户及新的本地网络账户时，Server 应用程序会授予新账户访问OS X Server 服务的权利。

如果将服务器配置为Open Directory主服务器，并且之后又绑定到其他目录服务器，那么需要授予来自其他目录结点的账户使用服务器上的服务的权利。用户可能会发现，为来自其他目录结点的群组授予访问 OS X Server 服务的权利是很方便的，所以不需要对来自其他目录结点的用户账户进行单独配置。

参考9.2
配置Open Directory服务

为了提供全方位的Open Directory服务，每台加入到Open Directory域的服务器，无论是主服务器、备份服务器还是成员服务器，都需要能够持续访问到域中所有其他服务器的正向及逆向 DNS 记录。用户应当通过网络实用工具（或是命令行工具）来确认 DNS 记录是可用的。

使用 Server 应用程序将服务器配置为Open Directory主服务器或是备份服务器，并使用用户与群组偏好设置或是目录实用工具来绑定到另一台目录服务器。

将 OS X Server 配置为Open Directory主服务器

如果服务器还没有配置为Open Directory主服务器或是连接到另一个目录服务器，那么用户可以打开Open Directory服务，Server 应用程序会指引用户完成Open Directory主服务器或是备份服务器的配置。

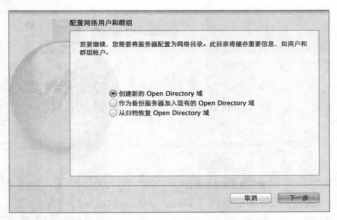

选择"创建新的Open Directory域"单选按钮，并单击"下一步"按钮。

接下来会提示创建一个新用户，该用户默认的名称是Directory Administrator，短名称是diradmin。

此外，还需要提供组织名称和管理员电子邮件地址。

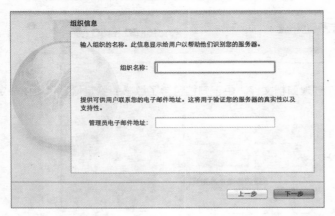

当确认这些设置后，Server 应用程序会将用户的服务器配置为Open Directory主服务器。之后，Open Directory设置界面会显示用户的服务器，将其列为主服务器。在Open Directory服务器列表中，Server 应用程序会显示每台服务器的每个活跃网络接口的 IPv4 地址。

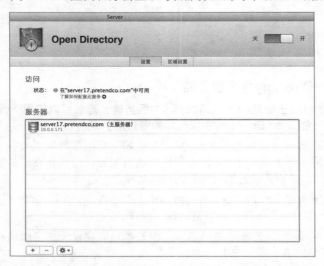

NOTE ▶ 即使网络接口是带有以 169.254 为开头的自分配 IPv4 地址，它也会被显示在Open Directory服务器列表中。例如，如果用户认为在服务器上使用AirDrop会便于进行工作，那么可以将 Wi-Fi 网络接口配置为活跃状态，但是它并不需要连接到任何指定的 Wi-Fi 网络。

Open Directory归档的创建

当通过Time Machine进行备份时，会自动进行Open Directory服务器所有身份识别和授权组件的定期归档，包括以下一些内容。

▶ OpenLDAP目录数据库和配置文件，包含了鉴定信息。

▶ Kerberos配置文件。

▶ Open Directory所用的钥匙串数据。

用户也可以手动创建一个Open Directory归档。单击操作按钮（齿轮图标）并选择"归档 Open Directory主服务器"命令。

TIP 要将Open Directory备份服务器提升为Open Directory主服务器，需要具有Open Directory 归档。

接下来的步骤是指定一个位置来创建归档文件。由于归档包含了敏感的鉴定信息，所以一定要使用安全的密码来保护归档。

将 OS X Server 配置为Open Directory备份服务器

如果另一台装有 OS X Server 的 Mac已经是Open Directory主服务器，那么可以使用 Server 应用程序来配置自己的服务器作为另一台Open Directory主服务器的备份服务器。

可以在当前的主服务器或是备份服务器上使用 Server 应用程序来将一台服务器配置为备份服务器，或者在要配置为备份服务器的服务器上使用 Server 应用程序进行配置。对于正在添加的备份服务器，在将它添加为备份服务器时，必须开启它的远程管理访问功能。

如果在当前的主服务器或是备份服务器上使用 Server 应用程序，那么在Open Directory设置界面中选择"服务器"选项卡并单击添加（+）按钮，然后进行以下操作。

▶ 输入主机名称（也可以输入 IP 地址或是本地主机名称，但是本指南建议使用主机名称，从而验证关键的 DNS 主机名称记录是可用的）。

▶ 输入要配置为备份服务器的服务器管理员凭证信息。

▶ 选择父代服务器。

▶ 输入目录管理员的凭证信息并单击"下一步"按钮。

还有一种方法是，在要配置为Open Directory备份服务器的服务器上使用 Server 应用程序，在 Server 应用程序的边栏中选择Open Directory。单击开/关按钮，开启服务，选择"作为备份服务器加入现有的Open Directory域"，并单击"下一步"按钮。

在"父代服务器"文本框中，输入另一台Open Directory服务器的主机名（输入主服务器的主机名称将这台服务器配置为主服务器的备份服务器，或是输入备份服务器的主机名将这台服务器配置为备份服务器的备份服务器），输入目录管理员的凭证信息并单击"下一步"按钮。

配置完成后，Server 应用程序会将用户的服务器显示为主服务器的备份服务器。在Open Directory设置界面的"服务器"列表框中，可能需要单击三角形展开图标来查看主服务器及它的备份服务器。在下图中，server17是主服务器，而 server18 是备份服务器。

如果配置备份服务器的备份服务器或是二级备份服务器，"服务器"列表框看上去应如下图所示，其中 server19 是 server18 的备份服务器，而 server18 是 server17 的备份服务器。

配置 OS X Server 使用另一台Open Directory服务器

如果用户的服务器只是要利用目录服务集中式管理的优势，而其自身并不提供目录服务，那么可以将服务器与其他的目录服务进行绑定，从而可以通过集中式的目录服务，让用户使用托管的凭证信息去访问服务器上的服务。

更多信息▶ *就像可以将服务器绑定到其他Open Directory服务一样，也可以将服务器绑定到Active Directory域。不过这已超出本指南的学习范围。请参阅"其他资源"附录中本课程部分的内容，当用户下载课程文件时已经提供了附录。*

在系统偏好设置中，使用用户与群组偏好设置将服务器与其他目录进行绑定。打开系统偏好设置，选择用户与群组，选择"登录选项"选项并单击"加入"按钮，或者，如果服务器已经是Open Directory服务器，那么单击"编辑"而不是"加入"按钮。

输入Open Directory服务器的主机名称，或者单击下拉按钮来浏览并选择一个服务器。

当看到"此服务器提供 SSL 证书"的消息时，单击"信任"按钮。这会将Open Directory的CA、中级 CA 及 SSL 证书添加到系统钥匙串中，这样，Mac 就可以信任那些使用由中级 CA 签发的 SSL 证书的服务了。

默认情况下，当 OS X 创建一条到Open Directory服务器的 LDAP 连接时，它并不总是使用SSL，对于很多组织结构来说，这并不是一个问题，因为存储在 LDAP 目录中的信息并不被视为敏感信息。配置 OS X 去使用 LDAP 的 SSL 已超出了本指南的学习范围。

当看到"客户端电脑 ID"窗口时，不要修改"客户端电脑 ID"信息，因为它是通过主机名称生成的信息。

还可以选择进行匿名绑定或是设置验证绑定。

当与 OS X 客户端进行绑定时，匿名绑定是更为合适的，但是在将一台服务器绑定到一台 Open Directory服务器时，应当使用验证绑定，这会令成员服务器与Open Directory服务进行相互验证。验证绑定会在Open Directory服务中创建一条计算机记录，该计算机记录用于在两台绑定的服务器之间进行相互验证。

NOTE ▶ 要进行验证绑定，需要提供目录管理员凭证信息。

此外，还可以使用目录实用工具或是命令行环境，因为它们提供了一些高级绑定设置选项，特别是当用户绑定到Active Directory目录结点时。

远程使用目录实用工具

可以直接使用目录实用工具来代替系统偏好设置，实际上，用户与群组偏好设置提供的是打开目录实用工具的快捷方式，目录实用工具位于/系统/资源库/CoreServices中。目录实用工具比用户与群组的"加入"按钮提供了更多的控制，并且可以让用户通过 OS X 来控制远端的计算机，所以不需要依赖屏幕共享的可用。

将 OS X 绑定到Open Directory服务

当用户设置有Open Directory主服务器（并且可能会配有一个或多个备份服务器）时，为了能够让用户的客户端计算机使用Open Directory服务，那么可以配置客户端计算机绑定到目录服务。在每台客户端计算机上，使用用户与群组偏好设置来指定托管着Open Directory服务的服务器，或者，如果需要使用更加高级的绑定选项，那么使用目录实用工具来创建一个 LDAP 配置，在该配置中设置Open Directory服务器的地址及搜索路径。

参考9.3
故障诊断

由于Open Directory包含了一系列的服务，所以通过一些日志文件来跟踪服务的状态和错误。可以使用 Server 应用程序来查看Open Directory服务的状态信息和日志。例如，可以使用密码服务日志来监视失败的登录企图以判断是否存在可疑的操作行为，或者使用Open Directory日志来查看所有失败的鉴定尝试，包括产生这些日志信息的 IP 地址。定期查看日志来确定是否存在很多针对同一密码 ID 的失败尝试，如果存在的话，则表明可能有人正在对登录操作进行猜测。当对Open Directory的问题进行故障诊断时，知道先去哪里查看相关信息是十分必要的。

Open Directory日志文件的访问

通常，当Open Directory的问题出现时，最先查看的是日志文件。再来回想一下，Open Directory由3个主要组件组成：LDAP 数据库、Password Server数据库和Kerberos密钥分发中心。Server 应用程序可以很容易地去查看与服务器相关的Open Directory日志文件。主要的日志文件有以下几个。

▶ 配置日志：包含了有关Open Directory服务的设置和配置信息（/资源库/ Logs/slapconfig. log）。

▶ LDAP 日志：包含了有关Open Directory核心功能的信息（/var/log/opendirectoryd.log）。

▶ Open Directory 日志：包含了有关 Open Directory 核心功能的信息（/var/log/opendirectoryd.log）。

▶ 密码服务服务器日志：包含了通过本地网络用户凭证信息获得成功及失败鉴定的相关信息（/资源库/ Logs/PasswordService/ ApplePasswordServer.Service.log）。

▶ 密码服务错误日志：如果该日志存在，那么它包含的是密码服务中的错误信息（/资源库/ Logs/PasswordService/ApplePasswordServer.Error.log）。

要查看这些日志文件，在边栏中选择"日志"选项，打开下拉菜单，在菜单中滚动到Open Directory部分并选择其中的一个日志。

可以使用窗口右下角的搜索文本框。记住，可以调整 Server 应用程序窗口的大小，从而可以在单一的一行中来查看更多的日志信息，这有助于用户快速阅读或是浏览日志文件。

解读日志文件是一项艰巨的任务，可能需要一位更有经验的系统管理员的帮助。可以将相应的日志文件通过电子邮件发送给管理员。

目录服务的故障诊断

当一台已做过绑定的 OS X 计算机遇到了启动延时，或是登录窗口显示网络账户不可用的红色文本时，那么说明这台做过绑定的计算机所要访问的目录结点在网络上是不可用的。

当无法连接到目录服务时，这里有以下一些办法来进行故障诊断。

▶ 使用网络实用工具来确认 DNS 记录。

▶ 通过用户与群组偏好设置中的登录选项来确认网络服务器是可用的。

▶ 通过目录实用工具来确认 LDAP 及其他配置是正确的。

▶ 通过网络偏好设置来确认计算机的网络位置和其他网络设置是正确的。

▶ 检查物理网络连接是否存在问题。

▶ 当使用本地用户账户登录后，通过控制台应用程序去监视目录服务的登录（/var/log/opendirectoryd.log）。

更多信息▶ 可以提升Open Directory日志的记录详细级别。在"其他资源"附录中参阅本课程的 Apple 技术支持文章，当下载课程文件时，"其他资源"附录已被附带提供。

TIP▶ 如果更新了 DNS 记录，但是一直无法看到预期的结果，那么可以使用 Apple 技术支持文章 HT5343 "OS X：如何还原 DNS 缓存设置"中的方法来复位（刷新）DNS 缓存。

练习9.1
将服务器配置为Open Directory主服务器

现在已准备好将Open Directory服务配置为共享的目录，用来为网络上的其他计算机提供鉴定服务。尤其是当Open Directory主服务器配置完成时，有3个新的网络服务将被运行：一个 LDAP（轻量级目录访问协议）服务，用来访问已共享目录的数据；还有两个鉴定服务——Password Server 和 Kerberos。在下面的步骤中，将配置服务器成为Open Directory主服务器，并确认配置是成功的。

目前，用户的服务器应当具有它自己的正向和逆向 DNS 记录，这是由教室的 DNS 服务或是服务器自身的 DNS 服务来提供的。尽管如此，还是需要通过网络实用工具来对这些记录进行确认。

用户将使用自己的服务器计算机来进行本练习的操作。

1 在管理员计算机上，如果 Server 应用程序是打开的，那么退出 Server 应用程序。

2 在服务器计算机上，单击屏幕右上角的Spotlight图标（或按【Command+空格】组合键）来显示Spotlight搜索文本框。

3 在Spotlight搜索文本框中输入Network Utility。

4 按【Return】键，从Spotlight搜索的"最常点选"中打开网络实用工具。

5 选择Lookup选项。

6 在文本框中输入服务器的主机名称，然后单击 Lookup 按钮。

7 确认服务器的 IPv4 地址被返回。

8 在文本框中输入服务器的主 IPv4 地址并单击 Lookup 按钮。

9 确认服务器的主机名称被返回。

当已经确认了自己的 DNS 记录后，那么可以将服务器配置为Open Directory主服务器。可以通过管理员计算机或是通过服务器计算机来进行配置。

1 如果 Server 应用程序并没有显示高级服务列表，那么在边栏中将鼠标悬停在"高级"文字上并单击"显示"。

2 单击Open Directory。

3 单击开/关按钮，切换到开的位置。

4 选择"创建新的Open Directory域"并单击"下一步"按钮。

5 设置一个密码。

如果服务器不能访问因特网，那么在"目录管理员"设置界面，在"密码"和"验证"文本框中输入 diradminpw，并单击"下一步"按钮。

当然，在实际工作中，应当使用一个安全的密码。

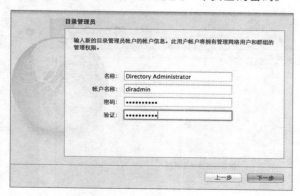

6 在"组织信息"设置界面中输入相应的信息。

如果下面的文本框中并没有包含显示的信息，那么输入这些信息并单击"下一步"按钮。

▶ 组织名称：Pretendco Project *n*（其中 *n* 是学号）。

▶ 管理员电子邮件地址：ladmin@server*n*.pretendco.com（其中 *n* 是学号）。

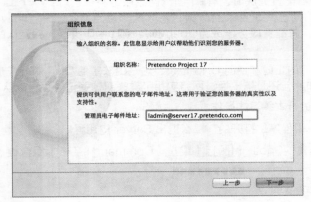

7 查看"确认设置"界面，并单击"设置"按钮。

Server 应用程序会在"确认设置"界面的左下角显示设置进度。

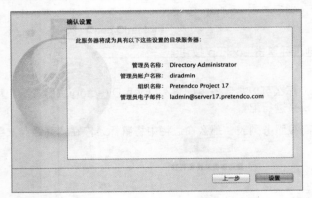

当完成配置时，Server 应用程序会显示Open Directory设置界面的"服务器"列表框，其中将用户的服务器列为主服务器。

现在，用户的服务器已配置为Open Directory主服务器，它有3项服务正在运行：LDAP、Password Server和Kerberos。

检查Workgroup群组

Server 应用程序自动创建名为Workgroup的群组。当通过 Server 应用程序创建一个新的用户账户时，Server 应用程序会自动将新用户放置在Workgroup群组中。

1 在 Server 应用程序的边栏中选择"群组"选项。

2 如果需要，单击下拉按钮并选择"本地网络群组"命令。

3 双击 Workgroup 群组。

现在，被列为Workgroup群组成员的唯一项目是名为 Local Accounts 的群组账户。这是一个特殊的系统群组账户，实际上并不会列出任何成员，但是操作系统将所有本地账户视为该群组的成员，所以，服务器计算机上的所有本地账户也因此被视为Workgroup群组的成员。

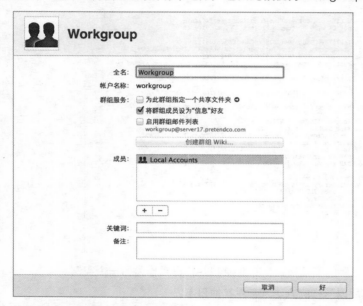

4 单击"取消"按钮，返回到群组列表。

5 退出 Server 应用程序。

在本练习中，用户已将自己的服务器配置为Open Directory主服务器，并且还查看了名为Workgroup的新网络群组账户。

练习9.2
通过日志来诊断Open Directory的使用问题

> ▶ **前提条件**
>
> 完成练习9.1"将服务器配置为Open Directory主服务器"。

在用户的服务器上，与Open Directory主服务器相关的日志位于各个文件夹中，但是可以通过Server 应用程序来快速访问它们。

1 在管理员计算机上，如果尚未连接到自己的服务器，那么打开 Server 应用程序，连接到自己的服务器，并鉴定为本地管理员。

2 在 Server 应用程序的边栏中选择"日志"选项。

3 在日志下拉菜单中滚动到Open Directory部分，并关注4个与Open Directory相关的日志。

4 选择"配置日志"命令。

5 作为一个示例，在搜索文本框中输入单词Intermediate。

注意，该单词的第一个实例是高亮显示的。当每次按下【Return】键后，下一个搜索实例字词会闪动显示。

6 单击当前显示为"配置日志"的下拉按钮，并选择 LDAP 日志作为另一个实例。

7 滚动浏览 LDAP 日志，然后以同样的方法来查看其他日志。

在本练习中，通过 Server 应用程序查看了与配置服务器作为Open Directory主服务器的相关日志。尽管日志被存储在服务器上，但是可以通过 Server 应用程序来查看它们。

课程10
本地网络账户的管理

当已创建了共享的 LDAP 目录后，需要向目录中填充信息。用户账户可能是能够存储到目录中的最重要的信息类。被存储在服务器共享目录中的用户账户可访问所有能够搜索目录的计算机。这些账户现在被称为本地网络用户账户，不过也可能会看到网络用户账户或者只是网络用户这样的术语。

> **目标**
> ▶ 配置本地网络账户。
> ▶ 导入本地网络账户。
> ▶ 描述鉴定类型。
> ▶ 了解Kerberos基础架构。
> ▶ 配置全局密码策略。

参考10.1
使用 Server 应用程序管理网络用户账户

通过 Server 应用程序可对用户和服务进行基本的和高级的管理。Server 应用程序为 OS X Server 服务自动添加授权，将用户所创建的本地网络用户添加到服务授权中，并且还将这些用户添加到内建的、称为Workgroup的群组中。

Server 应用程序为用户提供基本的账户管理选项，包括账户详细信息、电子邮件地址、该用户被授权使用的服务、该用户所属的群组，以及全局密码策略。

要创建一个新用户，在 Server 应用程序的边栏中选择"用户"选项，然后选择下拉菜单中的"本地网络用户"选项。

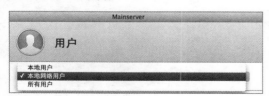

单击添加（＋）按钮，创建一个新用户，然后配置用户。当创建本地用户账户时，可以单击密码助理按钮（钥匙图标）来帮助选取一个更加安全的密码。

当单击"完成"按钮后，Server 应用程序会返回到用户列表。当双击刚刚创建的用户时，可以对其进行编辑，将会看到，当通过 Server 应用程序创建一个用户时，该用户被自动添加到名为 Workgroup的本地网络群组中。除了其他属性外，还可以更改用户的图标。

辅助单击（或按住【Control】键并单击）用户，并从弹出快捷菜单中选择"编辑服务访问"命令，将会看到用户有权访问每个列出的服务。

更多信息▶ *当在 Server 应用程序的外部创建网络用户账户时，例如Workgroup Manager或是命令行工具，这些用户并不会自动添加到名为Workgroup的群组中，也不会授权他们去访问任何的服务。因此，当用户使用 Server 应用程序和其他方法来创建网络用户账户时要留心。*

使用 Server 应用程序允许来自另一个目录结点的账户来访问服务

如果将服务器配置为一个Open Directory服务器，之后又绑定到另一个目录服务，那么来自其他目录服务的用户并不会被自动授权去使用服务器上的服务，除非明确做出让来自其他目录结点的用户或群组可访问到这些服务的操作。

只需选择一个或多个外部账户（用户或群组），辅助单击（或按住【Control】键并单击），在弹出的快捷菜单中选择"编辑服务访问"命令，然后选择要让这些账户可以访问的那些服务的复选框。当然，将用户添加到群组，然后为群组授权服务访问，要比编辑每个用户的服务访问要快捷很多。

导入本地网络账户

就像导入本地账户一样，可以导入本地网络账户。导入文件必须是一个包含了标题行的、格式正确的文件，在标题行中定义了文件的内容。

更多信息▶ 有关为导入账户创建正确格式文件的更多信息，可以在"Server帮助"中参考"创建用于导入用户和群组的文件"这部分的内容。

选择"管理">"从文件导入账户"命令，选择一个导入文件，确认"类型"下拉菜单被设置为"本地网络账户"，提供目录管理员凭证信息（而不是本地管理员的凭证信息），并单击"导入"按钮。

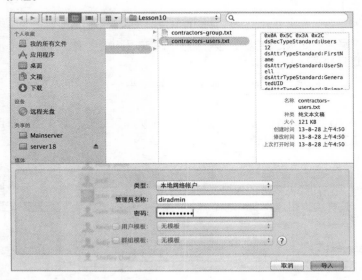

如果用户的文件并不包含密码，那么在单击"导入"按钮后，并且在 Server 应用程序完成导入账户的操作后，选择新导入的用户，辅助单击（或按住【Control】键并单击），并选择"重设密码"命令。

也可以导入本地网络群组账户。注意，决定正在导入的是用户还是群组的唯一因素是导入文件的标题行。在前面的图示中，dsRecTypeStandard:Users指定了文件包含的是用户账户。在下面的图示中，dsRecTypeStandard:Groups指定文件包含的是群组账户。不要忘记，使用下拉菜单来指定 Server 应用程序将账户导入到哪个目录结点中，并提供相应的凭证信息。

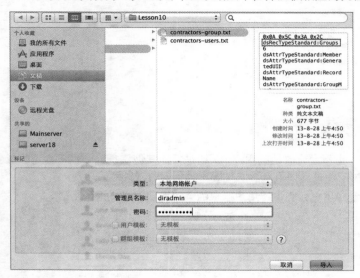

参考10.2
OS X Server 上鉴定方式的配置

一些用户的账户被存储在 OS X Server 上已共享的目录中，为了鉴定这些用户，Open Directory 提供了各种选项，包括Kerberos和各种网络服务所需的很多种鉴定方法。Open Directory可以通过以下方式来鉴定用户。

▶ 内建在 OS X Server 中的Kerberos KDC所支持的单点登录。

▶ 作为Open Directory LDAP数据库的一部分、被安全存储的密码，只有 root 用户（或者是以 root 权限运行的进程）可以访问。

▶ 老式的crypt密码，针对于存储在第三方 LDAP 目录的用户记录，用于向后兼容旧的系统。

▶ 针对本地（不是网络）账户的shadow密码，被存储在用户记录中的密码，只有root 用户（或者是以 root 权限运行的进程）可以访问。

更多信息▶ *可以参阅pwpolicy和mkpassdb的手册页面，来获取散列（hash）和认证方法的更多信息。*

此外，Open Directory还可以让用户配置"全局密码策略"，可影响到 LDAP 域中的所有用户（除了管理员），例如密码自动失效及最小密码长度。

停用用户账户

为了阻止用户登录服务器或是访问服务器上的服务，可以使用 Server 应用程序来临时停用用户账户，移除对其账户的访问。只需编辑用户并取消选择"允许用户"中的"登录"复选框即可。

这个操作并不会删除用户，也不会更改他的用户 ID 或是任何其他信息，它也不会删除任何用户的文件。这个操作就是阻止用户通过任何方法来通过鉴定及获取对服务器的访问。

当用户账户被停用时，将会在用户列表中、用户账户的旁边看到"已停用"字样。

设置全局密码策略

Open Directory会强制执行全局密码策略。例如，用户的密码策略可以指定密码过期的时间间隔。如果用户登录时，Open Directory发现用户的密码已经过期，那么用户必须替换过期的密码，然后Open Directory才会去鉴定用户。

当在特定的日期、到达一定的天数后、不活跃时间达到一定周期后或是登录尝试失败次数达到一定次数后，密码策略可以停用用户账户。密码策略还可以要求密码的最小长度、包含至少一个字母、包含至少一个数字字符、同时包含大小写字母、包含一个既不是数字也不是字母的字符、有别于账户名称、有别于最近用过的密码或是被更改的间隔时间。

Open Directory对Password Server 和 Kerberos应用相同的密码策略规则。密码策略并不影响管理员账户。管理员是不受密码策略限制的，因为他们可以随时更改策略，因此，管理员并不会因为破坏者利用"用户尝试失败次数达到 n 次之后停用登录"的策略，对管理员账户尝试进行反复鉴定失败而受到攻击。但是，这潜在的令管理员账户更容易受到暴力攻击，通过反复猜测不同的密码来试图猜出管理员的密码。所以，为Administrators群组中的每个账户选用一个强健的密码是十分关键的。

Kerberos和Open Directory Password Server单独维护密码策略。OS X Server 负责同步Kerberos和Open Directory Password Server的密码策略规则。

在全局密码策略开始实施后，它们只对更改账户密码的用户，或是后续创建或导入的用户进行策略的强制执行。这是因为账户密码是在全局策略的建立之前被创建的。换句话说，如果将策略的限制改为更多或是更少，用户不会马上受到新策略条件的限制，直到他们更改他们的密码为止。

更多信息▶ 可以使用命令行工具或是Workgroup Manager来应用针对单个用户账户的策略，不过这已超出本指南的学习范围。用户账户策略设置可以跨越全局策略，管理员用户不受这两类策略的限制。

要配置全局密码策略，在 Server 的边栏中选择"用户"选项，并确认目录结点菜单显示的是本地网络用户。单击操作按钮并选择"编辑全局密码策略"命令。

配置选项以符合用户组织机构的策略要求，然后单击"好"按钮。

在设置这些项目之前，获得自己组织机构的密码策略是十分重要的。如果错过了组织机构所需的某些标准，并且所有用户都已被导入且设置了密码，那么改变这些参数可能需要用户再次更改他们的密码才能符合新的标准。

可以使用 Server 应用程序的用户设置界面或是 Server 应用程序的Open Directory设置界面来配置全局密码策略，它们具有相同的选项和相同的效果（但是，Open Directory设置界面只为本地网络用户结点提供全局密码策略，而不为本地用户结点提供）。

记住，当用户试图进行鉴定时，全局密码策略可能不会被应用，只有在进行以下操作时才会被应用。

▶ 创建一个新用户。

▶ 用户（其密码是在密码策略建立前被创建的）更改他的密码。

参考10.3
单点登录和Kerberos的使用

通常，在一台计算机上登录的用户，需要使用位于网络中另一台计算机上的资源。用户通常会在 Finder 中浏览网络，并单击"连接"按钮来连接其他的计算机。每个连接都需要输入密码对于用户来说是一件麻烦事。如果已经部署了Open Directory，那么可以避免这个麻烦。Open Directory提供了一个称为单点登录的功能，它依赖于Kerberos。单点登录从根本上说，是在用户登录时，对于他们当天可能需要使用的其他服务来说，会自动获得访问，例如邮件、文件共享、信息和日历服务，以及 VPN 连接，都不需要再次输入他们的用户凭证信息。通过这种方式，Kerberos同时提供了身份识别和鉴定服务。

Kerberos基本定义

一个完整的Kerberos业务有以下3个主要的参与者。

▶ 用户。

▶ 用户要访问的服务。

▶ KDC（密钥分发中心），负责在用户和服务之间进行协调、创建和发送安全票据，并且通常还提供鉴定机制。

在Kerberos中也有不同的领域（具体来说是数据库或是鉴定域）。当用户将服务器配置为Open Directory主服务器时，领域的名称与用户服务器的主机名称相同，只是全部采用大写字母。每个领域包含了用户和服务的鉴定信息，被称为Kerberos主体。例如，一个全名为Barbara Green、账户名称为Barbara的用户，在领域为SERVER17.PRETENDCO.COM的KDC中，用户的Kerberos主体为barbara@SERVER17.PRETENDCO.COM。按照惯例，领域使用全部大写的字符。

对于一个要使用Kerberos的服务来说，它必须被Kerberos化（配置使用Kerberos工作），这意味着它可以推迟它的用户到KDC的鉴定。当配置托管一个已共享的目录时，OS X Server不仅可以提供KDC，还可以提供一些Kerberos化的服务。一个服务主体的示例是afpserver/server17.pretendco.com@SERVER17.PRETENDCO.COM。

最后，Kerberos可以让用户将用户列表保留在一个称为KDC的单一数据库中，在OS X Server上，一旦Open Directory主服务器被创建，那么KDC也会被配置。

整个过程可被简化为3个主要步骤，这在下图中已做了描述。

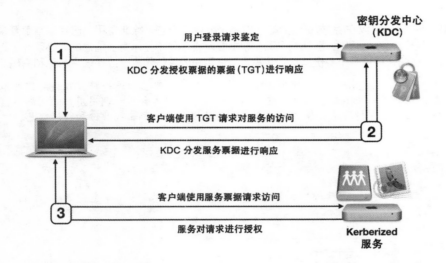

1. 当网络用户在Mac OS X v10.4或更新的客户端计算机上登录时，计算机与KDC进行协商。如果用户提供了正确的用户名和密码，那么KDC提供一个称为授权票据的票据（TGT）的初始票据。TGT允许用户在随后的时间里去请求服务票据，令他可以在登录会话期间连接其他的服务器和服务。

2. 当客户端计算机上的用户要去访问Kerberos化的服务时，他的计算机会向KDC呈送他的TGT，来获取服务票据。

3. 用户的计算机再向Kerberos化的服务呈送服务票据来进行识别和鉴定。提供Kerberos化服务的服务器准许用户访问服务（只要该用户已被授权去使用服务）。

当具有有效Kerberos TGT的用户去访问Kerberos化服务时，他并不需要提供用户名，因为TGT包含了他的身份信息。同样，他也不需要提供密码，因为TGT提供了鉴定信息。这样，Kerberos就提供了身份识别和鉴定。

例如，当用户具有TGT并试图去访问Kerberos化的AFP或SMB服务时，会立即看到自己可以访问的共享文件夹的列表，因为服务通过Kerberos来识别和坚鉴定用户的身份，不需要提供用户名和密码。

Kerberos是Open Directory的组成部分之一。用户的鉴定信息被同时存储在Password Server数据库和Kerberos主体数据库的原因是为了可以让用户鉴定到非Kerberos化的服务。当用户使用这些非Kerberos化的服务、每次创建新连接的时候，必须输入密码。Open Directory使用Password Server来对这些鉴定协议提供支持。

由于Kerberos是一项开放标准，所以 OS X Server 上的Open Directory可以很容易地整合到现有的Kerberos网络中。用户可以设置自己的 OS X 计算机去使用一个现有的 KDC 进行鉴定。

使用Kerberos的一个安全因素是，票据具有时间敏感性。默认情况下，Kerberos要求网络中的计算机要被同步在5分钟以内。可以配置 OS X 计算机及服务器去使用 NTP 服务，并同步使用相同的时钟服务器，所以这并不会成为妨碍用户获取Kerberos票据的问题。

为了在 Mac 上获取Kerberos票据，Mac 必须满足以下两点。

▶ 绑定到提供Kerberos服务的目录结点（例如Active Directory域或森林，或是Open Directory主服务器或备份服务器）。

▶ 一台正运行着OS X Server的Mac，该OS X Server是Open Directory主服务器或备份服务器。

检查Kerberos票据

票据显示程序可以让用户确认，可以为一个网络用户来获取Kerberos票据（也可以使用命令行工具）。

要使用票据显示程序，可以在/系统/资源库/CoreServices中打开它。除非是用户已经以当前登录用户的身份使用过票据显示程序，否则，默认情况下，票据显示程序是不显示身份信息的。必须在工具栏中单击"添加身份"按钮来提供一个身份信息，并输入网络用户的主体信息，或是账户名称和密码。

> **TIP** 如果正在使用票据显示程序来作为故障诊断工具使用，那么取消选择"在我的钥匙串中记住密码"复选框会是一个不错的选择，这样票据显示程序就不会自动调用用户的钥匙串信息来为用户获取票据了。保持取消选择该复选框，就会让用户每次都输入身份和密码信息。

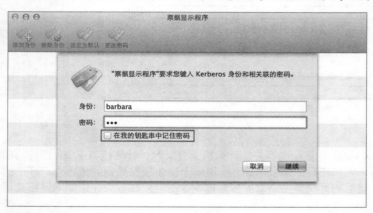

单击"继续"按钮，票据显示程序会试图获取一个 TGT。如果票据显示程序成功获得了一个TGT，那么它会显示到期的日期和时间，默认到期时间是自用户获取票据后的10个小时。

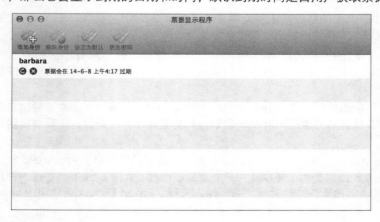

要查看与自己身份相关的票据的详细信息，那么选择自己的身份项目并选择"票据">"诊断信息"命令（或按【Command+I】组合键）。在下图中，第一行信息包含了用户账户名称（barbara），而以 krbtgt 为开头的信息行中包含的是有关 TGT 的信息。

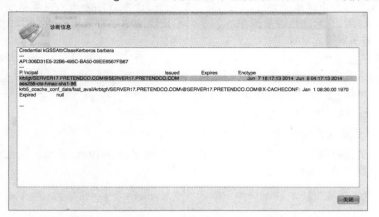

当用户具备了 TGT 后，就能够无缝地去访问Kerberos化的服务了，因为 OS X 会自动为各个Kerberos化的服务来获取服务票据。在下图中，以 cifs 为开头的信息行表示，当用户试图去访问SMB 文件共享服务时，OS X 已自动获得了准许访问服务的票据。

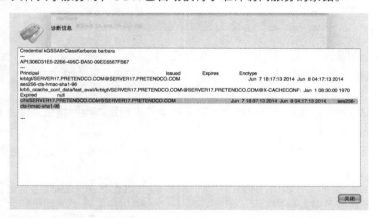

NOTE ▶ 票据显示程序并不会自动更新诊断信息界面，所以需要单击诊断信息界面右下角的关闭按钮，然后再次选择"票据">"诊断信息"命令来刷新信息。

当已经确认自己可以获取票据后，应当放弃票据，以免该票据会干扰到以后的学习。只需在身份项目中单击移除按钮（刷新按钮的旁边）即可。

虽然用户在登录窗口以本地用户身份已进行了登录，但是也可以作为网络用户来获取Kerberos票据。这是因为，虽然在本地鉴定到管理员计算机，但是可以通过票据显示程序来针对Open Directory服务的网络用户账户进行鉴定。

参考10.4
故障诊断

参阅课程8"本地用户的管理"中的参考8.4"故障诊断"部分的内容，完成对本地账户的导入及服务访问的诊断，并应用相同的知识和流程来诊断网络账户的导入和服务访问的问题。

参阅课程9"Open Directory服务的配置"中的参考9.3"故障诊断"部分的内容，来对Open Directory服务的常见问题进行诊断。

Kerberos的故障诊断

当使用Kerberos的用户或服务遇到鉴定失败的问题时，可以尝试以下方法来进行诊断。

▶ 确认所用的 DNS 服务可以正确解析地址。在将服务器配置为Open Directory主服务器时这一点特别重要。如果 DNS 无法正确解析地址，那么不正确的地址将被写入到Kerberos配置文件中。Kerberos票据将无法使用。

▶ Kerberos鉴定是基于加密的时间戳的。如果在 KDC、客户端及服务器计算机之间存在超过5分钟的时差，那么鉴定可能会失败。确保所有计算机的时钟保持同步，可以使用 OS X Server 的 NTP 服务或是其他的网络时钟服务器。

▶ 确认出现问题的服务已经启用了Kerberos鉴定。

▶ 通过票据显示程序来查看用户的Kerberos票据。

▶ 当使用 Finder 窗口浏览服务时，OS X 可能不会自动使用预期的Kerberos身份，而通过选择"前往" > "连接服务器"命令并输入 URL 则可以实现。

更多信息 ▶ 可以在命令行环境下使用klist 命令来列出有关Kerberos身份凭证的信息，可参考klist 的手册页面。

练习10.1
创建并导入网络账户

> **▶ 前提条件**
>
> ▶ 完成练习9.1"将服务器配置为Open Directory主服务器"。
> ▶ 需要学生素材中的文本文件，学生素材在进行练习2.1和练习2.3时已经获得。

本节将创建本地网络用户账户和本地网络群组账户，除了在菜单中指定本地网络结点外，与创建本地用户账户和本地群组账户类似。

NOTE ▶ 参考课程8"本地用户的管理"来了解MavericksOS X Server新功能的使用，包括关键词、备注、配额和模版。

在本练习场景中，在规模较大的Pretendco公司内部，用户的小组正在与一些承包商进行工作。用户需要让他们能够访问到自己服务器的服务，但是不应当让这些用户能够访问到小组之外的服务。因此，请求Pretendco主目录服务器的目录管理员来为这些承包商创建用户账户。

将用户导入到服务器的已共享目录结点中

为了加快练习的进度，在学生素材中，有一个带有承包商账户信息的文本文件，这些承包商就是Pretendco场景中与用户的小组一起工作的承包商。这个文本文件具有格式正确的标题行。导入文件定义了这些用户所具有的密码为 net 。当然，在实际工作中，每个用户都应当具有他自己的密码，这些密码应当是保密和安全的。

在管理员计算机上进行这些练习操作。如果在管理员计算机上还没有通过 Server 应用程序连接到服务器计算机，那么按照以下步骤连接到服务器：在管理员计算机上打开 Server 应用程序，选择"管理" > "连接服务器"命令，单击其他计算机，选择自己的服务器，单击"继续"按钮，提供管理员凭证信息（管理员名称 ladmin 及管理员密码 ladminpw），取消选择"在我的钥匙串中记住此密码"复选框，然后单击"连接"按钮。

导入账户到服务器的已共享目录结点中。

1 在 Server 应用程序中，选择"管理" > "从文件导入账户"命令。

2 在边栏中选择"文稿"选项。打开StudentMaterials，然后打开Lesson10文件夹。

3 选择contractors-users.txt文件。

4 单击分栏显示图标。

5 如果需要，单击"类型"下拉按钮并选择"本地网络账户"命令。

6 在"管理员名称"和"密码"文本框中输入目录管理员的凭证信息。

根据课程9"Open Directory服务的配置"所建议的值为：管理员名称 diradmin 和密码 diradminpw 。

7 单击"导入"按钮，开始文件的导入操作。

8 提示这些账户的导入可能要花费一些时间，在确认要继续的对话框中单击"导入"按钮。

NOTE ▶ 如果有用户被列为"不允许"，那么选择"显示">"刷新"命令。

9 选择一个新导入的用户，按住【Control】键并单击，并从弹出的快捷菜单中选择"编辑服务访问"命令。

注意，每项服务的复选框都是被选取的，说明 Server 应用程序已经授予了每个已导入的本地网络账户去使用已列出的各项服务的权利。

10 单击"取消"按钮，关闭未做过任何更改的服务访问界面。

现在已经添加了8个本地网络用户账户。

在用于导入用户的计算机上打开控制台应用程序并查看导入日志。

1 如果控制台应用程序还未运行，那么打开Launchpad，然后打开"其他"，再打开控制台。

2 如果控制台的窗口没有显示边栏，那么在工具栏中单击"显示日志列表"按钮。

控制台应用程序会显示计算机上一些位置的日志。波浪字符（~）表示个人文件夹，所以 ~/Library/Logs是个人文件夹中的文件夹，这些都是与用户账户相关的日志。/var/log和/Library/Logs文件夹都是系统日志。用户将在~/Library/Logs文件夹中的ImportExport文件夹中查找一个日志文件。

3 单击~/Library/Logs的三角形展开图标来显示文件夹中的内容，然后再单击ImportExport的三角形展开图标来显示它的内容。

4 在ImportExport下选择一个日志文件。

注意，这个日志文件显示了用户已导入的没有发生错误的用户数量。如果发生了一些与导入账户相关的问题，那么也会在这些日志文件中显示。

将群组导入到服务器的已共享目录结点中

为了进行练习操作，需要具有一个带有正确格式的导入文件，其中标题行定义了Contractors群组（账户名称：contractors）要导入作为成员的所有用户。用户将确认这个本地网络群组并没有明确设置可以访问到服务器的服务。但是通过 Server 应用程序创建或导入的本地网络用户账户，则已自动获准可以访问到这个列表中的所有服务，所以这并不是一个大问题。

1 在 Server 应用程序中，选择"管理">"从文件导入账户"命令。

2 在边栏中选择"文稿"选项。打开StudentMaterials，然后打开Lesson10。

3 选择contractors–group.txt文件。

4 单击"类型"下拉按钮并选择"本地网络账户"命令。

5 在"管理员名称"和"密码"文本框中输入目录管理员的凭证信息。

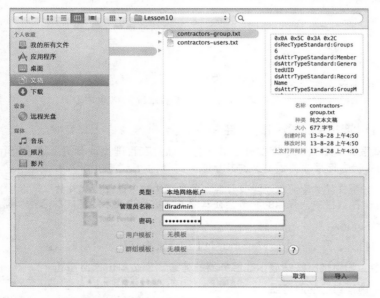

6 单击"导入"按钮，开始导入操作。

7 选择Contractors群组，按住【Control】键并单击，并从弹出的快捷菜单中选择"编辑服务访问"命令。

注意，每项服务的复选框都是被反选的。但是需要记住，如果一个用户已经获准可以访问服务，那么如果该用户的一个群组并没有设置服务访问，则是不会去考虑群组的情况的。

8 单击"取消"按钮，关闭未做过任何更改的服务访问界面。

现在已经具有一个新的本地网络群组，其中填充了之前导入的本地网络用户。

验证新导入的用户可以连接到服务器的文件共享服务

如果尚未开启文件共享服务，那么现在需要开启该服务，然后在管理员计算机上通过 Finder 以一个本地网络用户账户的身份去连接服务器的文件共享服务。

1 在 Server 应用程序中，如果文件共享服务还没有开启，那么在边栏中选择"文件共享"选项，并单击开/关按钮打开服务，在边栏中，开启的服务会在其服务名称旁边显示绿色的状态指示器。

2 在管理员计算机上打开 Finder。

如果并没有 Finder 窗口打开，那么按【Command+N】组合键来打开一个新窗口。

3 在 Finder 窗口的边栏中，如果推出按钮显示在服务器的旁边，那么单击推出按钮。

4 在 Finder 窗口的边栏中选择自己的服务器。

如果自己的服务器并没有出现在 Finder 窗口的边栏中，那么选择"共享的"下方的"所有"选项，然后再选择自己的服务器。

5 单击"连接身份"按钮。

6 提供一个已导入用户的凭证信息。

► 名称：gary。

► 密码：net。

7 单击"连接"按钮。

Finder 窗口会显示用于连接的用户账户，并显示这个用户可以访问的已共享文件夹。注意，除非是打开一个文件夹，否则并不会实际装载网络卷宗。

8 在 Finder 窗口的右上角单击"断开连接"按钮。

在本练习中，已将用户和群组账户导入到服务器的已共享目录域中。当使用 Server 应用程序导入用户账户时，这些用户会被自动获准去访问服务器上的所有服务。

练习10.2
配置密码策略

> ► **前提条件**
>
> 完成练习10.1"创建并导入网络账户"。

配置全局密码策略

通过 Server 应用程序非常容易设置全局密码策略。用户指定的设置会影响到除Administrators群组用户以外的所有网络用户。只有当用户更改他的密码时，设置才会生效。对于本练习来说，将配置全局密码策略，要求如下。

▶ 当用户尝试失败次数达到10次后会停用用户。

▶ 密码至少包含一个数字字符。

▶ 密码至少包含8个字符。

还将利用全局密码策略来要求新创建的用户重设他们的密码。本练习将创建一个新的本地网络用户账户，然后通过 AFP 连接的更改密码功能来更改用户的密码，从而符合全局密码策略的要求。还将尝试更改密码，使它不符合刚刚配置的策略要求，然后再将它更改为符合策略要求的密码。

1 在管理员计算机上，如果尚未连接到服务器，那么打开 Server 应用程序，连接到服务器，并鉴定为本地管理员。

2 在 Server 应用程序的边栏中选择"用户"选项。

3 单击下拉按钮并选择"本地网络用户"命令。

4 在操作菜单（齿轮图标）中选择"编辑全局密码策略"命令。

5 选择"用户尝试失败次数达到___次之后"复选框，并在文本框中输入 10。

6 选择"包含至少一个数字字符"复选框。

7 选择"包含至少____字符"复选框，并在文本框中输入 8。

在单击"好"按钮之前，按照下图中的设置来验证设置。

8 单击"好"按钮。

为本练习创建一个新的本地网络用户。

1 在"用户"设置界面中，将下拉菜单设置为本地网络账户。

2 单击添加（ + ）按钮。

3 输入以下值，附带的密码匹配上面的密码策略。

▶ 全名：Rick Reed。

▶ 账户名称：rick。

▶ 密码（和验证）：rickpw88。

保持其他文本框的默认值。

4 单击"创建"按钮，存储更改。

验证密码策略

建立一个 AFP 连接并使用"更改密码"功能。

1 在 Server 应用程序中，如果文件共享服务还没有开启，那么在边栏中选择"文件共享"选项，并单击开/关按钮打开服务，在边栏中，开启的服务会在其服务名称旁边显示绿色的状态指示器。

2 在管理员计算机上打开 Finder。

3 在 Finder 窗口的边栏中，如果推出按钮显示在服务器的旁边，那么单击推出按钮。

4 选择"前往">"连接服务器"命令。

5 在"服务器地址"文本框中输入afp://server*n*.local（其中 *n* 是学号）。

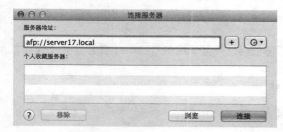

6 在"名称"文本框中输入rick 并单击"更改密码"按钮。

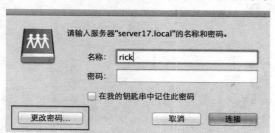

7 输入旧密码和新密码，但是并不按照全局密码策略的要求来设置至少包含8个字符，以及必须

　　至少包含一个数字。

　　　▶　旧密码：rickpw88。

　　　▶　新密码：net。

　　　▶　验证：net。

更改"server17.local"上的"rick"的密码。

旧密码：	●●●●●●●●
新密码：	●●● 🔑
验证：	●●●

取消　　更改密码

8　单击"更改密码"按钮，尝试更改为新密码。

　　由于建议的密码并不符合全局密码策略，所以窗口会晃动，并再次看到更改密码对话框。

9　输入旧密码和新密码，但是这次按照全局密码策略的要求来设置至少包含8个字符，以及必须
　　至少包含一个数字。

　　　▶　旧密码：rickpw88。

　　　▶　新密码：rickpw12345。

　　　▶　验证：rickpw12345。

更改"server17.local"上的"rick"的密码。

旧密码：	●●●●●●●●
新密码：	●●●●●●●●●● 🔑
验证：	●●●●●●●●●●

取消　　更改密码

10　单击"更改密码"按钮。

　　当成功更改了密码后，用户被鉴定和授权去使用文件共享服务。Finder 显示了用于连接的用户
账户，并显示了该用户可以访问的已共享文件夹。

11　选择名为rick的共享文件夹并单击"好"按钮。

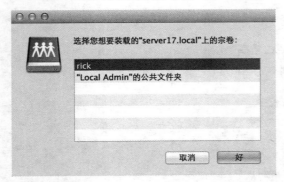

选择您想要装载的"server17.local"上的宗卷：

rick
"Local Admin"的公共文件夹

取消　　好

12　在 Finder 窗口中显示了名为rick的共享文件夹的内容，单击"断开连接"按钮。

清除全局密码策略

为了避免在后面的练习操作中产生冲突，需要删除Rick Reed用户并移除全局密码策略配置。

1 在 Server 应用程序的边栏中选择"用户"选项。

2 选择Rick Reed。

3 单击删除（－）按钮。

4 当要用户确认是否要永久删除Rick Reed时，单击"删除"按钮。

移除全局密码策略配置。

1 在 Server 应用程序的边栏中选择"用户"选项。

2 在操作菜单（齿轮图标）中选择"编辑全局密码策略"命令。

3 取消选择各个复选框，然后单击"好"按钮。

在本练习中，使用 Server 应用程序设置了全局密码策略，当用户试图将密码更改为不符合策略的密码时，策略是生效的。

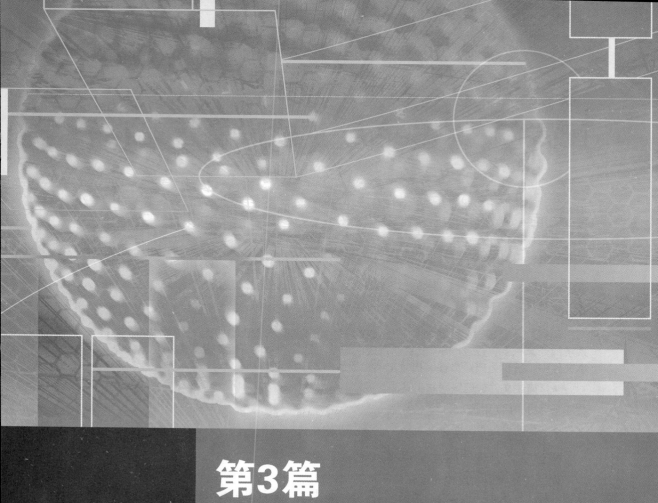

第3篇
通过配置描述文件
管理设备

课程11
配置 OS X Server 提供设备管理服务

OS X Server 提供了称为描述文件管理器的服务，这可以让用户以管理员的身份将某些操作分配给客户端设备，例如计算机和移动设备。描述文件管理器还可以让用户来对他自己的设备进行基本的管理。

目标
▶ 配置描述文件管理器。
▶ 了解描述文件管理器的组成。

参考11.1
描述文件管理器

描述文件管理器是一个账户管理工具，可以开发和分发配置及设置，从而控制在 Lion 及更新系统的计算机上，以及iOS4 及更新系统的设备上的使用体验。配置和设置被包含在基于XML 的文本文件中，被称为描述文件。描述文件管理器由以下3部分组成。

▶ 描述文件管理器网站工具。
▶ 用户门户网站。
▶ 移动设备管理服务器。

描述文件管理器网站应用程序

网站工具可以让用户通过任何浏览器来轻松访问描述文件管理器的功能，只要浏览器能够连接到开启了描述文件管理器服务的 OS X Server 即可。管理员可利用网页界面来创建用于客户端设备的描述文件。它还可以用来创建和管理设备账户和设备群组账户。用户与群组是在 Server 应用程序中创建的，但是会显示在描述文件管理器的网站应用程序中。当配置完成后，可通过https://server.domain.com/profilemanager/来访问描述文件管理器。

用户门户网站

用户门户网站是用户注册他们自己的设备、获得描述文件，以及抹掉或锁定他们设备的便捷途径。当配置完成后，用户门户网站可通过浏览器访问https://server.domain.com/mydevices/，用户门户网站列出了用户已注册的设备及可用的描述文件。

设备管理

用户可以配置并启用移动设备管理（MDM）功能，可以让用户为设备创建描述文件。当用户注册了 Lion 或更新系统的计算机，以及iOS 4 或更新系统的设备时，这可以让用户通过无线方式（OTA）来管理设备，包括远程抹掉和锁定。

NOTE ▶ 描述文件管理器、用户门户网站及设备管理，会在课程12 "通过描述文件管理器进行管理" 中进行更为详细的介绍。

参考11.2
描述文件管理器的配置

为了可以分配描述文件，描述文件管理器服务必须被启用。描述文件的使用与早先版本的 OS X Server 中的客户端管理有着显著的不同。

术语

在设备管理的范畴中，一个描述文件是一个设置集，会告知设备如何去配置它自身，以及哪些功能是允许使用的，哪些功能是受限的。描述文件的配置定义了诸如 Wi-Fi 设置、电子邮件账户、日历账户及安全策略这样的设置。注册描述文件可以让服务器管理用户的设备。一个有效负载指的是描述文件中都有什么配置。

为描述文件管理器的使用做好准备工作

在配置"描述文件管理器"之前，需要设置一些项目来让这个设置过程变得更为顺畅。

▶ 将服务器配置为网络目录服务器。这也会被称为一个Open Directory主服务器的创建。

▶ 获取并安装 SSL 证书。建议使用一个已由受信任的认证机构签名的证书。用户所使用的证书可以是在用户将服务器配置为Open Directory主服务器时自动生成的证书，但是如果用户使用这个证书，则需要先配置设备去信任这个证书。

▶ 获取一个 Apple ID，当通过http://appleid.apple.com网站申请推送证书时来使用。在使用这个 ID 之前，需要登录网站并验证电子邮件地址。否则，可能无法成功申请推送证书。当为一个机构设置描述文件管理器时，要使用一个机构 ID，这样不但可以与用户分隔开，还可以避免用户从机构离职所带来的影响。确保记录好这些信息，以便日后可用。

Apple ID 和主要电子邮件地址
bjaatc01@icloud.com
已验证 ✔

练习11.1
启用描述文件管理器

▶ **前提条件**

完成练习3.1"配置 DNS 服务"。

在本节中，将通过一些操作步骤来启用描述文件管理器服务，包括签发一个配置描述文件。

1 在管理员计算机上进行这些练习操作。如果在管理员计算机上尚未通过 Server 应用程序连接到服务器计算机，那么按照以下步骤进行连接：在管理员计算机上打开 Server 应用程序，选择"管理" > "连接服务器"命令，单击"其他 Mac"，选择自己的服务器，单击"继续"按钮，提供管理员凭证信息（管理员名称ladmin及管理员密码ladminpw），取消选择"在我的钥匙串中记住此密码"复选框，然后单击"连接"按钮。

2 在服务边栏中选择"描述文件管理器"选项。

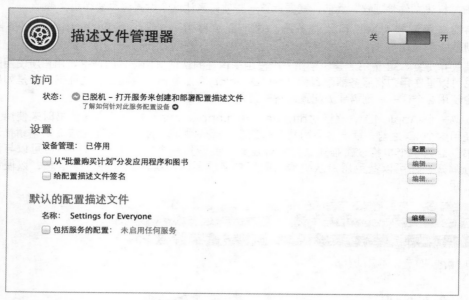

3 单击"设备管理"旁边的"配置"按钮。

4 该服务会收集一些数据并提供一个功能描述。

在"配置设备管理"界面中，单击"下一步"按钮。

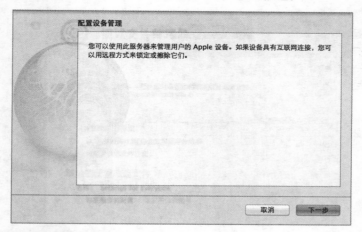

5 如果服务器已经配置为Open Directory主服务器，那么将看不到接下来的操作步骤。请跳转到步骤9继续操作。

6 如果服务器还没有配置为Open Directory主服务器，那么在这里将会为用户创建。单击"下一步"按钮。

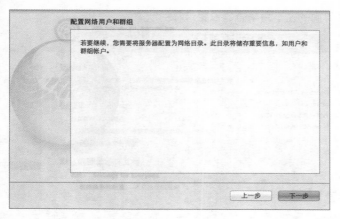

7 在"目录管理员"界面中，保持"名称"和"账户名称"的默认设置。在"密码"和"验证"文本框中输入diradminpw（当然，在实际工作环境中，应当使用一个强健的密码）。

8 单击"下一步"按钮。

9 在"组织信息"界面中，如果需要，在"组织名称"文本框中输入Pretendco Project *n*（其中 *n* 是学号），在"管理员电子邮件地址"文本框中输入ladmin@server*n*.pretendco.com（其中 *n* 是学号）。

10 单击"下一步"按钮。

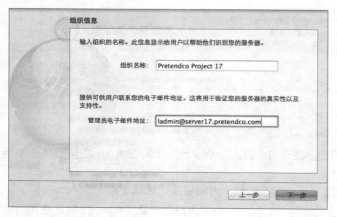

11 如果用户的服务器还没有配置为Open Directory主服务器，那么在确认设置界面检查设置信息并单击"设置"按钮。当 Server 应用程序将用户的服务器配置为Open Directory主服务器时，

可能会花费一些时间。可以在界面的左下角来查看设置过程的状态。

12 在"组织信息"界面中，保持默认信息不变，并填写电话号码和地址作为额外的信息。

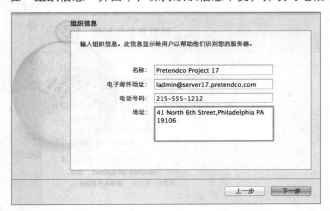

13 在"配置 SSL 证书"界面中，单击"证书"下拉按钮，选择在 Open Directory CA 创建的 SSL 证书，并单击"下一步"按钮。

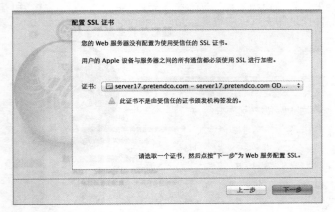

14 如果还没有设置推送通知，那么会提示用户输入一个 Apple ID，Server 应用程序会使用这个 ID 去申请 Apple 推送通知证书。

如果还没有Apple ID，那么单击凭证信息文本框下方的链接，可以创建一个 Apple ID。

当创建 Apple ID 时，需要单击验证链接，Apple 会向用户创建新 Apple ID 时所使用的电子邮箱中发送验证邮件。

NOTE ▶ 即使用户从未验证过 Apple ID，那么也经常会有可能将它用于其他的服务。如果还未验证过 Apple ID，那么在Safari 中打开http://appleid.apple.com/cn/，单击"管理您的 Apple ID"按钮，使用 Apple ID 登录，单击"发送验证邮件"按钮，重新发送一封验证邮件到用户的电子邮箱，查收电子邮件，最后单击"验证链接"按钮。

当用户具有已经过验证的 Apple ID 时，输入 Apple ID 凭证信息并单击"下一步"按钮。

15 一个绿色的圆形图标表示已成功完成设置，单击"完成"按钮。

16 选择"代码签名证书"选项，然后在下拉菜单中选择代码签名证书，该证书是自动创建的，并由 Open Directory 中级 CA 进行了签名。单击"好"按钮。

通过证书签名描述文件，可以验证描述文件的来源，并且可以确认它们没有被篡改。

17 单击开/关按钮，开启描述文件管理器服务。

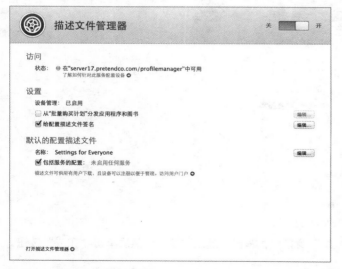

18 要配置描述文件管理器来分发应用程序和电子书，选择"从'批量购买计划'分发应用程序和图书"复选框。

NOTE ▶ 这需要用户加入批量购买计划。可以在https://vpp.itunes.apple.com/上进行注册。

19 当窗口打开时，单击链接，下载 VPP 服务令牌。这会打开 Safari 并让用户选择注册哪类 VPP，包括商业和教育。

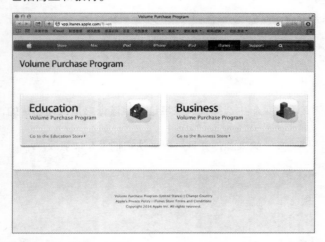

20 使用 VPP 凭证信息进行登录。

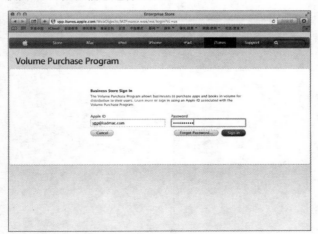

21 下载 VPP 服务令牌并从 VPP Store 注销。

22 将令牌拖动到 "VPP 管理的分发" 窗口中，单击 "继续" 按钮，然后单击 "完成" 按钮。

清理

在本课程中并不需要进行清理操作，因为用户所做的工作只是设置了描述文件管理器服务，这个服务是下一个课程中所必需的服务。

课程12
通过描述文件管理器进行管理

如果组织机构中有几百个用户，或者即使是少量的用户，那么如何来管理他们对 OS X 和iOS的使用体验呢？在前面的课程中，已经学习了与用户名称和密码相关的管理技术。这里还有很多其他方面的用户账户管理技术，理解这些技术彼此间在各方面的相互作用是十分重要的。

OS X Server 提供了描述文件管理器服务，它可以让用户以管理员的身份将某些操作分配给客户端设备，例如计算机和移动设备。

参考12.1
账户管理介绍

在 Mac OS X 10.6 及早先的版本中，账户管理是由Workgroup Manager来控制的，但是在 OS X Lion 引入了描述文件的概念，描述文件包含了配置和设置信息。这在Mavericks中继续得到了广泛应用，通过将描述文件分配给用户、用户群组、设备或是设备群组，用户可以基于自己的系统来实现控制。

通过有效的账户管理，可以实现包括、但不限于以下情况的各种效果。

▶ 为用户提供一个统一的控制接口。
▶ 控制移动设备和计算机上的设置。
▶ 针对特定的群组或个体限制某些资源的使用。
▶ 确保重要场所中计算机的使用安全，例如管理办公室、教室或是开放的实验室。
▶ 定制用户使用体验。
▶ 定制 Dock 设置。

管理等级

可以为以下4类不用的账户来创建设置。

▶ 用户。通常涉及一个特定的人。这是某个人登录到设备来识别出他自己的账户。用户的短名称或是 UID 编号可以唯一识别该用户。
▶ 群组。表示一组用户、群组的群组，或是两者混合的群组。
▶ 设备。类似于用户账户，表示给定硬件的单一实体。这可以是计算机或是iOS设备。设备账户通过它们的以太网 ID、序列号、IMEI或是 MEID 来唯一识别。
▶ 设备群组。表示一组计算机或是iOS设备。一个设备群组可以嵌套包含其他的设备群组，或是个体与嵌套群组的混合。

并不是所有的管理等级对于所有用途都是有意义的，所以在用户制定策略时应当考虑好哪个管理等级更为适合。例如，可能希望通过设备群组来指定打印机，因为对于大多数情况来说，一组计算机在地理位置上会与一台打印机距离比较接近。用户可能希望通过用户群组来设定 VPN 访问，例如针对在外边的销售人员，并且对于个人可能需要授予他们特定应用程序的访问权限。

每个等级都有一个默认的设置组，然后再自定设置。这里并不推荐去使用带有冲突设置的混合类型的和分层类型的描述文件。其结果可能并不是用户所希望的结果。

如果一个用户或用户群组已经被分配了一个描述文件，并且用户登录到用户门户网站上，对OS X 计算机进行了注册，那么分配给该用户的描述文件会被应用到该计算机上，而并不考虑是谁登录的计算机。

在群组中为用户管理偏好设置

虽然可以为带有网络账户的用户来单独设置偏好设置，但最有效的还是针对他们所属的群组来进行偏好设置管理。群组的使用可以让用户管理其他用户而不需要去考虑他们使用的是哪台设备。

设备群组账户的管理

一个设备群组账户是为一组具有相同偏好设置的计算机或iOS设备来设置的，可以使用与用户和群组相同的设置。可以在描述文件管理器中创建和修改这些设备群组。

当设置设备群组时，确认已经考虑好设备将如何被标识。请使用带有逻辑性且容易记忆的描述信息（例如，描述信息可以是计算机名称）。这样可以很容易地找到设备并将它们添加到正确的设备群组中。

设备列表可以通过逗号分隔值（CSV）文件导入到描述文件管理器中。文件需要被组织成下面这样的结构：

名称、序列号、UDID、IMEI、MEID

如果不需要使用其中的某个值，那么保持相应的字段为空。

应用程序的管理

应用程序，不管是企业级的应用程序还是通过批量购买计划（VPP）购买的应用程序，都可以被上传到描述文件管理器并分配给用户、群组及设备群组。

第一步先是识别要上传的应用程序类别，并选择相应的按钮。在这些图示中，正在使用的是一个企业级应用程序。

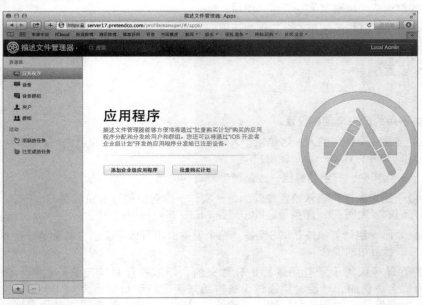

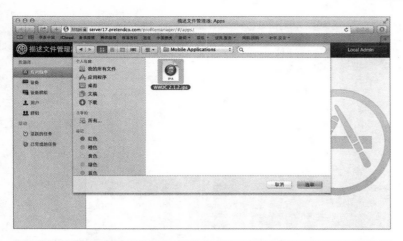

当上传到描述文件管理器后，可以在界面底部的操作菜单中（齿轮图标）选择"编辑应用程序"命令来进行分配。

该应用程序会在下次推送操作中被分配到设备。

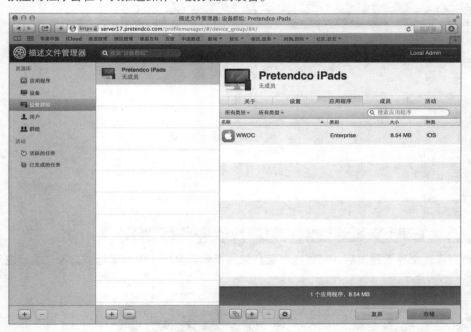

描述文件的分发

当描述文件被创建后，可以通过一些途径来分发到用户和计算机，或是iOS设备。

▶ 通过用户门户网站。用户使用他们的账户凭证信息登录门户网站，在门户网站中会显示分配给他们的描述文件。

▶ 向用户发送邮件。描述文件是一个简单的文本文件，所以它非常容易被传输。

▶ 网页链接。描述文件可以被发布到网站上供用户浏览和下载。

▶ 自动推送。描述文件可以在不需要用户干预的情况下被自动推送到设备（要以这种方式工作，设备必须被注册）。

自动推送依靠 Apple 推送通知服务（APNs）。该服务是由 Apple 托管的，可以将通知安全地推送到客户端设备。当服务器被设置去使用 APN 服务后，在描述文件管理器中已注册管理的客户端设备会检查 APN 服务，并等待描述文件管理器通过 APN 发送过来的通知信号。凡是超出了描述文件管理器告知客户端它有东西要给它这件事以外的数据信息，都不会包含在通知中。这可以确保描述文件管理器与客户端之间的数据安全。

推送通知的过程如下。

1. 一个已注册的设备会与 Apple 推送通知服务（APNs）进行联系，并在它们之间保持一个轻量级的通信。当已注册的设备可以联网时就会保持这个状态，同样当设备被打开、更换网络或是切换网络接口时也会发生这个情况。

2. 当描述文件管理器需要通知已注册的设备，或是设备群组有新的或是有已更改的描述文件可用时，它会联络 APNs 服务。APNs 服务可以将反馈结果发送给描述文件管理器服务。

3. APNs 通知设备去联系它已注册的相关描述文件管理器服务。

4. 当获得通知后，设备会与描述文件管理器服务进行通信。

5. 描述文件管理器将描述文件发送到设备。

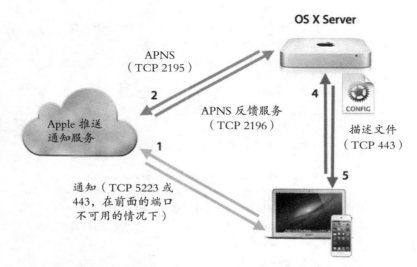

在 OS X 的描述文件偏好设置中会显示已安装的描述文件列表。在 iOS 中，前往"设置"中的描述文件，也会看到同样的列表。

远程锁定或抹掉设备

当完成注册操作后，一台设备或是设备群组可以被远程锁定或是抹掉。在本示例中，将执行远程锁定操作。远程抹掉也可以进行尝试，但只在用户不介意重新进行配置的设备上进行。以管理员的身份通过描述文件管理器可以锁定设备，或者用户自己通过用户门户网站也可以进行锁定。

在请求锁定时，会显示一个确认面板，要求输入一个密码，之后锁定指令会被发送。在 Lion 和 Mountain Lion 计算机上，计算机将被关闭并且会被设置 EFI 密码，所以需要输入这个密码才能再次使用计算机。对于 iOS 设备来说，屏幕会被锁定并要求输入密码。

▶ 描述文件管理器。登录描述文件管理器网页程序并选择要锁定的设备或是设备群组。在操作菜单中（齿轮图标）选择"锁定"命令。

▶ 用户门户网站。当用户登录后，已注册的各台设备会在"设备"界面中被显示出来。

哪些偏好设置可被管理

除了针对用户、群组、设备及设备群组账户的各类设置外，描述文件管理器还可以基于表 12.1 和表 12.2 中列出的偏好设置进行控制，在这两个表中描述了可对设备和设备群组进行管理的偏好设置负载。

表12.1 针对用户和群组的可管理偏好设置负载

偏好设置	OS X	iOS	描述
通用	Y	Y	描述文件分发类型，描述文件如何被移除、组织和描述
密码	Y	Y	指定密码策略，例如长度、复杂程度和重复使用等
邮件	Y	Y	配置电子邮件设置，例如服务器、账户名称等
Exchange	Y	Y	配置Exchange ActiveSync设置
LDAP	Y	Y	配置到 LDAP 服务器的连接设置
通讯录	Y	Y	配置到CardDAV服务器的访问设置
日历	Y	Y	配置到CalDAV服务器的访问设置
网络	Y	Y	在设备上配置网络设置，包括无线和有线
VPN	Y	Y	配置 VPN 设置：L2TP、PPTP、IPSec (Cisco)、CiscoAnyConnect、Juniper SSL、F5 SSL、SonicWALL Mobile Connect和Aruba VIA
证书	Y	Y	允许对PKCS1 和 PKCS12证书的安装
SCEP	Y	Y	指定到简单证书注册协议（SCEP）服务器的连接设置
Web Clip	Y	Y	将指定的Web Clip显示为应用程序图标
安全性与隐私	Y	Y	控制是否向 Apple 发送诊断和使用数据，以及是否允许用户覆盖Gatekeeper设置（仅限OS X）
身份	Y		配置用户的身份信息
限制	Y	Y	指定与应用程序和内容限制有关的设置
已订阅的日历		Y	设置日历订阅
APN		Y	配置运营商设置，例如访问点名称（必须由经过训练的专业人员来管理这些设置）
信息	Y		配置到Jabber 或 AIM聊天服务器的连接
AD 证书	Y		指定设置，为用户的计算机向Active Directory请求一个证书
登录项	Y		指定在登录时运行应用程序、项目及网络装载
移动	Y		为 OS X 客户端定义移动设置，允许缓存凭证信息和便携式个人目录
Dock	Y		配置 Dock 设置
Finder	Y		配置 Finder设置
打印	Y		配置打印设置，以及访问打印机或是打印队列的设置
家长控制	Y		定义"家长控制"设置，例如内容过滤和时间限制
辅助功能	Y		管理辅助功能设置
单点登录		Y	配置Kerberos设置
自定设置	Y		为没有定义在其他负载中的项目应用自定偏好设置；类似于 WGM 中偏好设置清单的应用

表12.2 针对设备和设备群组的可管理偏好设置负载

偏好设置	OS X	iOS	描述
通用	Y	Y	描述文件分发类型，描述文件如何被移除、组织和描述
密码	Y	Y	指定密码策略，例如长度、复杂程度和重复使用等
邮件		Y	配置电子邮件设置，例如服务器、账户名称等
Exchange		Y	配置Exchange ActiveSync设置
LDAP		Y	配置到 LDAP 服务器的连接设置
通讯录		Y	配置到CardDAV服务器的访问设置
日历		Y	配置到CalDAV服务器的访问设置
网络	Y	Y	在设备上配置网络设置，包括无线和有线
VPN	Y	Y	配置 VPN 设置：L2TP、PPTP、IPSec (Cisco)、CiscoAnyConnect、Juniper SSL、F5 SSL、SonicWALL Mobile Connect和 Aruba VIA

续表

偏好设置	OS X	iOS	描述
证书	Y	Y	允许对PKCS1 和 PKCS12证书的安装
SCEP	Y	Y	指定到简单证书注册协议（SCEP）服务器的连接设置
Web Clip		Y	将指定的Web Clip显示为应用程序图标
AD 证书	Y		指定 AD 证书设置
目录	Y		指定 OD 服务器设置
限制	Y	Y	指定与应用程序和内容限制有关的设置（OS X 和iOS版本相互独立）
已订阅的日历		Y	设置日历订阅
APN		Y	配置运营商设置，例如访问点名称（必须由经过训练的专业人员来管理这些设置）
登录项	Y		指定在登录时运行应用程序、项目及网络装载
移动	Y		为 OS X 客户端定义移动设置，允许缓存凭证信息和便携式个人目录
Dock	Y		配置 Dock 设置
打印	Y	Y	配置打印设置，以及访问打印机或是打印队列的设置
家长控制	Y		定义"家长控制"设置，例如内容过滤和时间限制
安全性与隐私	Y		控制是否向 Apple 发送诊断和使用数据，以及是否允许用户覆盖Gatekeeper设置（今后可能会改变）
自定设置	Y		为没有定义在其他负载中的项目应用自定偏好设置（类似于 WGM 中偏好设置清单的应用）
目录	Y		配置绑定到目录服务
单点登录		Y	配置Kerberos设置
登录窗口	Y		配置登录窗口选项，例如信息、外观、访问，以及LoginHooks / LogoutHooks脚本
软件更新	Y		指定计算机使用的 Apple 软件更新服务器
辅助功能	Y		管理辅助功能设置
节能器	Y		指定节能器策略，例如睡眠、定时操作及唤醒设置

分层及多个配置文件使用的注意事项

早先OS X 版本中的管理，不同的操作可以根据用户、群组、设备及群组设备利用分层管理技术来创建。而描述文件管理器也有着相同的4个管理级别，所以在创建描述文件时需要仔细考虑。

而通常的规则是要避免层次化的描述文件来管理相同的偏好设置，但这也不是硬性要求的。有些描述文件可以叠加，而有些会产生冲突，所以用户需要知道哪些会哪些不会。

针对相同的偏好设置，包含不同设置的多个描述文件会产生不可预料的结果。这并不存在偏好设置被多个描述文件应用的顺序规则，所以用户无法得到一个可预见的结果。

应当保持独立使用的负载包括以下几个。

- ▶ 所有自定设置。
- ▶ APN。
- ▶ 目录。
- ▶ Dock（偏好设置）。
- ▶ 节能器。
- ▶ Finder（偏好设置）。
- ▶ 通用。
- ▶ 全局HTTP 代理。
- ▶ 身份。
- ▶ 登录窗口。
- ▶ 移动。
- ▶ 网络（设置）。
- ▶ 家长控制。
- ▶ 打印（设置）。

- ▶ 安全性与隐私。
- ▶ 单应用程序模式。
- ▶ 软件更新。
- ▶ Time Machine。

可以合并使用的负载有以下几个。

- ▶ 辅助功能。
- ▶ AD 证书。
- ▶ 日历。
- ▶ 证书。
- ▶ 通讯录。
- ▶ Dock（应用程序）。
- ▶ Finder（指令）。
- ▶ Exchange。

- ▶ LDAP。
- ▶ 登录项。
- ▶ 邮件。
- ▶ 信息。
- ▶ 网络（接口）。
- ▶ 密码。
- ▶ 打印（打印机列表）。
- ▶ 限制。
- ▶ SCEP。
- ▶ 单点登录。
- ▶ 已订阅的日历。
- ▶ VPN。
- ▶ Web Clip。

参考12.2
故障诊断

当出现偶然的情况导致无法按照预期的方式工作时，就需要对情况进行诊断。即使描述文件管理器功能很强大，也会偶然出现状况。

查看日志

与描述文件管理器相关的日志位于/资源库/Logs/ProfileManager/，可以双击控制台应用程序来查看。出现的错误信息会在日志中报告显示。也可以在 Server 应用程序中查看日志。

查看描述文件

如果设备没有按照预期的结果进行工作，那么在设备上查看已安装描述文件的列表，看看相应的描述文件是否已被安装。有些情况可能只是将要求的描述文件应用到设备上就能够解决。

安装描述文件

如果安装描述文件出现问题，那么用户的证书可能存在问题。检查SSL 证书的有效性，并确认信任描述文件已被安装在设备上。

注册设备的问题

除非正在使用的是由受信任的认证机构签名的证书，否则在注册设备之前，必须安装信任描述文件。

描述文件的推送

如果遇到描述文件推送方面的问题，那么可能是没有开放相应的出站端口。端口 443、2195、2196 及 5223 是与 APN 相关的端口。另外，对于iOS设备来说，只要有条件就会去使用蜂窝网络，即使 Wi-Fi 是可用的也是如此。

意外的描述文件操作

如果被管理的设备并没有按照用户在描述文件中指定的偏好设置实现预期的设置，那么可能存在设置重叠的描述文件。建议不要使用重叠的描述文件来尝试管理相同的偏好设置，其结果是无法预料的。

练习12.1
使用描述文件管理器

▶ 前提条件

- ▶ 完成练习9.1"将服务器配置为Open Directory主服务器"。
- ▶ 完成练习10.1"创建并导入网络账户",或者使用 Server 应用程序创建网络用户Carl Dunn,其账户名称为carl,密码为net。
- ▶ 完成练习11.1"启用描述文件管理器"。

本练习将利用描述文件管理器所包含的各项功能来注册和控制设备。

用户描述文件门户网站

用户描述文件门户网站为用户登录网络、应用描述文件,以及管理他们的设备提供了简单的访问方式。门户网站通过网页浏览器来访问。通过发布网站,用户在全球各地都可以注册他们的设备,无论是计算机、iPhone或是其他基于iOS的移动设备都可以。通过门户网站,用户还可以锁定或是抹掉他们已注册的设备。

NOTE ▶ 以下示例是针对OS X的,但是对于iOS来说,在概念上和可见的操作上都是类似的。屏幕截图显示了在 OS X 和iOS上的操作过程。

1 在管理员计算机上进行这些练习操作。如果在管理员计算机上尚未通过 Server 应用程序连接到服务器计算机,那么按照以下步骤进行连接:在管理员计算机上打开 Server 应用程序,选择"管理">"连接服务器"命令,单击"其他 Mac",选择自己的服务器,单击"继续"按钮,提供管理员凭证信息(管理员名称ladmin及管理员密码ladminpw),取消选择"在我的钥匙串中记住此密码"复选框,然后单击"连接"按钮。

2 在管理员计算机上,前往站点https://server*n*.pretendco.com/mydevices(其中 *n* 是学号)。

3 经过一系列的重定向,用户需要提供凭证信息进行登录。使用Carl Dunn的用户名称(carl)和密码(net)。

窗口有两个选项卡:设备,用户注册设备的地方;描述文件,显示可用的各类描述文件的地方。选择"描述文件"选项卡。

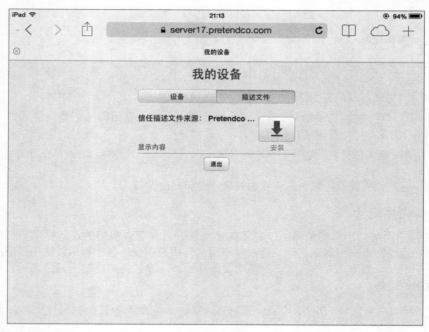

4 在"描述文件"界面中单击信任描述文件的"安装"按钮。

开始下载描述文件，并显示"描述文件"偏好设置。

5 单击"显示描述文件"按钮，查看描述文件的内容。确认内容后单击"继续"按钮。

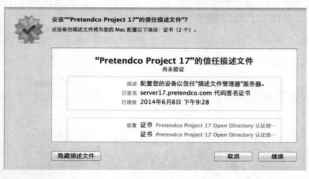

6 在接下来的窗口中，单击"显示详细信息"按钮，查看与证书相关的详细信息，然后单击"安装"按钮。当出现提示时，输入管理员的凭证信息。

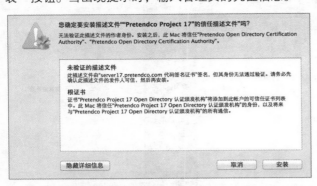

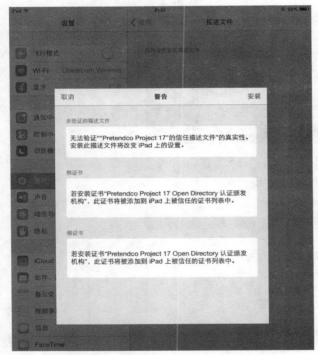

7 注意，信任描述文件现在显示为"已验证"。

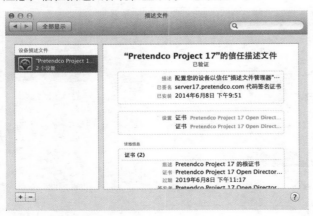

8 返回到网页浏览器，在"设备"界面中单击"注册"按钮。
会询问是否要注册。查看偏好设置，然后单击"安装"按钮。

9 在接下来的界面中，会要求用户安装远程管理，这可以让服务器去管理这台设备。查看描述文件并单击"继续"按钮。当出现提示时，输入管理员的凭证信息。

10 用户会看到一个警告，询问是否要继续安装，因为这个界面显示了现在可发送到设备的控制及毁灭性的操作指令。单击"安装"按钮。

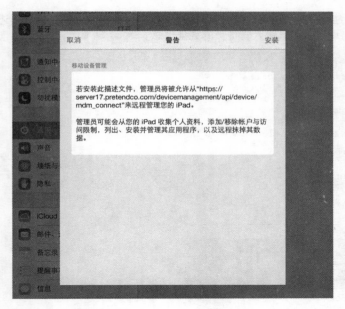

11 查看已安装的描述文件。

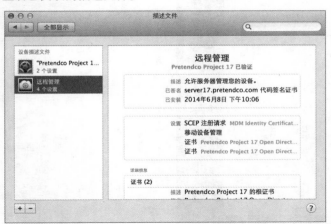

12 描述文件现在已经被安装在计算机上，在浏览器中刷新视图，注意该计算机现在已列在"设备"界面中。

如果设备丢失或是被盗，用户现在可以使用任何现代的网页浏览器去远程锁定或是抹掉该计算机。

13 要锁定远端的设备，在其他计算机上，例如服务器计算机，前往站点https://server*n*.pretendco.com/mydevices（其中 *n* 是学号），并以Carl 的身份登录。

14 选择管理员计算机，单击"锁定"按钮并输入6位密码来锁定该计算机。在本练习中，使用 123456 这样简单的密码。再次单击"锁定"按钮，会弹出确认对话框。

确认后，远端的计算机会重新启动，然后提供一个对话框来通过密码解锁设备。输入密码 （123456）并用ladmin进行登录。

NOTE ▶ 不要丢失所设置的密码，否则将无法再次访问管理员计算机。

使用描述文件管理器

当描述文件管理器被开启后，可以通过网页应用程序来访问实际的管理界面。在任何设备上通过网页浏览器都可以去访问网页应用程序。

1 在管理员计算机上，前往站点https://server*n*.pretendco.com/profilemanager（其中 *n* 是学号）。

2 以ladmin的身份登录到描述文件管理器网页应用程序。

3 布局是一个分栏视图，在左侧分栏中所做的选择决定了其右侧分栏中的内容。选择"设备"选项，然后选择自己的管理员计算机。

4 在信息界面中，选择"设置"选项卡，然后单击"编辑"按钮。

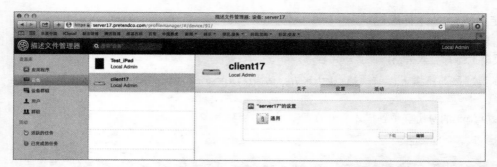

5 在 OS X 部分向下滚动列表。注意，这里有iOS、OS X，以及 OS X 和 iOS 几部分。选择 Dock 选项，并单击"配置"按钮。

6 将"位置"更改为"左侧"。

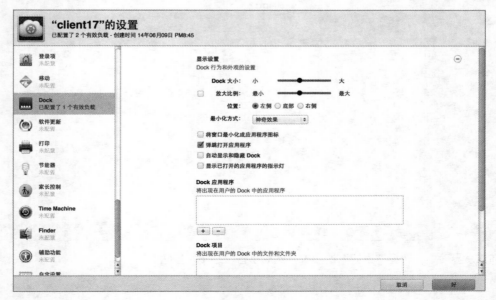

7 在左侧分栏中，滚动到列表的顶端，并选择"通用"选项。将"描述文件分发类型"设置为
"手动下载"，然后单击"好"按钮。

如果"描述文件分发类型"被设为"自动推送"，那么当描述文件被存储时，Apple 推送通
知服务会通知客户端设备并自动安装描述文件。在本练习中，要手动下载描述文件，这样就可以
查看它。

8 注意，Dock 偏好设置被显示在计算机设置中。

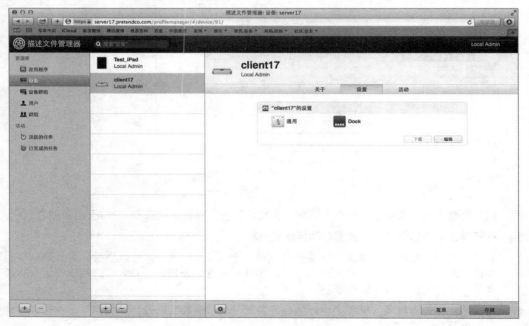

9 如果采用了自动推送，那么这里会弹出一个警告对话框，说明新的设置可能会被推送到接受管理的设备上，但是由于用户设置的是手动下载，所以这个警告对话框就不会出现了。单击"存储"按钮。

10 单击"下载"按钮，将会打开描述文件偏好设置界面，可以让用户安装描述文件，但是现在要取消操作。

偏好设置的副本被存储在描述文件中，该文件被下载到正在运行描述文件管理器的设备上。它被保存在当前登录用户的"下载"文件夹中。按住【Control】键并单击 mobileconfig文件，选择"打开方式"命令，选择"文本编辑"并查看其内容。由于描述文件已经被签名，所以它就是一个二进制的 XML 文本文件。不要对文件做任何更改，退出文本编辑。

11 双击描述文件，进行安装。单击"显示详细内容"按钮，查看描述文件的内容。

12 单击"安装"按钮，并输入本地管理员的密码。

13 如果更改没有立即生效，那么注销并再次登录系统。注意，现在 Dock位于屏幕的左侧。

14 打开描述文件偏好设置并查看新的描述文件。

15 通过突出选中描述文件并单击左侧分栏底部的删除（–）按钮，可以移除设置。确认执行移除操作并输入本地管理员的凭证信息。当注销并再次登录系统后，Dock 的初始位置及状态将被恢复。当完成操作后，注销账户。

16 在描述文件管理器中，更改 Dock 的偏好设置，将"位置"设置为"右侧"，并选择"自动显示和隐藏 Dock"复选框。

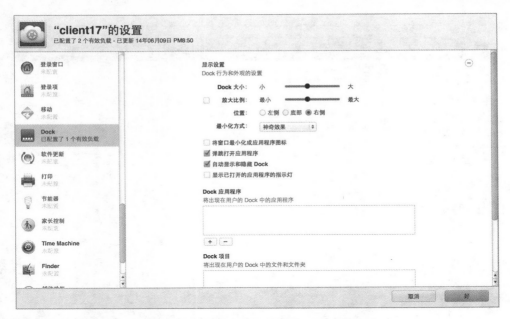

17 在"通用"负载中，将"描述文件分发类型"更改为"自动推送"。

18 单击"好"按钮，存储偏好设置，然后单击"存储"按钮，并在弹出的操作确认对话框中再次
单击"存储"按钮，从而将描述文件推送至受管理的计算机上。

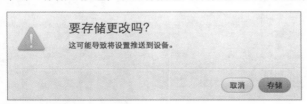

19 在"活动"列表下的"活跃的任务"中查看推送的执行。当推送完成后，在"已完成的任务"
中找到推送任务。

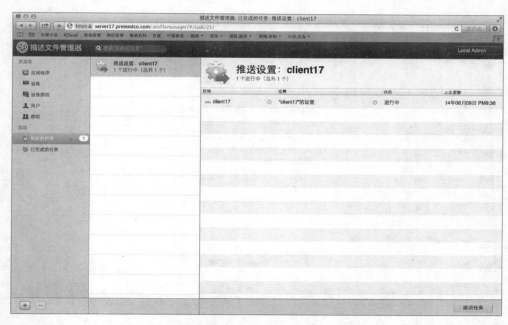

20 可以检查到 Dock 现在是在屏幕的右侧。可以在描述文件管理器中更改 Dock 设置来转换这种状态。

设备账户占位符的创建

有两种方法来设置设备账户。

▶ 在进行设备注册时，设备账户是被自动创建的。

▶ 可以在描述文件管理器中创建一个占位符，当用户登录到用户门户网站时，预先定义的描述文件可以被分配到设备上。

在描述文件管理器中手动创建一个占位符。

1 在描述文件管理器资源库中选择"设备"选项。

2 单击设备列表下方的添加（+）按钮，选择"添加占位符"命令。

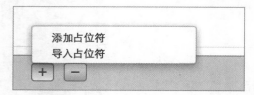

3 为占位符设定一个名称，并选择如何来识别设备：UDID、序列号、IMEI 或 MEID。选择"序列号"选项并输入相应的标识字符串。在"设备类型"下拉列表框中选择 iOS/OS X 选项。

4 单击"添加"按钮。

5 通过占位符项目，可以添加描述文件和管理信息，当设备被注册后会自动进行应用。

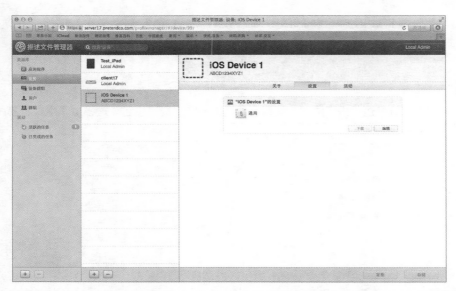

设备列表可以通过逗号分隔值（CSV）文件导入到描述文件管理器中。文件的内容格式需要按照下面这个结构来组织。

名称,序列号,UDID,IMEI,MEID

如果有的值不使用，那么保持字段为空。

本练习是可以选做的练习。要进行这个练习，需要创建一个带有相应信息的 CSV 文件。

1　在描述文件管理器的资源库中选择"设备"选项。

2　单击设备列表下方的添加（＋）按钮，并选择"导入占位符"命令。

3　选择导入文件并上传。

设备群组的创建与填充

要创建并填充一个设备群组，使用描述文件管理器进行操作。

1　在描述文件管理器的资源库中选择"设备群组"选项。

2　单击设备群组列表下方的添加（＋）按钮，这会创建一个新的群组，可以填写所需的名称。

3 要将设备添加到设备群组中，单击设备群组界面下的添加（+）按钮，并选择"添加设备"命令。

4 在刚刚创建的占位符旁边单击"添加"按钮，然后单击"完成"按钮。这模拟了用户将要如何去管理那些尚未注册的设备。

5 查看作为设备群组成员的占位符设备。

6 要将设备群组添加到设备群组中，单击设备群组界面下的添加（+）按钮，并选择"添加设备群组"命令。这可以让用户进行嵌套设备群组的管理。

7 单击要添加到设备群组中的设备群组，然后单击"完成"按钮。

8 单击"存储"按钮。

管理本地描述文件

有时，描述文件需要被查看、添加或是移除，从而可以更新描述文件，或者是终止对设备的管理。计算机本地描述文件的管理是通过描述文件偏好设置来完成的。在前面的练习中，已将一个描述文件添加到计算机中，那么现在将移除一个描述文件。

移除 OS X 计算机本地的描述文件。

1 打开描述文件偏好设置。

已安装在计算机上的各个描述文件都列出了它们的内容和用途。

2 选择"远程管理"描述文件并单击移除（ – ）按钮。

3 在弹出的操作确认对话框中单击"移除"按钮。如果提示要求输入本地管理员的凭证信息，那么输入相应的信息并单击"好"按钮。

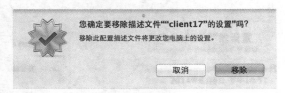

移除位于iOS设备上的描述文件。

1 前往设置/通用/描述文件。

2 轻按描述文件显示详细信息。

3 轻按"移除"按钮。

4 在弹出的确认对话框中轻按"移除"按钮来确认移除操作。

5 退出设置。

清理

在客户端设备上移除描述文件。

现在，用户已经学习了如何对 OS X 和iOS设备来应用描述文件。如果需要或是希望在课后使用它们，那么需要知道如何去应用它们，而且旧的管理设置不会影响到它们的使用。

第4篇
共享文件

课程13
配置文件共享服务

使用OS X Server 通过网络向自己的用户共享文件确实非常简单，无论他们使用的是 OS X、Windows 或是iOS 都是如此。共享文件的4个基本步骤如下。

> ▶ 计划。
> ▶ 配置账户。
> ▶ 配置文件共享服务。
> ▶ 监控服务器。

目标
> ▶ 配置 OS X Server 基于网络向 iOS 、OS X 及 Windows 客户端共享文件。
> ▶ OS X Server 上的文件共享服务故障诊断。

在本课程中，将探究与文件共享相关的各项要求，以及在设置文件共享时要考虑的问题。本课程的主要重点是在共享文件夹的设置上，也称为共享点，带有基于标准POSIX（可移植操作系统接口）权限和访问控制列表的访问设置。本课程还涉及自动网络装载，为网络账户的个人文件夹提供一个网络位置，同时还会涉及在 OS X Server 上启用文件共享服务时，要考虑的常见文件共享故障诊断问题。

用户将学习如何使用 Server 应用程序去添加和配置各个共享点，当登录到服务器去监控日志时，还将使用到控制台应用程序。

参考13.1
解决文件共享的疑虑

当计划提供文件共享服务时，有一些问题需要考虑。最为明显的问题如下。

> ▶ 用户将共享什么内容?
> ▶ 哪些类别的客户端会访问用户的文件服务器?
> ▶ 客户端计算机或设备将使用什么协议?
> ▶ 各类用户和群组需要什么等级的访问?

乍看上去，这些问题似乎比较容易回答，但实际上，尤其是在经常会发生变化的组织机构，需求可能会非常复杂，在这种情况下，要让用户可以方便地访问到工作中所需的资源，而不让管理员经常介入，是比较困难的。

当访问文件服务器时，通常需要进行身份鉴定，然后会看到可以装载的可用共享点（也称为共享）。这里有一个示例对话框，在对话框中需要选择一个或多个共享点（这会显示为网络卷宗）来使用。

当用户前往已装载共享点的内部后，文件夹标记（显示在文件夹图标右下角的小图标）表明了当用户连接到文件服务时所用的用户账户的访问权限。文件夹显示了一个红色禁止进入的标记，表明用户没有被授权去访问。在下面的图示中，已连接的用户不能去访问共享文件夹中的一些文件夹。

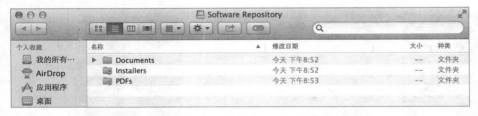

这是访问文件共享服务，以及对各个文件和文件夹访问授权的组合。

授权会不断地发生，每次用户访问文件时，计算机都会针对用户的账户信息去检查文件权限，查看用户是否被授权去使用文件。

当学习完本课程后，当用户在服务器上实施文件共享前，将有能力去仔细考虑文件共享需求。

了解文件共享协议

OS X Server 包含了一些共享文件的方式，所选用的方式在很大程度上取决于要服务的客户端（虽然安全性是另一个需要考虑的因素）。可以使用 Server 应用程序来启用以下文件共享服务。

▶ 服务器信息块协议2（SMB2）。SMB2 是OS X Mavericks中新的默认文件共享协议。SMB2 访问速度快，基于 SMB 提升了安全性，并且还改善了对 Windows 的兼容性。本指南和 Server 应用程序都使用 SMB 来指代 SMB2。

▶ Apple 文件协议（AFP）。这是适用于 Mac 的、直到OS X Mavericks都一直可用的原生文件共享协议。OS X 和 OS X Server对那些运行着早于OS X Mavericks操作系统的 Mac 还采用之前的 AFP 协议进行文件共享。

▶ 文件传输协议（FTP）。这个协议可兼容很多设备，仍然得到广泛的使用，但是在大多数常见的使用中，它并不对鉴定传输进行保护。这个文件共享协议在这个意义上说是轻量级的，并不具备其他文件共享服务可用的功能。FTP 可以让用户在客户端和服务器之间双向传输文件，但是不能基于 FTP 连接打开一个文档。FTP 主要的优势是普及性：很难发现一台支持传输控制协议（TCP）的计算机或设备是不支持 FTP 的。例如一些复印机和扫描仪，会通过 FTP 将文件放置在一个共享文件夹中。

NOTE ▶ FTP 服务与文件共享服务是分开的，在 Server 应用程序的高级服务部分有它自己的设置界面。

当 Windows 客户端使用NetBIOS 去浏览网络文件服务器时，一台运行着 OS X Server 并启用了文件共享的计算机，会像启用了文件共享的 Windows 服务器一样显示。

如果要基于 WebDAV 来共享文件夹，必须选择"通过 WebDAV 共享"选项来为该共享点启用该服务。

使用 iOS 设备的用户可以使用服务器上的共享点，但是只有支持 WebDAV 的应用程序才可以使用，而且只可以访问那些选择了相应的复选框启用了 WebDAV 的共享点。用户必须指定 WebDAV 共享点的 URL ，它由以下几部分组成。

▶ http:// 或 https://。

▶ 服务器地址。

▶ 可选择提供的共享文件夹的名称。

例如，https://server17.pretendco.com/Projects。

如果在 URL 中没有提供具体的共享点，那么所有启用 WebDAV 的共享点都会显示出来。

要访问通过 SSL 保护的 WebDAV 服务，用户应当使用https://作为 URL 的一部分，而不是http://。即使不使用SSL的优势，但是对于 WebDAV 的鉴定传输来说则是被加密的。

这里的示例是在 iPad上使用 Keynote 来打开一个访问 WebDAV 共享点的连接。

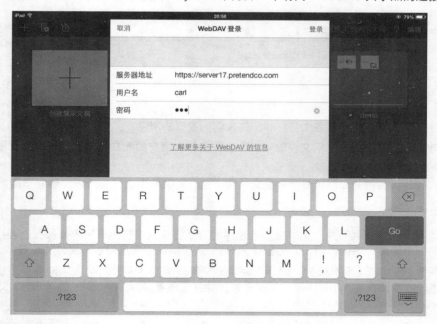

更多信息 ▶ 当通过一个应用程序登录到服务器的 WebDAV 服务后，例如 iOS 上的 Keynote，应用程序会显示通过 WebDAV 可用的共享点，用户可以前往其中的文件夹来打开或是存储文档。

可以基于一些不同的协议来同时共享一个文件夹。当用户在 Server 应用程序中创建共享点时，会有如下操作。

- ▶ 该共享点会自动开启基于 AFP 的共享。
- ▶ 该共享点会自动开启基于 SMB 的共享。
- ▶ 该共享点并不会自动开启基于 WebDAV 的共享。
- ▶ 该共享点并不会为客人用户自动开启共享。

OS X Server 还可通过网络文件系统（NFS）来提供文件服务。NFS 是UNIX 计算机用于文件共享的传统方式。在20世纪80年代，NFS 在研究领域和学术界都有它的文化遗产。虽然它非常方便灵活，并且可以使用Kerberos来提供强大的安全性，但是在使用一些旧版本的客户端时，它会带来一些不影响其他协议的安全问题。NFS 的主要用途是为NetInstall客户端，以及 UNIX 或 Linux 计算机提供文件服务。虽然 OS X 可以使用 NFS，但是一般情况下应当为Mavericks客户端使用SMB，为早先版本的 OS X 使用 AFP。

更多信息 ▶ NetInstall服务默认采用 HTTP，当开启NetInstall服务时，OS X Server 会自动创建NetBootClients0共享点，使得客人用户可以通过 NFS 来使用。NetBootClients0共享点的"允许客人用户访问此共享点"复选框是一个横线，表明值的变化。在这种情况下，为 NFS 和 AFP 开启了客人用户访问，而并没有对 SMB 开启。

对于 NFS 的配置和管理已超出本指南的学习范围，可以参见指南下载文件中的"其他资源"附录，了解有关 NFS 的 Apple 技术支持文章。

文件共享协议比较

下面的表格提供了文件共享协议的简明比较。这里并不是要说哪个协议最好，而是要将协议作为不同的工具来处理不同类型的访问。

	SMB	AFP	WebDAV
原生平台	多平台	早于Mavericks的 OS X 版本	多平台
可浏览性	Bonjour 和 NetBIOS	Bonjour	不具备可浏览行
URL 示例	smb://server17.pretendco.com/Users	afp://server17.pretendco.com/Users	https://server17.pretendco.com/Users

AFP 和 SMB 都是功能齐备的文件共享协议,都具有很好的安全性。

TIP 如果在 WebDAV 的 URL 中使用的是https://而不是http://,那么对于鉴定和负载(文件传输)传输来说都会受到免窥探的保护。但是,如果服务器所使用的 SSL 证书是无效的,或者并不是由用户的计算机或设备所信任的 CA 签发的,那么用户的 WebDAV 客户端可能不会让用户通过HTTPS 去访问 WebDAV 资源。

更多信息▶ 为了向Active Directory账户提供 WebDAV 服务,必须配置 WebDAV 服务使用基本鉴定而不是Digest鉴定。在这种情况下,建议为 WebDAV 服务采用 SSL 保护,从而对鉴定进行保护。参见指南下载文件"其他资源"附录中的 Apple 技术支持文章。

当为 FTP 访问进行鉴定时,用户名称和密码是不被加密的。

更多信息▶ SFTP(安全 FTP)使用 SSH 服务,通过 SSH 协议来安全地传输文件。SFTP 并不使用 FTP 服务,要想让用户能够使用 SFTP,必须启用 SSH 服务。

文件共享服务的规划

当在 OS X Server 上设置文件共享服务时,从长远来看,适当地初步规划可以节省时间。当用户第一次开始计划实施文件共享服务时,应当遵循以下这些准则。

规划文件服务器的需求

确定组织机构的需求。

▶ 如何组织自己的用户?

▶ 这里是否有一个可遵循的逻辑结构,用来将用户分配到最能满足工作流程需要的群组?

▶ 哪些类型的计算机将被用于访问文件服务器?

▶ 需要什么样的共享点和文件夹结构?

▶ 用户对于各种文件都具有什么样的访问能力?

▶ 当访问这些共享点时,一个用户如何与另一个用户相互配合使用?

▶ 当前具有多少存储空间,自己的用户当前需要多少存储空间,他们存储需求的增长速度是什么情况?

▶ 将如何备份和归档自己的存储?

这些问题的答案将决定用户对文件共享服务的配置,以及如何来组织群组和共享点。

使用 Server 应用程序配置用户和群组

使用Server应用程序配置用户和群组的主要目标是,最终具备一个最能满足用户组织机构需求的群组结构,并且随着时间的推移可以轻松地进行维护。用户与群组的设置在开始显得很平常,但是所设置的用户与群组在组织机构中用于工作,随着时间而发生自然规律的调整变化后,就不会像最初那样显得那么简单了。尽管如此,具备一个可用于允许或拒绝访问用户服务器文件系统的逻辑群组结构,还是会对日后文件服务的连接调整节省很多精力的。OS X Server 支持群组中的群组,并且可在文件夹上设置访问控制列表。

TIP 对于群组、共享点及 ACL 的测试,不需要让所有用户介入。可以先对符合组织机构需求的核心用户与群组进行测试。在确认了群组和共享点后,再输入或是导入全部用户。

使用 Server 应用程序开启和配置文件共享服务

Server 应用程序是用于进行以下操作的主要应用程序。

▶ 开启和关闭文件共享服务。

▶ 添加新的共享点。

▶ 移除共享点。

对于每个共享点，可以进行以下操作。

▶ 配置所有权和权限，并为共享点配置 ACL。

▶ 为共享点开启或停用 AFP。

▶ 为共享点开启或停用 SMB。

▶ 为共享点开启或停用WebDAV。

▶ 允许或禁止客人用户访问共享点。

▶ 让共享点可供网络个人文件夹使用。

进行定期维护

在用户开启文件共享服务后，需要进行定期维护。用户可能会根据需求变化来使用 Server 应用程序进行以下维护工作。

▶ 使用"用户"设置界面将用户添加到群组、将群组分配给用户，以及将群组添加到群组。

▶ 使用"用户"设置界面为用户修改允许访问的服务。

▶ 使用"文件共享"设置界面来添加和移除共享点。

▶ 使用"文件共享"设置界面来修改共享点的所有权、权限及 ACL。

▶ 使用"存储容量"设置界面来修改文件夹和文件的所有权、权限及 ACL。

监控服务器及时发现问题

监控服务器是跟踪工作流程状况的一项很有价值的工作。用户可以通过查看图表和观察平时的传输模式、使用高峰期及低使用率的周期，来规划进行备份或是进行服务器维护的时间。

这里有几个监控服务器的方法。

▶ 使用 Server 应用程序的"统计数据"界面来监视处理器使用率、内存使用率及网络流量。

▶ 使用 Server 应用程序的"存储容量"界面来查看可用的磁盘空间。

▶ 使用 Server 应用程序，在"文件共享"的"已连接的用户"选项卡中监视已连接用户的数量（这会显示通过 AFP 及通过 SMB 连接的用户信息）。

需要注意，如果用户的服务器除了文件共享外还提供了其他的服务，那么其他的服务也会影响到资源的使用，例如网络流量，所以需要仔细解读图表。

审查日志

如果用户登录到服务器，那么可以使用控制台应用程序来审查日志，这包括以下日志。

▶ /Library/Logs/AppleFileService/AppleFileServiceError.log。

▶ /Library/Logs/AppleFileService/AppleFileServiceAccess.log。

▶ /Library/Logs/WebDAVSharing.log。

▶ /var/log/apache2/access_log。

▶ /var/log/apache2/error_log。

在远端的计算机上（或者在服务器计算机上），可使用 Server 应用程序的"日志"界面去查看与文件共享相关的日志，这包括 AFP 错误日志，以及针对WebDAV 的、与默认网站和安全网站相关的错误及访问日志。

AFP 错误日志显示了诸如 AFP 服务停止这样的事件信息。在网站日志中，可以通过搜索关键词 WebDAV 来筛选日志条目，将有关 WebDAV的日志条目与一般的网站服务日志条目分开显示。

还可以使用其他的软件，例如终端应用程序或是第三方软件，来监控自己的服务器。

参考13.2
共享点的创建

在确定了服务器及用户的需求、并且创建了至少一个能代表组织机构的用户与群组样本后，接下来的共享文件操作步骤就是配置共享点。当创建共享点时，通过指定的协议让项目及它的内容可供网络客户端使用。这包括决定用户要提供什么项目来访问，以及对项目的逻辑组织。这需要用到用户最初的规划，以及对自己的用户和他们的需求的了解。用户可能决定将一切内容都放在一个共享点中，并使用权限来控制对共享点内部的访问，或者也可以设置一个比较复杂的工作流程。例如，可以为自己的撰稿人设置一个共享点，并为文字编辑单独设置一个共享点。或许还会有第三个共享点，对于两个群组来说都可以访问其中的常用项目或是共享文件。要设置有效的共享点，需要对用户及他们如何来协同工作有着更多的了解，这关系到共享点所使用的技术。

Server 应用程序的"文件共享"设置界面并不允许用户在不具有写访问权限的地方来创建新的共享点。默认情况下，本地管理员对启动磁盘的根目录并不具备写访问权限。在实际工作中，可以使用通过Thunderbolt、FireWire或USB连接的外部存储装置来共享文件。

TIP Mountain Lion OS X Server会自动在启动磁盘的根目录中创建一个名为Shared Items的文件夹，而Mavericks OS X Server则不会创建这个文件夹。参见练习13.1 "探究文件共享服务"中的"为共享文件夹创建一个新位置"部分的内容，来为一个工作流程创建文件夹。

探究文件共享

开/关按钮可以打开或关闭文件共享服务。Server 应用程序窗口的右下角标示了文件共享服务的开启或停止状态。当服务开启时，在 Server 应用程序的边栏中，服务的左侧会显示服务状态指示器圆点图标，当服务关闭时会消失。

默认情况下会显示共享点设置界面，其中显示了以下内容。

▶ 共享点。

▶ 用于添加（＋）、删除（－）及编辑（铅笔图标）共享点的按钮。

▶ 用来限制共享点显示的文本过滤输入框。

NOTE ▶ 取决于用户是在服务器上还是在远端 Mac 上来运行 Server 应用程序，Server 应用程序所显示的"文件共享"设置界面会略有不同。

了解默认共享点

要提供共享文件夹，并不需要安装 OS X Server。可以打开系统偏好设置，打开共享偏好设置并选择"文件共享"复选框即可。但是 OS X Server 为用户提供的文件共享设置要比 OS X 自身提供的更为灵活。

当每次使用系统偏好设置中的用户与群组偏好设置来创建新的本地用户账户时，OS X 会自动将该用户的公共文件夹添加到共享文件夹列表中，它使用的是自定义的文件夹名称（例如 Local Admin的公共文件夹）。所以当用户首次安装 OS X Server 并查看"文件共享"设置界面时，将会看到由本地用户账户公共文件夹组成的共享文件夹列表。

虽然这些默认的共享点是很方便的，但是用户也可以不受限制地移除它们。

更多信息 ▶ 如果已配置并开启了NetInstall服务，那么会看到名为NetBootClients0 和 NetBootSP0的额外共享点，它们是用于NetInstall服务的。在课程15"使用NetInstall"中会有关于NetInstall的更多信息。

添加和移除共享点

添加一个共享点非常简单，它可以让自己的用户使用 AFP、SMB及 WebDAV 的任意组合来访问文件夹中的文件。可以使用 Server 应用程序来选择现有的文件夹或是创建一个新的文件夹来进行共享。

要创建一个新的共享文件家，单击添加（＋）按钮，打开包含有启动卷宗及任何其他已连接卷宗的界面。取决于是在服务器上直接运行 Server 应用程序还是在远端Mac上运行 Server 应用程序，这个界面会有所不同。下图所示为在服务器上直接运行 Server 应用程序时的界面示例。注意，虽然它默认打开了"文稿"文件夹，但是可以单击下拉菜单来访问启动卷宗的根目录。

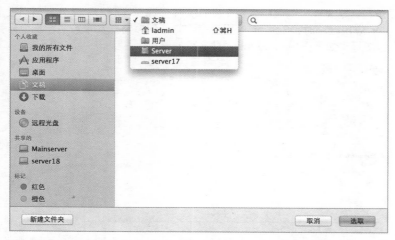

当在远端 Mac 上运行 Server 应用程序时，下图即为该界面的显示状态。

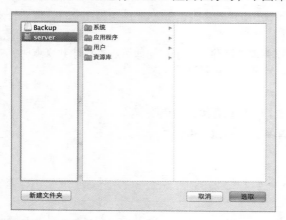

有以下两个选择。

▶ 选择现有的文件夹并单击"选取"按钮。

▶ 创建一个新的文件夹，选择新创建的文件夹并单击"选取"按钮。

如果单击"新建文件夹"按钮，会要求用户对新文件夹进行命名。为文件夹指定一个名称并单击"创建"按钮。

当用户创建了文件夹后，在单击"选取"按钮前要确保新创建的文件夹已被选取。

▶ 当在远端 Mac 上使用 Server 应用程序时，在单击"选取"按钮前要确保选取的是新创建的文件夹，否则共享的将是父级文件夹。

▶ 当在服务器上直接登录使用 Server 应用程序时，Server 应用程序会自动选取刚刚创建的文件夹。

TIP 有时，正在使用远端 Mac 的管理员会忘记选取他们刚刚创建的文件夹，从而共享的是父级文件夹。但是不要担心，可以随时移除不慎共享的父级文件夹，然后再添加新创建的文件夹。

新的共享文件夹会显示在共享文件夹列表中。每个共享文件夹都会被列出。此外，当通过远端管理员计算机来使用 Server 应用程序时，Server 应用程序会将任何非特殊共享点的图标显示为带有多个用户轮廓的网络磁盘图标（如下图中Accounting共享点的显示）。

当直接在服务器计算机上登录来使用 Server 应用程序时，Server 应用程序会将任何非特殊共享点的图标显示为一个简单文件夹的图标。

共享点的移除更加容易。选择一个共享点并单击移除（ − ）按钮即可。当移除共享点时，并不会从文件系统中移除该文件夹或是它的内容，只是停用对它进行共享。

配置单个共享点

在本节内容中，将学习都可以对共享点进行哪些设置类别的更改。

要编辑共享点的配置，需要选取一个共享点并进行以下操作。

▶ 双击共享点。

▶ 单击编辑按钮（铅笔图标）。

▶ 按【Command+↓】组合键。

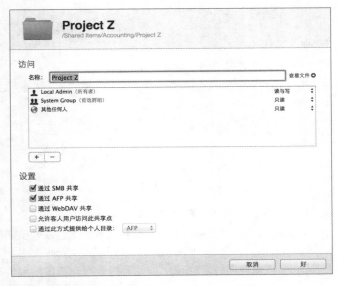

编辑界面包含以下内容。

▶ 文件夹的图标。

▶ 共享点的完整路径（例如/Volumes/Data/Projects）。

▶ 共享点的名称（默认是文件夹的名称，但是可以对其进行更改）。

▶ "查看文件"旁边的箭头图标，当单击该图标时，Server 应用程序会在 Server 应用程序的"存储容量"界面中打开该文件夹。

▶ 在"访问"界面中包含了标准 UNIX 所有权和权限信息，并且还可以包含访问控制列表（ACL）信息。

▶ 基于各类协议来启用和禁用共享的复选框。

▶ 用于启用和禁用客人访问的复选框。

▶ "通过此方式提供给个人目录"（AFP 或 SMB）复选框。

"允许客人用户访问此共享点"复选框会同时影响到 AFP 和 SMB 两个服务，所以当使用 Server 应用程序来为 AFP 启用客人用户访问时，也会为 SMB 启用客人用户访问。来自 OS X 或 Windows 客户端计算机的用户可以去访问启用了客人用户访问的共享点，而不需要提供任何鉴定信息。当 OS X 上的用户在 Finder 窗口边栏的共享部分中选择了服务器的计算机名称，会自动以客人用户的身份进行连接。在下图中，注意 Finder 在工具栏下所显示的文本信息"已连接身份：客人"，以及所显示的客人用户可以访问的文件夹。

提供给个人目录使用

只有当用户的服务器已配置为Open Directory主服务器或是备份服务器后，"通过此方式提供给个人目录"（AFP 或 SMB）复选框才可以使用。这个概念也被称为网络个人目录或是网络个人文件夹。

网络个人文件夹可以很容易地让用户从一台共享的计算机移动到另一台已共享的计算机进行工作，因为当用户登录时，他们的计算机会自动装载用户的网络个人文件夹，用户将文件存储在服务器上。当然，要以这种方式工作，已共享的计算机必须已经过正确的配置（Mac 必须绑定到已共享的目录）。不过不要忘记，本地个人文件夹（存储在他们所用计算机启动磁盘上的个人文件夹）要比网络个人文件夹的性能更好，更加适合那些并不共享计算机的用户。

NOTE ▶ 网络个人文件夹并不是一个备份系统，要确保备份网络个人文件夹，以及本地个人文件夹。不要忘了 OS X Server 可以提供Time Machine服务，并且还有很多第三方的备份服务。

当用户设置了一个或多个"通过此方式提供给个人目录"的已共享文件夹后，在创建和编辑用户账户时，在"个人文件夹"下拉菜单中会看到这些已共享的文件夹，如下图所示。

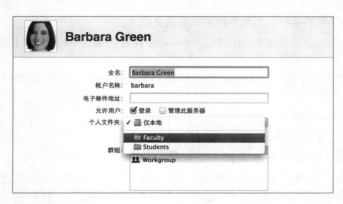

NOTE ▶ 当创建新用户时，如果这里没有"个人文件夹"下拉菜单，那么说明还没有配置可用于网络个人文件夹的共享文件夹。

群组文件夹的配置

当编辑群组时，若选择了"为此群组指定一个共享文件夹"复选框，那么 Server 应用程序会进行以下操作。

▶ 如果需要的话，会创建一个Groups共享文件夹（如果需要的话，会在启动磁盘根目录下创建一个名为Groups的文件夹，并将它配置为共享文件夹）。

▶ 在Groups共享点中创建一个带有群组账户名称的文件夹。

▶ 在Groups文件夹的 ACL 中创建一个访问控制项（ACE），令群组成员可以完全访问他们的群组文件夹，这样他们就可以通过他们的群组文件夹来进行协作工作。

NOTE ▶ 关于"为此群组指定一个共享文件夹"复选框旁边的箭头图标，它所执行的操作取决于用户在哪里运行 Server 应用程序。如果是在服务器上登录后单击这个图标，那么Finder 将打开Groups文件夹。如果是在管理员计算机上使用 Server 应用程序，那么单击该图标会试图打开一个 AFP 连接，去连接服务器上的Groups文件夹。如果群组文件夹尚不存在，那么确保选择"为此群组指定一个共享文件夹"复选框，并在单击箭头图标前单击"好"按钮。

"已连接的用户"选项卡的使用

"已连接的用户"选项卡显示了当前通过 AFP 或 SMB（这并不包括 WebDAV 和 FTP 连接）连接的用户信息。

该选项卡本身显示了已连接用户的数量。

当选择"已连接的用户"选项卡后，将会看到已连接的用户列表，包括以下信息。

▶ 用户名。

▶ 地址。

▶ 闲置时间。

▶ 类型（AFP 或 SMB）。

可以通过按【Command+R】组合键（或选择"显示">"刷新"命令）来刷新当前已连接用户的列表。

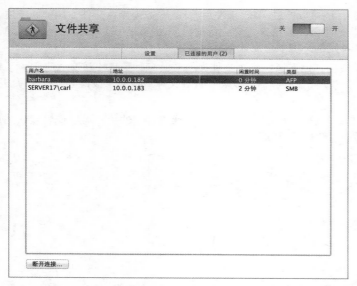

如果选择了一个当前通过 AFP 连接的用户,那么可以单击"断开连接"按钮,强制断开该用户的文件共享连接,而不会向用户发送任何警告信息。

如果对当前通过 SMB 连接的用户单击了"断开连接"按钮,那么会看到消息提示只能断开 AFP 用户。

参考13.3
文件共享服务的故障诊断

无论用户使用的是 AFP、SMB 还是 WebDAV, OS X Server 上文件共享服务的故障诊断通常都会涉及以下几个方面的内容。

▶ 服务的可用性。服务是否开启?对于Time Machine服务来说,文件共享服务必须被开启。

▶ 用户访问。哪些用户或群组可以访问到服务器上的文件和文件夹?他们相应的权限是否设置正确?

▶ 平台和协议访问。哪些客户端用户要访问服务器?例如 Mac 计算机、Windows 计算机或是 iOS 设备。当他们访问服务器时使用的是什么协议?

▶ 特殊需要。是否存在特殊的情况?例如,用户要访问的文件,其格式并不是他们所用系统原生的文件格式。

▶ 并发访问。在用户的工作流程中,如果不考虑所用的文件共享协议,那么是否存在多个客户端同时访问同一个文件的可能?

虽然不同的共享协议(AFP、SMB或WebDAV)可以支持多种平台,但是对于并发访问到同一个文件的情况却是非常棘手的,特别是 OS X 中的自动存储功能和版本文档管理功能。并发访问意味着多个用户试图同时去访问或是修改同一个文件。很多时候,这取决于特定的跨平台应用程序,它们知道如何让多个用户去访问同一个文件。由于OS X 服务器包括了对 ACL 的支持,并且这些 ACL 与 Windows 平台上的 ACL 是兼容的,所以在 Windows 之间映射的权限会符合 Windows 用户所期望看到的状态。

参考13.4
提供 FTP 服务

用户可以通过 AFP、SMB 和 WebDAV(还有 NFS,但是不能使用 Server 应用程序来配置

NFS）协议来使用文件共享服务，还可以通过 FTP 来使用 FTP 服务去传输文件。如前面所述，在大多数情况下，FTP 服务对一切信息都采用明文传送，包括用户名称、密码，以及正在被传输的文件数据，所以，FTP服务在某些特定的环境下可能并不适用。

FTP 设置界面提供了开/关按钮，用来选择父级文件夹的"共享"菜单（该文件夹包含了用户要通过 FTP 使用的文件）、基本的访问设置界面，以及"查看文件"链接，该链接可以在存储容量设置界面中打开父级文件夹。

默认情况下，如果只是简单地打开 FTP 服务，那么成功通过鉴定的用户可以查看默认站点文件夹中的内容（参见课程21"网站托管"来获取更多信息）。

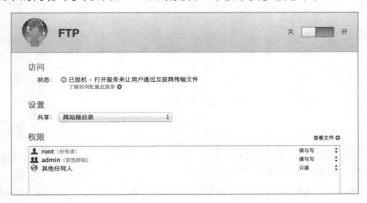

不过，可以单击"共享"下拉按钮来更改父级文件夹。

可以选择在服务器上配置的任何共享点，或者将其他文件夹配置为父级文件夹，然后再选择它。如果用户配置了一个自定的父级文件夹，FTP 设置界面会提供"查看文件"链接，可以在"存储容量"设置界面中打开该文件夹，并且 Server 应用程序会显示访问部分的内容（将会在课程14"文件访问的理解"中来学习有关文件访问控制的内容）。

在下图中，父级文件夹是名为FTPStuff的文件夹，它并不是一个已共享的文件夹。

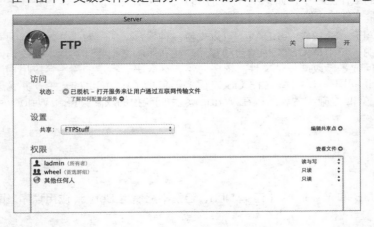

相反，如果所选择的父级文件夹已配置为文件共享服务的共享点（不管文件共享服务是否开启），FTP 设置界面都会提供"编辑共享点"链接，通过该链接可以在文件共享设置界面中打开共享点。

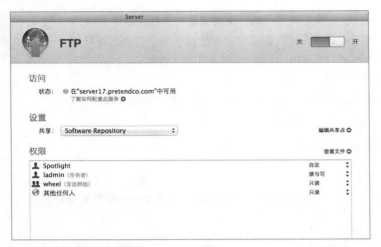

还可以使用 OS X 命令行环境或是第三方软件来访问 FTP 服务，这可以支持读写访问功能。在 Finder 中，选择"前往">"连接服务器"命令，输入ftp://<用户服务器的主机地址>，提供鉴定凭证信息并单击"连接"按钮，但 Finder 只是一个只读的 FTP 客户端。

更多信息▶ 如果有人试图匿名连接，那么会显示连接成功，但是也会发现没有可用的文件或文件夹。

由于 FTP 服务通常并不加密用户名称或密码，所以建议用户保持 FTP 服务处于关闭状态，除非是没有其他可替代的文件服务来满足自己组织机构的需求。

练习13.1
探究文件共享服务

▶ 前提条件

- ▶ 完成练习9.1"将服务器配置为Open Directory主服务器"。
- ▶ 完成练习10.1"创建并导入网络账户"，或者使用 Server 应用程序创建用户Barbara Green 和 Todd Porter，各用户的账户名称都与它们的名称相同并且都是小写，密码为net，并且都是名为Contractors群组的成员。

如果用户还没有本练习所提到的Contractors群组和用户账户，那么可以使用"用户"设置界面来创建用户，使用"群组"界面来创建Contractors群组，并将用户Barbara Green 和 Todd Porter添加到群组。

用户将使用 Server 应用程序来查看默认的共享文件夹、它们各自使用的协议，以及服务器存储设备的可用空间。然后，将创建一个新的文件夹，使其可用于文件共享。

1 在管理员计算机上进行这些练习操作。如果在管理员计算机上尚未通过 Server 应用程序连接到服务器计算机，那么按照以下步骤进行连接：在管理员计算机上打开 Server 应用程序，选择"管理">"连接服务器"命令，单击"其他 Mac"，选择自己的服务器，单击"继续"按钮，提供管理员身份信息（管理员名称 ladmin 及管理员密码 ladminpw），取消选择"在我的钥匙串中记住此密码"复选框，然后单击"连接"按钮。

2 在 Server 应用程序中选择自己的服务器，然后选择"储存容量"选项卡。

"储存容量"界面会显示用户服务器的存储设备，这也包括了启动卷宗。通过三角形展开图标，可以浏览存储设备的存储结构。界面下方有一个分栏视图按钮和一个列表视图按钮。

3 单击列表视图按钮，然后再单击分栏视图按钮，注意期间的变化。

4 单击操作按钮（齿轮图标），但是现在不要选择下拉菜单中的任何命令。

注意，可以使用这个菜单来新建文件夹、编辑权限及传播权限。将会在练习14.1"访问控制的配置"中来研究权限的使用。

5 在 Server 应用程序的边栏中选择"文件共享"选项。

6 在"共享文件夹"列表框中，双击Local Admin的公共文件夹，编辑共享点。

7 选择"允许客人用户访问此共享点"复选框。

NOTE ▶ 当启用客人访问时，是同时为 AFP 和 SMB 协议启用客人访问的。当然，为了让客人用户能够使用给定的协议去访问共享点，该协议必须为该共享点启用。也就是说，启用客人访问并不自动启用任何特定的协议。

8 单击"好"按钮，从Local Admin的公共文件夹详细视图返回到文件共享的概览界面。

停止和开启文件共享服务

本练习使用 Server 应用程序来停止和开启文件共享服务，并验证它是可以正常工作的。不管文件共享服务当前是如何被配置的，需要通过这个练习操作来确保"启用屏幕共享和远程管理"复选框是被启用的，并且文件共享服务是关闭的。

1 在 Server 应用程序的边栏中选择自己的服务器，然后单击"设置"按钮。

2 确认已选择"启用屏幕共享和远程管理"复选框。

3 在 Server 应用程序的边栏中选择"文件共享"服务。

4 单击开/关按钮，关闭服务。

在管理员计算机上，观察文件共享服务被开启的前后，如何通过 Finder 操作来浏览服务。

1 在管理员计算机上，在 Finder 中按【Command+N】组合键，创建一个新的 Finder 窗口。

2 如果用户的服务器出现在 Finder 窗口的边栏中，那么选择该服务器。

否则，如果这里显示了足够多的网络上的计算机，使得用户的服务器并未显示在 Finder 边栏的"共享的"部分中，那么单击"所有"按钮，然后选择自己的服务器。由于服务器的文件共享服务是关闭的，所以 Finder 只显示了"共享屏幕"按钮，而并没有显示"连接身份"按钮。

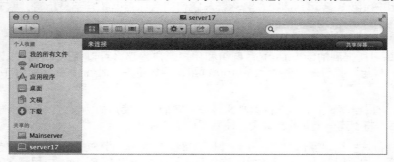

3 关闭Finder 窗口。

NOTE ▶ 确认关闭了 Finder 窗口，否则本节剩余部分的内容将无法按照预期的效果进行操作。

4 在 Server 应用程序中打开"文件共享"设置界面，单击开/关按钮，打开服务。

当文件共享服务开启后，在 Server 应用程序中，该服务的服务状态指示器会重新出现。

5 在 Finder 中按【Command+N】组合键，创建一个新的 Finder 窗口。

6 如果用户的服务器出现在 Finder 窗口的边栏中，那么选择该服务器；否则单击"所有"按钮，然后再选择自己的服务器。

7 在 Finder 中观察 Finder 的操作变化：用户会自动以客人用户的身份进行连接，显示一个"连接身份"按钮，并且在 Server 应用程序的共享点列表中，被标为"客人可以访问"的共享文件夹被列在 Finder 窗口中（在当前情况下，只有Local Admin的公共文件夹）。

当打开文件共享后，OS X Server 使用Bonjour来向本地子网广播文件共享服务的可用性。管理员计算机的 Finder 接收到广播信息，从而更新 Finder 窗口边栏的显示。

为共享文件夹创建一个新位置

为了达到本练习的目的，将在启动卷宗的根目录上创建一个文件夹，并更改该文件夹的所有权，从而可以通过文件共享设置界面将该文件夹创建为新的共享文件夹（将会在后面的课程14"文件访问的理解"中去学习有关权限的更多内容）。

1 在管理员计算机上，打开"文件共享"设置界面，双击默认的共享文件夹：Local Admin的公共文件夹。

2 单击"查看文件"链接，在"储存容量"界面中打开该文件夹。

3 在"储存容量"界面中，单击列表视图按钮，然后单击启动磁盘的三角形展开图标来显示启动磁盘的内容。

4 选择服务器计算机的启动磁盘。

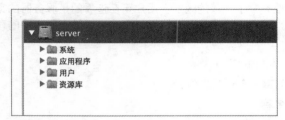

5 单击操作按钮（齿轮图标）并选择"新建文件夹"命令。

6 在"新文件夹的名称"文本框中输入Shared Items，然后单击"创建"按钮。

7 选择Shared Items文件夹。

8 单击操作按钮（齿轮图标）并选择"编辑权限"命令。

9 在"用户或群组"列中双击名称root，对其进行编辑。

10 输入ladmin，然后选择Local Admin（ladmin）。

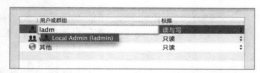

11 单击"好"按钮，保存更改。

创建新的共享文件夹

已在服务器上存在的文件夹可以被用作文件共享。一种创建新文件夹的方式是在服务器上登录并通过 Finder 创建一个新的文件夹。但是，也可以使用 Server 应用程序在自己的服务器上创建新的文件夹。

1 在 Server 应用程序中，打开"文件共享"设置界面，然后单击添加（+）按钮，添加新的共享文件夹。

Server 应用程序在左侧显示卷宗列表，在右侧以分栏视图显示所选卷宗的文件夹。

NOTE ▶ 如果用户使用的是服务器计算机而不是管理员计算机来创建新的共享文件夹，那么 Server 应用程序显示文件的方式与在 Finder 中看到的类似。确保在管理员计算机上进行这些操作步骤，从而可以与本练习保持一致的操作体验。

虽然内容看起来类似于 Finder，但是这里有一个显著的区别：用户正在查看的是服务器的文件系统，而不是管理员计算机的本地文件系统。用户所创建或选择的任何文件夹都是在服务器的存储设备中的。

2 选择服务器的启动卷宗，然后选择Shared Items文件夹。

3 单击"新建文件夹"按钮，在服务器上创建一个新的文件夹。

Server 应用程序要求用户指定文件夹的名称。

4 输入名称Software Repository并单击"创建"按钮。

在本示例中，Software Repository可以是一个放置软件安装映像的文件夹，可以让用户组织机构中的个人来使用。

5 选择新的Software Repository文件夹。

6 单击"选取"按钮。

新的共享文件夹出现在共享文件夹列表中，而且对文件共享的客户端来说是立即可用的。

在管理员计算机上，用户当前已通过 AFP 以客人用户的身份进行了连接。现在以Barbara Green的用户身份来连接新的文件夹。

1 在管理员计算机上，在 Finder 中按【Command+N】组合键，打开新的 Finder 窗口，并在 Finder 窗口的边栏中选择自己的服务器（或是单击"所有"按钮并选择自己的服务器）。

2 在 Finder 窗口的右上角单击"连接身份"按钮。

3 提供Barbara Green的用户身份信息（名称Barbara及密码 net），并单击"连接"按钮。

用户会看到可以访问的共享文件夹列表。

4 打开Software Repository文件夹。

5 选择"显示">"显示状态栏"命令。

注意 Finder 窗口左下角的铅笔加斜线图标，表明用户对这个文件夹并不具备写访问权限。将会在课程14"文件访问的理解"中学习有关权限的更多内容。

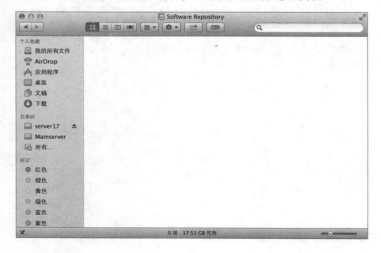

使用 Server 应用程序来创建新的共享文件夹是很容易的，但是要让用户在文件夹中创建文件和文件夹则需要更新权限设置。在 Server 应用程序中，一个更加节省时间的功能是为群组创建共享文件夹，接下来将进行这些设置。

为群组指定共享文件夹

使用 Server 应用程序来为Contractors群组指定一个共享文件夹。这项功能的一个便捷之处就是，对于用户在这个共享文件夹中所创建的资源来说，不需要进行任何额外的配置就可以让用户共享的资源可读写访问。

下面将为Contractors群组指定一个共享文件夹，然后确认该群组成员可以读写访问文件夹中的资源。

1 在 Server 应用程序的边栏中选择"群组"选项。

2 双击Contractors群组，对其进行编辑。

3 选择"为此群组指定一个共享文件夹"复选框。

4 单击"好"按钮，在Groups文件夹中创建共享文件夹。

注意，如果先前在启动卷宗的根目录下并不存在名为Groups的文件夹，那么该操作会创建相应的文件夹，并将它配置为共享文件夹。

5 在 Server 应用程序的边栏中选择"文件共享"选项，返回到它的设置界面。

通过以下步骤来确认Contractors群组的成员可以编辑Contractors群组文件夹中的文件。用户应当仍然能够以Barbara Green的用户身份来连接到服务器，因为他是Contractors群组中的成员。

确认仍然能够以Barbara Green的身份来进行连接。

1 在管理员计算机上，在Finder 中按【Command+N】组合键，打开一个新的 Finder 窗口。

2 在 Finder 窗口的边栏中选择自己的服务器，或者是单击"所有"按钮并选择自己的服务器。

3 如果在 Finder 窗口的工具栏下并没有看到"已连接身份：barbara"，那么单击"连接身份"按钮，然后提供Barbara的身份信息（名称Barbara及密码 net）并单击"连接"按钮。

4 打开Groups文件夹。

5 打开contractors文件夹。

注意文件夹的名称是基于群组的短名称来命名的。

6 按【Command+Shift+N】组合键，创建一个新文件夹，输入Barbara Created This作为文件夹的名称，并按【Return】键来保存名称的更改。

注意，当在 Finder 中查看contractors文件夹时，在 Finder 窗口的左下角并没有图标出现。这说明用户可以读写访问这个文件夹（因为 Server 应用程序会自动为群组成员配置读写访问权限）。

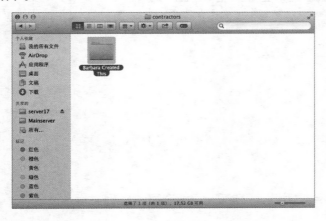

以Todd Porter的身份进行连接，他是Contractors群组中的另一名成员，验证用户可以编辑Barbara Green放到文件夹中的资源。

1 在 Finder 窗口的边栏中，单击服务器旁边的推出图标，推出卷宗。

2 单击"连接身份"按钮，提供群组中另一个用户的身份信息（例如名称为todd，密码为net），并单击"连接"按钮。

3 打开Groups文件夹，然后再打开contractors文件夹。

4 按【Command+Shift+N】组合键，创建一个新文件夹，输入Todd Created This作为文件夹的名称，并按【Return】键来保存名称的更改。

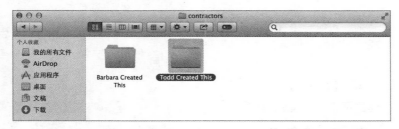

5 当用户仍然以Todd Porter的身份处于连接状态时，将其他用户创建的文件夹（名为Barbara Created This）拖动到废纸篓，来证明可以修改由不同用户创建的资源。

当要求确认操作的时候，单击"删除"按钮。

6 在 Finder 窗口的边栏中，单击服务器旁边的推出图标，推出卷宗。

清理

移除Software Repository文件夹，因为在其他的练习中将不会再用到它。如果还有网络卷宗被装载，那么推出所有的网络宗卷。

1 在管理员计算机上，在Server 应用程序的边栏中选择"文件共享"选项。

2 选择Software Repository共享点。

3 单击移除（－）按钮，并在弹出的确认操作的对话框中单击"移除"按钮。

注意，共享点的内容是不会被删除的。

4 选择"Local Admin 的公共文件夹"共享点。

5 单击移除（－）按钮，并在弹出的确认操作的对话框中单击"移除"按钮。

用户已使用 Server 应用程序查看了默认共享点、它们各自使用的协议，以及用户服务器存储设备上的可用空闲空间。然后在启动卷宗的根目录上创建了一个文件夹作为新共享文件夹的存储位置，在这里又创建了一个新的文件夹，并使它可用于文件共享。还创建了一个群组文件夹，并且看到了，不需要进行任何额外的操作步骤就可以让群组成员对这个文件夹进行写访问。

还将在课程14"文件访问的理解"中学习有关 OS X Server 如何对文件进行控制访问的内容。

练习13.2
通过日志来诊断文件共享服务的问题

▶ 前提条件

完成练习13.1"探究文件共享服务"。

查看 AFP 访问日志

AFP 访问日志持续跟踪 AFP 的操作行为。

1　在管理员计算机上，如果尚未连接到服务器，那么打开 Server 应用程序连接服务器，并鉴定为本地管理员。

2　在 Server 应用程序的边栏中选择"日志"选项。

3　单击下拉按钮，并选择"AFP 访问日志"命令。

4　注意，可看到的操作行为包括连接到、从哪里断开连接，以及在共享文件夹中创建文件。

注意，SMB2 是OS X Mavericks的默认文件共享协议，所以用户通过 SMB 创建文件夹的操作行为并不包含在 AFP 访问日志中。

查看 AFP 错误日志

鉴于本课程的课堂教学性质，可能会使日志中存有很少的或者是根本就没有错误信息。但是当用户遇到任何问题时，应当练习定位日志信息及查看其内容的操作。

1　在 Server 应用程序的边栏中选择"日志"选项。

2　单击下拉按钮，并选择"AFP 错误日志"命令。

在正常操作的情况下，这里不应当有太多的内容。

3　单击下拉按钮，并在"网站"部分选择一个日志。

如果用户并没有通过 WebDAV 访问文件共享服务的操作，那么在任何站点日志中都不会有 WebDAV 的信息。

用户已经通过 Server 应用程序查看了各类日志。记住，尽管日志是被存储在服务器上的，但是可以在任何运行着Mavericks的 Mac 上使用 Server 应用程序来查看日志。

课程14
文件访问的理解

现在用户对课程13中的可以启用的文件共享协议、对共享点的基本创建、移除及编辑操作都已经很熟悉了，那么是时候去配置对文件的访问了。对于文件和文件夹的访问，OS X Server 使用基本的文件权限外加可选用的访问控制列表（ACL），来做出有关访问文件和文件夹的授权决定。在 OS X 中，每个文件及文件夹都会被指派一个用户账户作为它的"所有者"、一个与其相关联的群组，以及可选用的 ACL。可以为所有者、群组及everyone来分配访问权限，并且选用的 ACL 可增加额外的权限信息。

当一个文件共享客户端使用文件共享服务时，他必须鉴定为一个用户（如果对共享点启用了客人访问，那么可鉴定为客人用户）。远端用户通过文件共享对文件的访问

目标

▶ 使用 Server 应用程序配置共享文件夹。

▶ 理解 POSIX（可移植操作系统接口）所有权及权限模式。

▶ 理解访问控制列表（ACL）和访问控制项（ACE）。

▶ 基于用户与群组账户、标准 POSIX 权限和 ACL 来配置 OS X Server 对文件的访问控制。

能力，与他使用和装载共享点相同的用户身份信息在本地登录，所具备的访问能力是相同的。

本课程介绍如何使用 Server 应用程序配置对文件的访问。

参考14.1
访问共享点和文件夹的配置

当用户创建了共享点并确定了要使用的协议后，就可以开始专注于共享点内部的访问级别了。用户需要考虑 POSIX 权限（基于 UNIX 的所有权和权限）及文件系统 ACL 的设置。有了这种非常灵活的系统的使用，用户就可以对任何文件夹或文件应用复杂的访问设置。

可以通过 Server 应用程序的文件共享设置界面来为自己的共享文件夹配置访问权限，并且还可以通过 Server 应用程序的存储容量设置界面来为任何文件夹或文件配置访问权限。注意，这两个设置界面的操作效果是不同的，并且它们显示信息的方式也不同。本指南首先关注文件共享设置界面的情况，然后再关注存储容量设置界面的情况。

通过 Server 应用程序的文件共享设置界面对基本访问设置的配置

要为共享点配置访问设置，可在查看共享点时通过"访问"设置界面进行配置。标准的 POSIX 设置会被列出，其中带有所有者的全名，后面的括号里带有"所有者"字样，还有与文件夹相关联的群组全名，后面的括号里带有"首选群组"字样，以及"其他任何人"的设置。

在下图中，本地用户Local Admin是所有者，名为System Group的本地群组是与这个示例共享点相关联的首选群组。

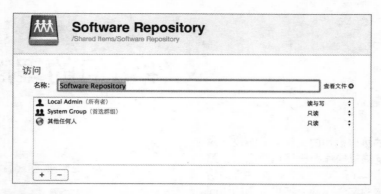

如果在文件夹的 ACL 中有访问控制项（ACE），那么这些 ACE 会显示在 POSIX 项目的上面。在下面的图示中，在"访问"选项组中，第一个项目是针对本地网络群组ProjectZ的 ACE，第二个项目是针对本地网络群组Vice Presidents的ACE。

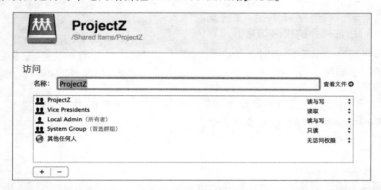

要更改一个共享点的标准 POSIX 所有者，双击当前所有者的名称即可。要更改群组，同样双击当前首选群组的名称。当开始输入时，将会出现一个带有匹配用户已输入字符的名称菜单。下面的图例描述了更改 POSIX 所有者的操作过程。

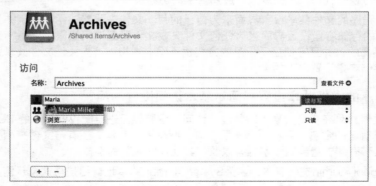

在菜单中，既可以选择一个名称，也可以选择"浏览"命令。如果选择"浏览"命令，会显示账户对话框窗口，从中可选择一个账户，然后单击"好"按钮。之后，Server 应用程序会在所有者或首选群组文本框中显示账户的全名。

要更改权限，单击右侧的按钮并从以下4个选项中进行选取。

▶ 读与写。

▶ 只读。

▶ 只写。

▶ 无访问权限。

在进行了权限的更改后，确保单击"好"按钮来保存更改。如果在 Server 应用程序中选择了不同的界面，或是退出了 Server 应用程序，那么所做的更改可能不会被保存。

当用户被鉴定后，通过文件权限来控制对服务器上文件和文件夹的访问。有一个设置应当被称为相对权限：其他人权限，当通过文件共享设置界面编辑权限时，它显示为"其他任何人"。当设置其他人权限时，这些权限会应用到那些可以看到项目（文件或文件夹）、但既不是所有者也不属于项目相关群组成员的用户。

允许客人用户访问

可以选择"允许客人用户访问此共享点"复选框来为共享点启用客人访问。

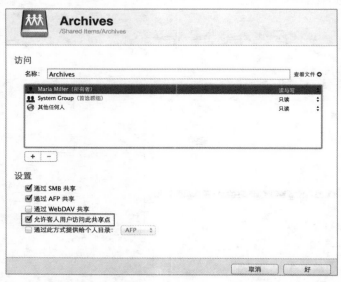

客人访问是非常有用的，但是在启用前，确认已了解它对自己权限方案所产生的影响。如名称所示，客人访问可让任何可以连接到自己服务器的用户使用服务器上的共享点。一个鉴定为客人的用户被给予"其他任何人"权限来访问文件和文件夹。对于一个允许客人访问的共享点，如果将它的"其他任何人"权限指定为只读访问，那么网络上的任何人（而且，如果自己的服务器具有公网 IP 地址并且没有防火墙保护的话，那么会是整个因特网）都可以看到和装载这个共享点，而这可能是用户不希望出现的情况。

当一个用户在以客人身份连接时，在 AFP 共享点上创建了一个项目，那么 AFP 客户端会将该项目的所有者设置为nobody。

如果一个文件夹位于深层次的文件结构中，客人无法前往那个位置（因为包含它的文件夹并不允许"其他任何人"访问），那么客人用户就无法去浏览那个文件夹了。

TIP 验证权限的最好方式是从客户端计算机连接到文件共享服务，提供有效的身份信息（或者是作为客人进行连接），然后测试访问的情况。

通过 Server 应用程序的"储存容量"设置界面配置访问设置

与文件共享设置界面中可以对共享点配置访问设置的位置相比较，用户可以使用 Server 应用程序的储存容量设置界面来为单个文件和文件夹配置权限。此外，还可以实现更加具体的控制。

前往储存容量设置界面的一个方法是在 Server 应用程序的边栏中选择自己的服务器，然后选择"储存容量"选项卡。之后用户可以导航到一个特定的文件或文件夹。

前往储存容量设置界面的另一个方法是通过快捷操作：在"文件共享"设置界面中，当用户编辑一个共享点时，单击"查看文件"旁边的箭头图标，Server 应用程序会在"储存容量"设置界面中打开共享点文件夹。

在"储存容量"设置界面中，当选择一个文件或文件夹时，单击操作按钮（齿轮图标），将会看到以下3个菜单。

- ▶ 新建文件夹。
- ▶ 遍及权限。
- ▶ 传播权限。

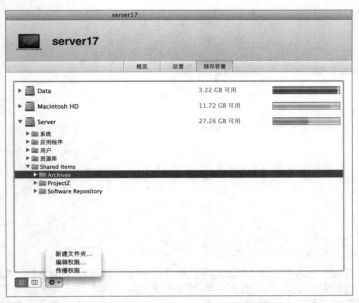

将会在本课程后面的内容中学习有关传播权限的内容。如果选择"编辑权限"命令，Server 应用程序会打开权限对话框，这个对话框类似于"文件共享"设置界面的权限设置界面，但是"储存容量"设置界面的权限对话框为用户提供了更多的配置选项。

"储存容量"设置界面权限对话框的使用

如下图所示,在"储存容量"设置界面的权限对话框中,每个 ACE 都有一个三角形展开图标,用来隐藏或是显示 ACE 的详细信息。此外,有些信息,例如Spotlight ACE,在文件共享设置界面中是被隐藏的,而在权限对话框中则是被显示的。

NOTE ▶ Spotlight的继承 ACE 可以让Spotlight来维护服务器上的文件索引。不要修改或移除这个 ACE,否则可能会遇到意外的操作结果。

将在下节内容中学习有关修改项目 ACL 的内容。

参考14.2
理解 POSIX 权限与 ACL 设置

Server 应用程序是一个功能强大的工具,带有很多用于配置文件访问的设置项。重点是要理解 POSIX(可移植操作系统接口)权限模式和文件系统 ACL 是如何进行操作的,以及它们在一起是如何进行操作的,从而可以按照用户的意图来准确配置共享点。本节在开始部分先快速了解一下POSIX 的所有权和权限,然后再关注 ACL 的情况。

理解 POSIX 所有权和权限

OS X 标准文件系统权限结构是基于几十年来老的UNIX风格的权限。该系统有时也称为 POSIX 风格的权限。在 OS X 和 OS X Server 所使用的 POSIX 权限模式中,每个文件和文件夹都只关联一个"所有者"和一个"群组"。作为管理员,用户可以更改 POSIX 所有者和 POSIX 群组,但是不要忘记,每个文件必须有一个且只能有一个所有者,以及必须有一个且只能有一个群组来作为POSIX所有权的一部分。这大大限制了用户设置的灵活性,因此可以选用 ACL 来增加文件访问管理的灵活性,不过对于基本 POSIX 所有权和权限的理解仍是十分重要的。更多相关信息可参考Apple Pro Training Series: OS X Support Essentials 10.9指南中课程12"权限和共享"中的"文件系统权限"部分的内容。

当用户在同一卷宗中将一个项目从一个文件夹移动到另一个文件夹时,该项目总会保持其原始的所有权和权限。相比之下,当用户通过 AFP、SMB或是 WebDAV 在网络卷宗上创建一个新项目时,或者从一个卷宗向另一个卷宗复制项目时,OS X 为新文件或文件夹采用以下所有权和权限规则。

▶ 新项目的所有者是创建或复制该项目的用户。

▶ 群组是包含它的文件夹所关联的群组,也就是说,新复制的项目会继承包含它的文件夹的群组。

▶ 所有者会被分配读写权限。

▶ 群组会被分配只读权限。

▶ 其他人(也就是所显示的"其他任何人")被分配只读权限。

在这种模式下,如果用户在一个对群组有读/写权限的文件夹中创建一个项目,那么新项目将不会继承群组的权限，所以其他用户是无法编辑该项目的（但是由于对文件夹有读/写权限，所以他们可以从文件夹中移除项目）。

在不使用 ACL 的情况下，如果一个用户要授予其他群组成员对新项目的写访问权限的话，必须手动修改它的权限，可以使用 Finder 的"显示简介"指令、命令行中的chmod或是一些第三方工具。这需要为每一个新项目进行设置，相反，也可以使用 ACL 来避免让用户为他们的工作流程增加手动修改权限的操作。

更多信息▶ 为新创建的文件分配 POSIX 权限的变量被称为umask。不建议对umask默认值进行更改，并且这已超出了本指南的学习范围。当用户通过AFP 或 SMB 在服务器上创建文件时，用户在客户端计算机上的umask会影响到新创建项目的权限。不过，在服务器计算机上的umask会影响到通过 WebDAV 创建的文件权限。

理解访问控制列表

由于 POSIX 权限模式的限制，考虑使用 ACL 则有助于对文件夹和文件的访问控制。Apple ACL 模式映射 Windows ACL 模式，所以 Windows 用户可以体验到与 OS X 用户相同的文件夹和文件权限设置。

在本节内容中，将学习通过 Server 应用程序来对 ACL进行应用，通过"文件共享"设置界面——这提供了一个简单的界面，还有"储存容量"设置界面的权限对话框——这提供了更大的灵活性，还将学习到 ACL 如何继承工作，以及它为什么有如此强大的功能。

NOTE▶ 用户只能在格式为 Mac OS 扩展（日志式或非日志式）的卷宗上来应用 ACL。

在 OS X Server 中，使用 Server 应用程序来配置 ACL。ACL 是由一个或多个 ACE 组成的，每个 ACE 包含以下内容。

▶ 应用这些 ACE 的一个用户或群组的全局唯一 ID（GUID）。
▶ 无论是允许还是拒绝的ACE 都会被包含（用户使用 Server 应用程序只能创建允许项。虽然不能使用 Server 应用程序来创建拒绝项，但是会对拒绝项显示为已选择的复选框，以表示对它指定了允许或拒绝规则。本列表结尾处的文字对此进行了进一步的解释说明）。
▶ ACE 允许或拒绝的权限（参见"ACE 复杂权限的配置"部分的内容）。
▶ ACE 的继承规则（参见"理解 ACL继承"部分的内容）。
▶ ACE 所应用的文件夹或文件。

Server 应用程序并不在其用户界面中对允许和拒绝进行区分。用户只会看到一个复选框。当分配一个新 ACE 时，它假定用户正在分配的是一个允许规则。但是，当使用 Server 应用程序来查看带有拒绝规则的 ACE 时，在这里并没有迹象来说明这个规则是允许规则还是拒绝规则。例如，OS X 会自动对每个用户个人文件夹中的一些项目应用拒绝 ACE，来避免发生意外的移除，如下图所示。

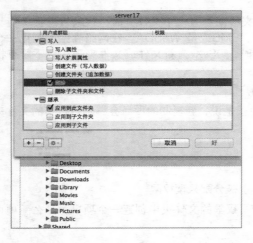

用户可以根据自己的需要来添加很多的 ACE，并且有比标准 POSIX 权限更为丰富的权限类别可供使用，这将会在"ACE 复杂权限的配置"中学习到相关的内容。

理解文件系统 ACL 如何工作

当使用 Server 应用程序来定义 ACL 时，用户正在创建单个的 ACE。

项目的顺序是至关重要的，因为列表是由 OS X 从上至下来进行评估的。

ACL 允许和拒绝规则的匹配工作方式是不同的。当对 ACL 进行评估时，操作系统从第一项 ACE 开始并向下逐项进行评估，停止在应用到该用户的 ACE 上，并匹配操作，例如读、被执行等。ACE 的权限（允许或是拒绝）会被应用。列表中在这之下的任何 ACE 都会被忽略。任何匹配的允许或拒绝 ACE 都会跨越标准 POSIX 权限。

通过 Server 应用程序的"文件共享"设置界面对 ACL 进行配置

在 Server 应用程序的"文件共享"设置界面中，当编辑一个共享点时，可以通过以下常用操作步骤来为共享点添加新的 ACE。

NOTE ▶ 这是一个示范过程，并不是本课程练习的一部分。

1 单击添加（＋）按钮。

2 指定用户或群组。必须从列表框中选择账户，或者选择"浏览"命令并从列表框中选择账户。

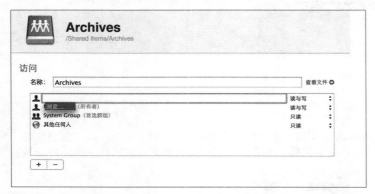

3 指定允许的访问操作。注意，可以指定读与写、读取或是写入。

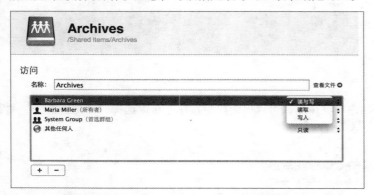

4 重复步骤1～步骤3来添加 ACE，然后单击"好"按钮，保存更改。

通过 Server 应用程序的"储存容量"设置界面对 ACL 进行配置

Server 应用程序的"储存容量"设置界面提供了比"文件共享"设置界面更为灵活的 ACL 配置选项，特别是能够进行以下操作。

▶ 为 ACE 配置复杂的权限，不仅仅是读与写、读取或是写入。

▶ 配置 ACL 的继承。

▶ 为单个文件配置 POSIX 所有权和权限，以及 ACL，而不只是对文件夹。

▶ 为非共享的文件配置 POSIX 所有权和权限（"文件共享"设置界面只允许用户配置共享点）。

要访问"储存容量"设置界面，在 Server 应用程序的边栏中选择自己的服务器，然后选择"储存容量"选项卡。可以选择现有的文件夹或是创建新的文件夹。要访问一个文件或文件夹的权限对话框，单击操作按钮（齿轮图标），然后选择"编辑权限"命令。

当查看权限对话框时，可以单击添加（＋）按钮来创建一个新的 ACE。与"文件共享"设置界面不同，这里没有浏览选项。需要从头输入账户并从匹配输入的列表中选择一个用户或是群组。

当用户为 ACE 指定好用户或群组后，可以单击权限按钮并可以选择"完全控制"、"读与写"、"读取"或是"写入"权限。

当然，权限的选取只是一个开始，还可以对权限进行微调，将在下一节内容中了解到详细情况。

ACE 复杂权限的配置

当通过"储存容量"设置界面的权限对话框编辑 ACE 时，可以通过三角形展开图标来显示 ACE 的详细设置。用户可以应用的允许规则分为以下四大类。

▶ 管理。

▶ 读取。

▶ 写入。

▶ 继承。

对于前3个大类（管理、读取和写入），选择复选框是允许 ACE 中的用户或群组进行相应的访问。取消选择复选框并不是拒绝访问，而只是没有明确地允许去访问。

对于权限的"管理"设置，可以选择或取消选择的允许权限有以下几个。

▶ 更改权限：用户可以更改标准权限。

▶ 更改所有者：用户可将项目的所有者更改为其他人或是他自己。

对于权限的"读取"设置，可以选择或取消选择的允许权限有以下几个。

▶ 读取属性：用户可以查看项目的属性信息，例如名称、大小及修改日期。

▶ 读取扩展属性：用户可以查看额外的属性信息，包括 ACL 和第三方软件添加的属性信息。

▶ 列出文件夹内容（读取数据）：用户可以读取文件，以及查看文件夹的内容。

▶ 遍历文件夹（执行文件）：用户可以打开文件或是遍历文件夹。

▶ 读权限：用户可以读 POSIX 权限。

对于权限的"写入"设置，可以选择或取消选择的允许权限有以下几个。

▶ 写入属性：用户可以更改 POSIX 权限。

▶ 写入扩展属性：用户可以更改 ACL 或其他扩展属性。

▶ 创建文件（写入数据）：用户可以创建文件，包括为大多数应用程序更改文件。

▶ 创建文件夹（追加数据）：用户可以创建新的文件夹，以及向文件中追加数据。

▶ 删除：用户可以删除文件或文件夹。

▶ 删除子文件夹和文件：用户可以删除子文件夹和文件。

虽然只有这13个复选框，但是允许用户添加额外的权限，其灵活性要远远超出只是通过 POSIX 权限所配置的权限。

由于 Server 应用程序并不允许用户创建拒绝权限，所以最好的策略是将标准 POSIX 权限的"其他"设置为"无"访问权限，然后配置 ACL 来为各类群体创建允许进行相应访问的规则。

理解 ACL 继承

ACL 的一项强大功能就是继承。当用户为文件夹创建 ACE 时，从这点开始，当用户在该文件夹中创建新项目时，操作系统会将相同的 ACE 分配给新项目。也就是说，ACE 是被继承的。对于文件夹 ACL 中的各个 ACE 来说，可以控制 ACE 将如何被继承。当编辑 ACE 时，可以选择或取消选择以下各个复选框（默认情况下，所有4项"应用到"复选框都是被选取的）。

▶ 应用到此文件夹：该 ACE 会被应用到这个文件夹。

▶ 应用到子文件夹：该 ACE 会被应用到这个文件夹中的新文件夹上，但是对这个文件夹的子文件夹中所创建的新文件夹则不一定会进行应用，除非是"应用到所有子结点"选项也被选取。

▶ 应用到子文件：该 ACE 会被应用到这个文件夹中的新文件上，但是对这个文件夹的子文件夹中所创建的文件则不一定会进行应用，除非是"应用到所有子结点"选项也被选取。

▶ 应用到所有子结点：这使得之前的两个选项可以应用到该文件夹中可无限嵌套的文件夹和文件项目上。

当 ACE 从文件夹上被继承过来后，它显示为浅灰色，如下图所示（用户可以移除或是查看继承的 ACE，但只要它是被继承的，就不能对其进行修改）。

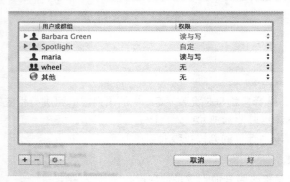

如果继承 ACL 并不符合用户的需求，那么首先考虑 ACL 模型为什么无法在这种情况下进行工作：需要一个不同的共享点、不同的群组或者在 ACL 中可能需要一个不同的 ACE 设置吗？在任何情况下，都可以单击操作按钮（齿轮图标）并选择两个操作中的一个来更改继承项目。

▶ 移除继承的条目。

▶ 将继承的条目设为显式。

"移除继承的条目"会移除所有继承的 ACE，不只是用户可能选取的那个 ACE。继承 ACL 可以是来自多个父级文件夹的继承 ACE 的聚合。

"将继承的条目设为显式"会应用所有继承的 ACE，就像它们被直接应用到当前文件或文件夹的 ACL 中一样。当进行这个操作时，可以编辑 ACE，包括编辑或是移除之前显示为浅灰色的各个 ACE。下图展示了当选择"将继承的条目设为显式"命令后会发生的状况：ACE 不再是浅灰色的，用户可以移除或是修改它们。针对Spotlight的 ACE 会被自动创建，不要修改这个 ACE 。

当用户使用 Server 应用程序的"文件共享"设置界面来更新文件夹可继承的 ACL 规则时，Server 应用程序会自动对该文件夹中的项目进行 ACL 更新，更新这些项目已经继承的 ACL（如果使用"储存容量"设置界面来进行更新则不属于这种状况）。

理解对访问控制列表进行规范排序

被列在 ACL 中的各个 ACE 的顺序是非常重要的，它可能会改变 ACL 的执行效果，特别是涉及拒绝规则时。虽然 Server 应用程序并不允许用户创建拒绝访问类的 ACE，但是有些 ACL 会包含一个或多个拒绝 ACE。在"储存容量"设置界面的权限对话框中，可以单击操作按钮（齿轮图标）并选择"对访问控制列表进行规范排序"命令。这会为 ACL 的应用而将 ACE 重新排列为一个标准顺序。如果在用户的 ACL 中没有拒绝规则，那么使用这个命令的作用并不是很大。

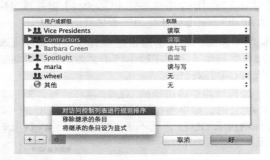

理解 ACL 的可移植性

因为有 ACL 要被应用，所以当文件或文件夹被创建时，可以进行以下操作。

▶ 如果将项目从一个位置移动到同一卷宗的另一个位置，那么该项目的 ACL（如果有的话）并不发生改变，仍与该项目相关联。

▶ 如果将项目从一个位置复制到另一个位置，那么该项目的 ACL 并不被复制。被复制的项目会从包含它的文件夹那里继承 ACE ，所继承的 ACE 都是已配置为要被继承的那些 ACE。

但是，如果用户在文件已经被创建后去更新现有的 ACL，或者是创建一个新的 ACL，那么会发生什么状况？这将需要传播 ACL。

理解权限的传播

当使用"文件共享"设置界面去更新共享点的 ACL 或 POSIX 权限时，Server 应用程序会自动传播 ACL。当传播 ACL 时，Server 应用程序将当前文件夹的各个 ACE 添加到各个子对象（父级文件夹中的文件夹和文件）的 ACL 中，作为继承的 ACE。不用担心会覆盖掉子对象显式定义的 ACE，因为 ACL 的传播并不会移除任何显式定义的 ACE。

相比之下，当使用"储存容量"设置界面的权限对话框来创建或更新项目的 ACL 时，用户的操作只会影响到该项目，并不影响现有的子对象。在"储存容量"权限对话框中，要将 ACL 的更改传播到现有的子对象上，必须手动进行操作。单击操作按钮（齿轮图标）并选择"传播权限"命令。下图所示的是默认设置，"访问控制列表"复选框是被选择的，但是也可以选择额外的复选框，将标准 POSIX 所有权和权限的不同组合更新到现有的子对象上。

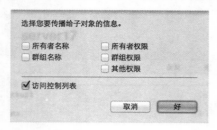

了解 POSIX 和 ACL 的一般特征

现在用户已对 POSIX 所有权和权限、ACL，以及 ACE 有了一个很好的理解，本节内容将介绍两种模式如何在一起工作，从而影响到对文件的访问。

用户 UID、GID 及 GUID 的区分

用户已经学习了 POSIX 的所有者和群组是由用户 ID 及群组 ID（UID 和 GID）来决定的。由于 UID 和 GID 只是简单的整数，所以用户可以有（但不推荐）重复的用户 ID。通常这会是一个问题，但有些时候管理员希望相同的 POSIX UID 是两个不同的用户。从权限的角度来看，这将授予这些用户相同的访问权限。

ACL 相对来说比较复杂，需要唯一识别一个用户或是群组。为此，每个人用户和群组都具有一个全局唯一 ID或是 GUID（在账户系统偏好设置中，当辅助单击或按住【Control】键并单击用户账户，选择"高级选项"命令时，GUID 会被标为 UUID，它也会被称为一个生成的UID）。

一个账户的 GUID 并不会在 Server 应用程序中显露，因为这通常是没有理由需要去更改它的。每当一个用户或群组被创建时，一个新的128位字符串（下图中所示的）会为用户或群组随机生成。通过这种方式，用户和群组在 ACL 中的唯一识别可以被保证。

当为一个用户或群组创建一个 ACE 时，ACE 使用该用户或群组的 GUID 进行设置，而不是用户名称、用户 ID、群组名称或是群组 ID。当显示 ACL 时，如果服务器计算机不能将 ACE 的 GUID 匹配到一个账户，那么 Server 应用程序会在 ACL 中显示 GUID，而不是账户名称。这类情况的一些原因包括与 ACE 相关联的账户有如下几种情况。

▶ 已经被删除。

▶ 属于服务器绑定的目录结点，但是该结点当前不可用。

▶ 属于不可用的目录结点，因为在 ACE 被创建时，卷宗已被连接到不同的服务器。

这里有一个在 Server 应用程序中显露 GUID 的示例。在下图中，有一个为本地网络用户创建的 ACE，之后管理员通过 Server 应用程序删除了本地网络用户，而 ACE 则并不会被自动移除。

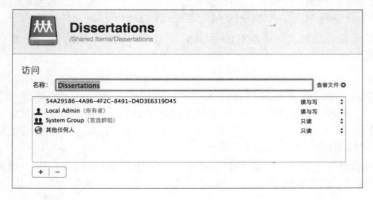

当看到这个信息时，并不知道 GUID 所对应的是哪个账户，所以既可以在这里保留这个项目，也可以移除这个项目。如果在导入账户时也导入了账户的 GUID，那么该项目会再次与用户或是群组进行关联。

但是，如果与 GUID 相关联的账户确实不存在了，那么可以移除这个 ACE，选中这个 ACE 并单击删除（ – ）按钮即可。

理解群组成员和 ACL

当用户通过 ACL 进行工作时，重要的是正确规划设置工作，避免冲突权限设置，例如，有一个用户是两个群组的成员，一个群组对文件夹有读取的权限，而另一个群组对相同的文件夹却没有访问权限。如果没有很好地规划 ACL 权限模型，那么这类冲突是有可能发生的。

使用 ACL 去控制访问服务器资源是非常有价值的工作，只是需要事先去仔细组织用户和群组。进行这类管理工作所推荐的方式是使用较小的群组来如实地反映出组织机构的需求，包括在群组中嵌套群组。使用这些群组账户在一个更为细化的基础上来管理访问操作。

对多个群组的理解

标准 POSIX 权限在单一桌面模式下可以很好地工作，例如 OS X。但是当系统变得比较复杂时，标准 POSIX 权限模式就无法很好地进行扩展了。

复杂的工作流程可能需要不只是标准 POSIX 权限模式下的用户、群组，以及其他这些可用的类别设置。特别是单一的群组是非常受局限的。POSIX 所有者必须是单个的用户账户（它不能是一个群组），授予其他人（其他任何人）的权限通常会将文件开放给比用户预期更为广泛的人群。ACL 的添加可以让用户为一个文件夹分配多个群组，并且可以为每个群组指派不同的权限设置。由于 ACL 可以将不同的权限指派给多个群组，所以必须仔细规划群组结构以避免发生冲突。对于一个项目有多个群组协同工作的环境下，这是一个普遍的需求。

理解嵌套群组

除了可以将多个群组指派给一个文件夹以外，OS X Server 还允许群组去包含其他的群组。将群组规整为子组结构可以让管理员更加容易理解相应的访问操作。可以使用嵌套群组来对应组织机构的结构。

虽然嵌套群组功能强大，但是也应当小心使用。如果创建了一个层次较深、较复杂的结构，那么可能会发现访问设置是更加难于理解的。

镜像用户组织的结构通常是安全有效的。但是要注意那些并不涉及任何外部结构的特别群组，它们可以快速地为一些用户提供访问操作，但是以后这个访问设置可能会变得难以理解。

理解 POSIX 和 ACL 规则的优先级

当用户试图进行需要授权的操作时（读取文件或是创建文件夹），只有当该用户具有进行该操作的权限，OS X 才会允许进行这个操作。当需要进行特定操作时，OS X 会按照以下方式来对 POSIX 和 ACL 进行合并。

1. 如果没有 ACL，那么应用 POSIX 规则。

2. 如果具有 ACL，那么 ACE 的顺序是十分重要的。可以将 ACL 中的 ACE 按照一个一致的并且可预见的方式进行排列：在 Server 应用程序的"储存容量"设置界面选择一个 ACL，然后从操作菜单中（齿轮图标）选择"对访问控制列表进行规范排序"命令。如果要将一个 ACE 添加到包含有拒绝访问 ACE 的 ACL 中，那么这个操作尤为重要。

3. 当评估 ACL 时，OS X 会先评估列表中的第一个 ACE，然后继续评估下面的 ACE，直到发现匹配请求操作所需权限的 ACE 为止，而无论该权限是允许操作还是拒绝操作。即使在 ACL 中存在拒绝 ACE，如果一个相似的允许 ACE 被列在上方，那么允许 ACE 会被应用，因为它是先被列出的。这就是为什么说使用"对访问控制列表进行规范排序"命令是非常重要的原因。

4. POSIX 权限限制并不会跨越明确允许的 ACE 权限。

5. 如果没有 ACE 应用到特定操作的权限需求，那么会应用 POSIX 权限。

例如，如果Barbara Green要创建一个文件夹，那么需要创建文件夹的权限。所以ACE 会被依次评估，直到这里有一个 ACE 允许，或是拒绝Barbara Green或是他所属的群组去创建文件夹。

虽然这是一个不太可能发生的情况，但是它也描述了 ACL 和 POSIX 权限的合并方式：如果文件夹具有一个允许Barbara Green（短名称：barbara）完全控制的 ACE，但是 POSIX 权限指定Barbara Green为所有者，其访问权限设定为无访问权限，在这种情况下，Barbara Green实际上是具有完全控制权限的，因为 ACE 是在 POSIX 权限之前被评估的。

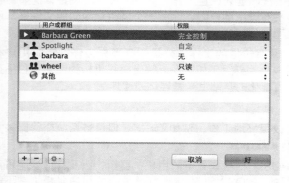

另一个示例，一个带有 ACL 的文件夹，有一个 ACE 允许Carl Dunn具有读取权限，并且文件夹的 POSIX 权限指定Carl Dunn为所有者，其具有读写权限。当Carl Dunn试图在该文件夹中创建一个文件时，这里并不存在明确说明可以创建文件（写数据）的 ACE，所以没有 ACE 应用到操作请求。因此会应用 POSIX 权限，Carl Dunn可以创建文件。

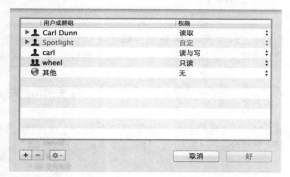

在本课程中，学习了有关 POSIX 所有权和权限、文件 ACL，以及如何配置共享点和文件对文件进行访问控制等内容。

练习14.1
访问控制的配置

> ▶ **前提条件**

> ▶ 必须打开文件共享。

> ▶ 完成练习9.1"将服务器配置为Open Directory主服务器"，以及练习10.1"创建并导入网络账户"。或者使用 Server 应用程序来创建用户Maria Miller、 Gary Pine、Lucy Sanchez、Enrico Baker和Todd Porter，每个用户的账户名称与他们的名字相同，字母都是小写，并且密码均为 net 。

> ▶ 完成练习13.1"探究文件共享服务"，或者使用"储存容量"设置界面在启动磁盘的根目录上创建名为Shared Items的文件夹，该文件夹由用户Local Admin所拥有。

在本练习中，将创建一个文件夹层次结构，并通过标准 POSIX 权限和文件系统 ACL 来创建一个访问控制方法，从而简化服务器上用户与群组的工作流程。用户会发现对一个文件进行操作的能力可通过文件在系统中的位置来确定，而不是由谁来创建的或是谁拥有这个文件来决定。

为了正确配置服务器，需要了解用户工作流程的使用意图。场景情况为：用户的群组需要有一个保密项目共享点——ProjectZ。项目中的两名成员Maria Miller 和 Gary Pine需要能够读写共享点中的文档，这包括其他人创建的文档。预计会有更多的人员将加入到这个项目中。除了销售副总裁（Vice President，VP）Lucy Sanchez需要只读访问文件外，在组织机构中没有其他人可以看到这个项目文件夹。

用户不能只使用 Server 应用程序在Groups文件夹中为群组创建文件夹，因为这个文件夹会被其他人看到，虽然其他人无法浏览该文件夹的内容，但是他们会开始询问有关它的问题。

用户可以从创建一个群组开始，配置该群组作为文件夹的首选群组，并为群组分配对文件夹的读写访问权限，但是这还不够，因为首选群组需要自动对新创建的项目具有只读权限。此外，还需要为ProjectZ群组创建一个 ACE，允许他们可读写访问。另外，还需要为销售VP——Lucy Sanchez创建一个 ACE，允许读取访问。

作为这个练习场景的一部分，在配置了用户、群组和共享点后，做好管理人员分派其他请求的准备，用户将愉快地完成相应的工作。

创建ProjectZ群组并将两个用户添加到群组。

1 在管理员计算机上进行这些练习操作。如果在管理员计算机上尚未通过 Server 应用程序连接到服务器计算机，那么按照以下步骤进行连接：在管理员计算机上打开 Server 应用程序，选择"管理">连接服务器命令，单击"其他 Mac"，选择自己的服务器，单击"继续"按钮，提供管理员身份信息（管理员名称ladmin及管理员密码ladminpw），取消选择"在我的钥匙串中记住此密码"复选框，然后单击"连接"按钮。

2 在 Server 应用程序的边栏中选择"群组"选项。

3 将下拉菜单设置为"本地网络群组"。

4 单击添加（+）按钮，创建新的群组，并输入以下信息。

   ▶ 全名：ProjectZ。

   ▶ 群组名称：projectz。

5 单击"创建"按钮，创建群组。

6 单击ProjectZ群组并单击添加（+）按钮。按空格键，选择"浏览"命令，并将Maria Miller 和 Gary Pine拖动到"成员"列表。

7 单击"好"按钮，存储更改。

8 如果需要，关闭"用户与群组"窗口。

   接下来，为ProjectZ群组创建一个共享文件夹，并配置它的权限，使其满足下列要求。

   ▶ 没有人能看到共享点或它的内容。

   ▶ ProjectZ群组的成员对所有项目都具有读写访问权限。

   ▶ 销售VP——Lucy Sanchez对所有项目都具有只读访问权限。

   从创建共享点开始。

1 在 Server 应用程序的边栏中选择"文件共享"选项。

2 单击添加（+）按钮。

3 前往服务器启动卷宗上的Shared Items文件夹。

4 单击"新建文件夹"按钮。

5 将文件夹命名为ProjectZ，然后单击"创建"按钮。

6 选择刚刚创建的ProjectZ文件夹，然后单击"选取"按钮。

配置访问共享点。

1 在"文件共享"设置界面中，双击ProjectZ共享点。

2 确认已取消选择"允许客人用户访问此共享点"复选框。

3 选择"其他任何人"选项，并在下拉菜单中选择"无访问权限"命令。

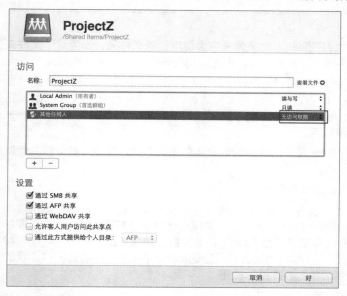

注意，所有者和首选群组是从包含它的文件夹（Shared Items）继承来的。对此不用担心，新项目的所有者会是创建该项目的用户，并且需要记住，通过 AFP 和 SMB 新创建的项目会将只读访问权限应用到首选群组，所以需要使用 ACL 来向ProjectZ群组提供读写访问权限。

4 单击添加（＋）按钮。

5 开始输入ProjectZ，然后选取ProjectZ。

确认ProjectZ群组的权限被自动设置为读写。

创建一个 ACE，允许销售 VP——Lucy Sanchez可以只读访问。

1 单击添加（＋）按钮，开始输入lucy，并选择Lucy Sanchez。

2 为Lucy Sanchez设置只读权限。

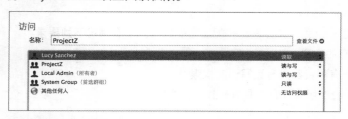

3 单击"好"按钮，保存这些设置。

确认Maria Miller 和 Gary Pine可以在ProjectZ共享点中创建和编辑项目，以及销售VP（Lucy Sanchez）不能创建、编辑或是移除项目。

1 在管理员计算机上，在 Finder 中选择"文件" > "新建 Finder 窗口"命令。

2 如果在 Finder 的边栏中，服务器的旁边有推出按钮，那么单击该按钮，推出来自该服务器的任何已装载的卷宗。

3 如果用户的服务器出现在 Finder 边栏中，那么选择该服务器。

否则，如果这里显示了很多网络上的计算机，使用户的服务器没有显示在 Finder 边栏的共享部分中，那么单击"所有"按钮，然后选择自己的服务器。

如果有共享点启用了客人访问，那么会自动以客人的身份进行连接。

4 在 Finder 窗口中单击"连接身份"按钮。

5 在鉴定窗口中提供Maria Miller的身份信息（名称为maria，密码为net）。

NOTE ▶ *不要选择"记住此密码"复选框，否则，需要使用"钥匙串访问"来移除密码才可以以其他用户身份进行连接。*

6 单击"连接"按钮。

当鉴定成功后，会看到用户Maria Miller可以读取访问的所有共享点。

7 打开ProjectZ文件夹。

8 按【Command+Shift+N】组合键，创建一个新的文件夹，并输入名称Folder created by Maria。

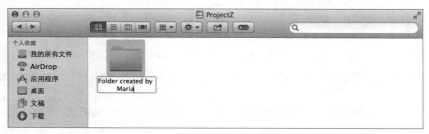

9 按【Return】键，完成文件夹名称的编辑。

在本练习中，用户不会通过这个文件夹做任何事情，但是验证了Maria Miller有权限来创建文件夹。

以Maria Miller的身份创建一个文本文件，将对以下内容进行确认。

▶ Gary Pine也可以编辑这个文档。

▶ Lucy Sanchez可以读，但是不能更改这个文档。

▶ 其他用户看不到ProjectZ共享点的存在。

1 在 Dock 中选择Launchpad，然后打开"文本编辑"。

2 如果没有看到新的空白文档，那么按【Command+N】组合键，选择"文件"＞"新建"命令来创建一个新的空白文档。

3 输入以下文本：This is a file started by Maria。

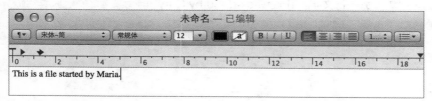

4 按【Command+S】组合键，选择"文件"＞"存储"命令，保存文本编辑文档。

5 如果需要，单击"存储为"文本框旁边的三角按钮来显示更多选项。

6 在"存储为"窗口边栏的共享部分中，选择自己的服务器，然后打开ProjectZ文件夹。

7 在"存储为"文本框中，将文件命名为Maria Text File。

8 单击"存储"按钮。

9 通过按【Command+W】组合键，或选择"文件">"关闭"命令，关闭文本编辑文档。

10 如果没有 Finder 窗口还处于打开状态，那么在 Finder 中按【Command+N】组合键，打开一个窗口。

11 在 Finder 的边栏中，在服务器的旁边单击推出按钮（如果 Finder 窗口被配置为图标视图，那么单击"断开连接"按钮）。

以其他项目成员的身份——Gary Pine进行连接，并验证用户可以通过他的身份来编辑文件。

1 如果用户的服务器出现在 Finder 的边栏中，那么选择该服务器。

否则，如果这里显示了很多网络上的计算机，使自己的服务器没有显示在 Finder 边栏的共享部分中，那么单击"所有"按钮，然后选择自己的服务器。

2 在 Finder 窗口中单击"连接身份"按钮。

3 在鉴定窗口中提供Gary Pine的身份信息（名称为gary，密码为net）。

确认已取消选择"记住此密码"复选框。

4 单击"连接"按钮。

5 打开ProjectZ文件夹。

6 打开名为Maria Text File的文件。

7 在文本文件的末尾添加另一行文字：This was added by Gary。

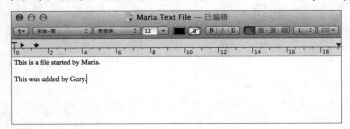

8 通过按【Command+W】组合键，或选择"文件">"关闭"命令，关闭文本编辑文档。

这会自动存储刚刚对文件所做的更改。

如果看到一个对话框，说文稿所在的卷宗不支持永久性的版本存储，并且在关闭此文稿后，将无法访问此文稿的旧版本，那么单击"好"按钮。

> **NOTE ▶** 有关版本存储的更多信息可参见OS X Support Essentials 10.9的课程20 "文档管理"中的参考20.3"自动保存和版本"。

9 在 Finder 的边栏中，单击服务器旁边的推出按钮。

验证当用户以销售 VP——Lucy Sanchez的身份进行连接时，用户可以查看，但是不能编辑ProjectZ文件夹中的文件。

1 如果用户的服务器出现在 Finder 的边栏中，那么选择该服务器。

否则，如果这里显示了很多网络上的计算机，使自己的服务器没有显示在 Finder 边栏的共享部分中，那么单击"所有"按钮，然后选择自己的服务器。

2 在 Finder 窗口中单击"连接身份"按钮。

3 在鉴定窗口中提供Lucy Sanchez的身份信息（名称为lucy，密码为net）。

确认已取消选择"记住此密码"复选框。

4 单击"连接"按钮。

5 打开ProjectZ文件夹。

6 打开名为Maria Text File的文件。

7 验证用户可以读取文本，在工具栏中包含文本"已锁定"，表明用户无法保存对此文件的更改。

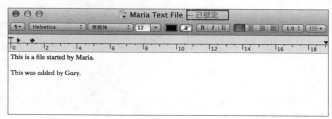

8 通过追加文本来尝试编辑文件，将会看到一个提示，说明该文件已被锁定。

9 单击"取消"按钮。

10 通过按【Command+W】组合键，或选择"文件">"关闭"命令，关闭文本编辑文档。

验证用户无法以Lucy Sanchez用户的身份在ProjectZ文件夹中创建新文件夹。

1 在 Finder 窗口中，确认正在查看ProjectZ文件夹。

2 单击"文件"菜单，并确认"新建文件夹"命令是浅灰色不可用的。

用户不能在网络卷宗上创建新的文件夹，因为用户Lucy Sanchez只有只读权限。

验证用户无法以Lucy Sanchez用户的身份在ProjectZ文件夹中删除项目。

1 选择Maria Text File，并选择"文件">"移到废纸篓"命令。

2 在弹出的"您确定要删除"对话框中单击"删除"按钮。

3 由于用户只具有只读权限，所以会看到提示用户没有权限的对话框。单击"好"按钮，关闭对话框。

验证不同的用户（Todd Porter，他并不是ProjectZ群组的成员）不能查看ProjectZ文件夹中的项目。

1 在 Finder 的边栏中，单击服务器旁边的推出按钮。

2 如果用户的服务器出现在 Finder 的边栏中，那么选择该服务器。

否则，如果这里显示了很多网络上的计算机，使自己的服务器没有显示在 Finder 边栏的共享部分中，那么单击"所有"按钮，然后选择自己的服务器。

3 在 Finder 窗口中单击"连接身份"按钮。

4 在鉴定窗口中提供Todd Porter的身份信息（名称为todd，密码为net）。

确认已取消选择"记住此密码"复选框。

5 单击"连接"按钮。

6 确认ProjectZ文件夹是不可见的。

7 在 Finder 窗口的右上角，单击"断开连接"按钮，或者如果已选择了一个共享文件夹，那么在 Finder 边栏中，单击服务器旁边的推出按钮。

至此，已成功管理了用户与群组，创建了共享点，并为共享点管理了 POSIX 权限和 ACL，来提供管理所需的访问权限。

但是，公司刚刚提升了新的市场副总裁——Enrico Baker，他也希望可以读取访问这个文件。

这时在本场景中，更加合理的操作是去创建副总裁（Vice Presidents）群组，并添加相应的用户到该群组中，然后为该群组添加一个允许读取访问的 ACE，而不是将另一个用户添加到 ACL 中。为了避免在以后出现冲突，还要移除最初为Lucy Sanchez创建的 ACE，她的 ACE 就不再需要了，因为她的用户账户是群组的成员，该群组带有 ACE。

创建Vice Presidents群组，并将两个用户添加到群组中。

1 在 Server 应用程序的边栏中选择"群组"选项。

2 将下拉菜单设置为"本地网络群组"。

3 单击添加（ + ）按钮，创建下面的群组。

  ▶ 全名：Vice Presidents。

  ▶ 群组名称：vps。

4 单击"创建"按钮，创建群组。

5 双击Vice Presidents群组并单击添加（ + ）按钮。按空格键，选择"浏览"命令，并将Lucy

Sanchez和Enrico Baker拖动到"成员"列表框中。

6 单击"好"按钮,结束群组的编辑。

使用"文件共享"设置界面来更新ProjectZ文件夹的 ACL。

1 在 Server 应用程序的边栏中选择"文件共享"选项。

2 双击ProjectZ共享点。

3 单击添加(+)按钮,输入vps并从列表框中选取Vice Presidents。

4 单击Vice Presidents的权限下拉按钮并选择"只读"命令。

5 选择为Lucy Sanchez设置的 ACE,单击删除(-)按钮。

Server 应用程序的"访问"部分的显示应当与下图相似(对于本练习来说,Vice Presidents ACE 和ProjectZ ACE彼此间的相对位置并不重要)。

6 单击"好"按钮,保存对 ACL 的更改。

Server 应用程序会自动将更新的 ACL 传播到共享点中的项目上。

验证E Vice Presidents群组的成员——Enrico Baker可以读取ProjectZ文件夹中的文件。

1 在管理员计算机的Finder中,如果没有看到Finder窗口,那么选择"文件">"新建Finder窗口"命令。

2 如果服务器出现在 Finder 的边栏中,那么选择该服务器。

否则,如果这里显示了很多网络上的计算机,使自己的服务器没有显示在 Finder 边栏的共享部分中,那么单击"所有"按钮,然后选择自己的服务器。

3 在 Finder 窗口中单击"连接身份"按钮。

4 输入Enrico Baker的身份信息(名称为enrico,密码为net)。

5 取消选择"记住此密码"复选框。

6 单击"连接"按钮。

当通过鉴定后,会看到可访问的共享点列表。

1 打开ProjectZ文件夹,然后打开Maria Text File。

2 确认工具栏中包含文字"已锁定",表明用户不能对文件进行更改。

3 按【Command+W】组合键,关闭文件。

使用 Server 应用程序的"储存容量"设置界面的权限对话框来查看共享点的 ACL。

1 在 Server 应用程序的边栏中选择"文件共享"选项。

2 双击ProjectZ共享点。

3 单击"查看文件"旁边的箭头图标。

4 选择ProjectZ文件夹。

5 从操作菜单中(齿轮图标)选择"编辑权限"命令。

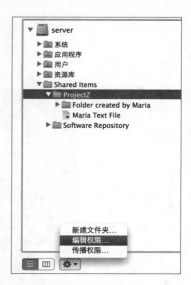

6 单击ProjectZ的三角形展开图标，显示针对ProjectZ群组的允许权限。

7 单击"写入"权限的三角形展开图标。

权限对话框看上去应当如下图所示。

ProjectZ群组具有完全读取访问权限及部分写入权限（ACE 并没有指定允许"删除"权限，但是"删除子文件夹和文件"复选框是被选择的，所以在ProjectZ群组中的任何人都可以删除除ProjectZ共享点本身之外的其他项目）。

查看Vice Presidents群组的权限。

1 单击三角形展开图标来隐藏针对ProjectZ群组的详细权限信息。

2 单击三角形展开图标来显示针对Vice Presidents群组的权限信息。

3 单击针对Vice Presidents群组的、允许"读取"权限的三角形展开图标。

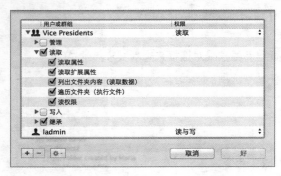

Vice Presidents群组具有完全读取访问权限，并且这个 ACE 会被继承到这个文件夹中所有新建的项目上。

4 单击三角形展开图标来隐藏针对Vice Presidents群组的详细权限信息。

5 查看标准 POSIX 权限。

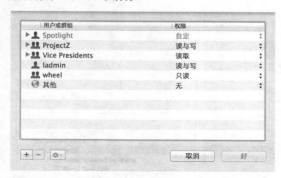

6 单击"取消"按钮，关闭权限对话框。

针对"其他"的 POSIX 权限是"无"（"其他"在 Server 应用程序的"文件共享"设置界面中显示为"其他任何人"），所以除非是满足以下条件的用户，否则将无法访问或是查看该共享点中的文件。

▶ 账户名称是ladmin（全名为Local Admin）的本地用户账户。

▶ 群组名称是wheel（一个传统的群组）的本地群组。

▶ ProjectZ群组或是Vice Presidents群组的成员。

只要用户不共享任何共享文件夹的祖先文件夹（在本例中是/Shared Items或是启动宗卷的根目录），就不会有其他用户看到ProjectZ文件夹的存在（但是具有一定技术水平的用户可以查看用户的属性信息，可以看到他们是ProjectZ群组的成员）。

查看ProjectZ文件夹内部文件夹的 ACL，来说明当用户为ProjectZ更新 ACL 时，Server 应用程序是自动传播更改的。对于ProjectZ文件夹来说，从为Lucy Sanchez添加 ACE 的操作开始，之后创建了Folder created by Maria文件夹，移除了针对Lucy Sanchez的 ACE，并为Vice Presidents群组添加了 ACE。

1 选择Folder created by Maria文件夹。

2 单击操作按钮（齿轮图标）并选择"编辑权限"命令。

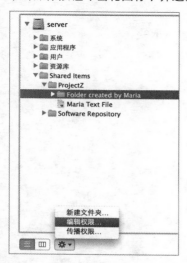

注意，在下图中并不存在针对Lucy Sanchez的 ACE，而是有一个针对Vice Presidents的继承 ACE。它是用户通过 Server 应用程序的"文件共享"设置界面对共享点的 ACL 进行更新时，从 ProjectZ文件夹的 ACL 自动继承过来的。

3 单击"取消"按钮，关闭文件夹的权限对话框。

查看共享点的权限，对比一下"文件共享"设置界面和"储存容量"设置界面的权限对话框对于权限信息的显示。

1 在 Server 应用程序的边栏中选择"文件共享"选项。

2 双击ProjectZ共享点。

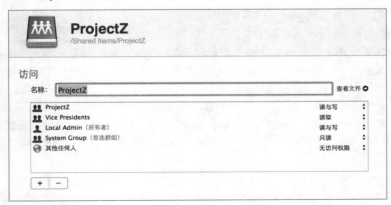

3 单击"查看文件"链接。

打开"储存容量"设置界面，并且ProjectZ文件夹是被自动选取的。

4 单击操作按钮（齿轮图标）并选择"编辑权限"命令。

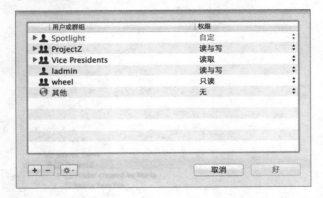

注意"储存容量"设置界面的权限对话框,将会看到针对Spotlight的 ACE,而"文件共享"设置界面简化了用户的视图,隐藏了特殊的 ACE。在"储存容量"设置界面的权限对话框中,可以使用三角形展开图标来配置自定的访问设置集,也可以配置 ACE 的继承规则。"文件共享"设置界面为 ACE 提供了一个带有读与写、读取和写入选项的菜单。"文件共享"设置界面还可以显示 ACE 的"自定"规则,但是用户在"文件共享"设置界面中不能更改自定访问。两个设置界面都为 POSIX 权限提供了读与写、只读、只写和无访问权限选项。"储存容量"设置界面的权限对话框列出了 POSIX 所有者和群组的账户名称(ladmin和wheel),而在"文件共享"设置界面中则使用的是全名(Local Admin 和 System Group)。此外,在"文件共享"设置界面中,使用的是"其他任何人"而不是"其他"。

清理

移除ProjectZ文件夹,在其他练习中将不会再用到它。

1 在 Finder 的边栏中单击服务器旁边的推出按钮。

2 在 Server 应用程序的边栏中选择"文件共享"选项。

3 选择ProjectZ共享点,单击移除(−)按钮,并在弹出的确认操作对话框中单击"移除"按钮。

移除Vice Presidents文件夹,在其他练习中将不会再用到这个群组。

1 在 Server 应用程序的边栏中选择"群组"选项。

2 选择Vice Presidents群组。

3 单击移除(−)按钮,并在弹出的确认操作对话框中单击"移除"按钮。

在本练习中,使用了 POSIX 权限和 ACL 来控制对共享文件夹和文本文件的访问。为"其他任何人"指派了"无访问权限"来阻止所有用户都可以对共享文件夹进行访问,然后又添加了准许群组可读写访问的 ACE。还为一个特定的用户创建了 ACE,但是随着情况的改变,将使用一个针对另一群组的 ACE 替代了该 ACE,并且注意到,通过"文件共享"设置界面所做的更改会被自动传播到现有的项目上。可以看到"文件共享"设置界面和"储存容量"设置界面为 POSIX 所有权和权限,以及项目的 ACL 提供了不同的视图。"文件共享"设置界面提供了简单的概况信息和选项,而"储存容量"设置界面提供了更为高级的信息和选项。最后,每当使用"文件共享"设置界面来更改共享点的 ACL或 POSIX 权限时,Server 应用程序都会自动传播共享点的 ACL。

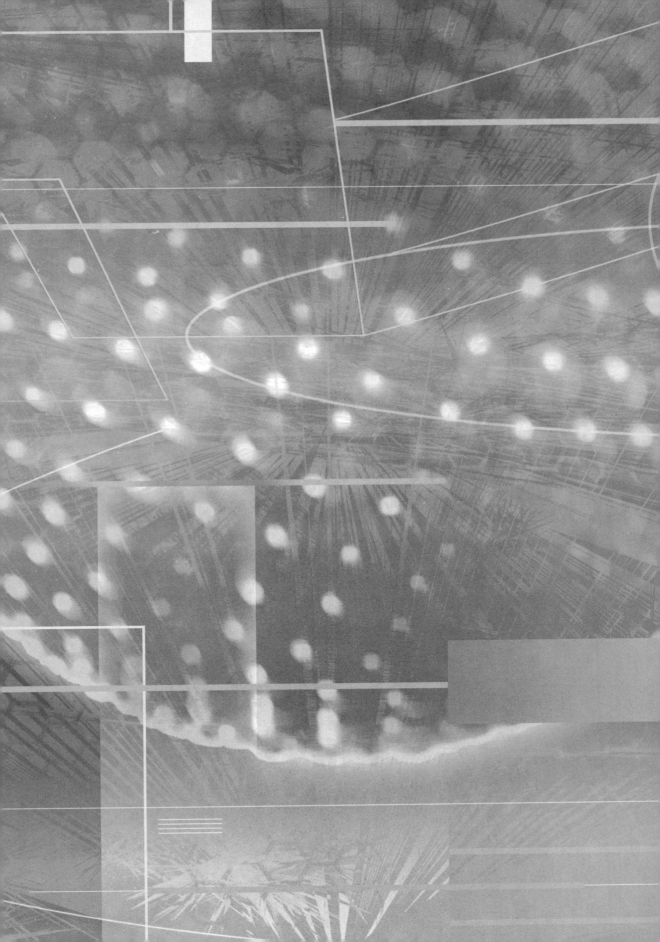

第5篇
部署方案的实施

课程15
使用NetInstall

如今，对于 OS X 管理员来说，部署软件到多台计算机显然是一个挑战。无论是操作系统还是商业应用程序的发布与更新，软件的手动安装都是一项繁重的工作。OS X Server 提供了可以辅助进行部署的服务和技术。NetInstall服务简化了 OS 的部署与升级。

管理员在工作时，知道如何有效地去利用时间是十分重要的。当管理几百台 OS X 计算机时，管理员需要一个对计算机进行日常管理工作的快速灵活方案。当计算机需要进行初始设置时，应当安装什么软件？是否有最新的软件更新？需要安装全套的非 Apple 软件吗？例如Adobe Creative Cloud或是Microsoft Office。共享程序，以及与工作相关的必需文件是什么情况？是安全视频还是强制性的 PDF？

在将数据推送到计算机之前，必须决定如何推送这些数据，以及以什么状态进行推送。虽然有一些第三方工具可以完成映像的创建和部署任务，但是 Apple 也有一些应用程序来协助用户完成这项工作。这些可以提供帮助的应用程序包括System Image Utility、Apple Software Restore（ASR）、Apple Remote Desktop（ARD）和NetInstall。

通过这些部署软件工具，可以建立一个只需很少的用户交互操作就可以进行工作的自动化系统。本课程的主要侧重点是 OS X Server 提供的NetInstall服务。

NetInstall映像的创建会是一个较长的过程，但大部分时间都花费在等待映像的处理过程上。由于本课程包含了两个映像的创建，所以用户可以将本课程的两个映像创建步骤分为两天或者是利用吃饭休息的时间来进行。

> **目标**
>
> ▶ 理解NetBoot、NetInstall及NetRestore的概念。
> ▶ 为部署创建映像。
> ▶ 配置NetInstall服务。
> ▶ 配置NetInstall客户端
> ▶ 学习对NetInstall进行故障诊断。

参考15.1
通过NetInstall管理计算机

考虑一下自己启动计算机的方式。最常见的是，计算机通过位于本地硬盘上的系统软件来启动。本地启动为用户带来了运行应用程序、访问信息，以及完成操作任务的典型计算机应用体验。当用户为早于 Lion 的 OS X 版本进行 OS 安装时，可能需要从CD-ROM 或 DVD-ROM光盘来启动。

对一台独立计算机的管理没有太多的不便，但是想象一下对计算机实验室的管理。当用户每次需要升级操作系统或是安装一个干净的 OS X 版本时，需要将实验室中的每台计算机从Mavericks恢复系统启动，这是一种很不实用的工作方式。

OS X Server 提供了NetInstall服务，它简化了对多台计算机操作系统的管理。通过NetInstall，客户端计算机访问服务器，使用来自服务器的系统软件启动而不是客户端的本地硬盘。通过NetInstall，客户端从网络上的远端位置来获取信息。通过其他的启动方式，客户端的启动可以与本地资源脱离，例如内部硬盘或是其他设备。

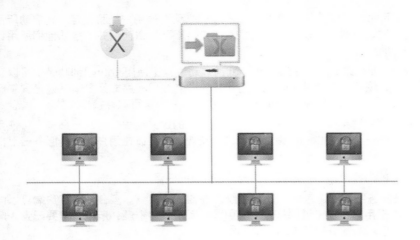

在用户有高频率的翻新需求、并且有大量的计算机是通过通用配置来被部署的情况下，NetInstall是最有效的部署方式。在多台计算机上部署标准配置是应用NetInstall的理想计算机环境，列举如下。

▶ 教室和计算机实验室。NetInstall服务可以轻松配置多台相同的桌面系统并快速重用它们。通过NetInstall服务，只需重新启动到不同的映像就可以为不同的班级重新配置系统。

▶ 企业工作站。使用NetInstall来安装系统软件可以让用户快速重新映像、部署及更新工作站。此外，由于安装是基于网络进行的，所以它甚至可以在用户的办公桌上来完成。利用这一技术的一种创新方式是创建各种计算机诊断和磁盘恢复软件的NetInstall服务映像。在用户的办公桌上启动到一个救援映像，可以为遇到问题的用户节省很多时间。

▶ 信息亭和图书馆。通过NetInstall服务，可以为客户或访问者设置受保护的计算机环境。例如，可以配置一个带有网络浏览器、只能连接到自己公司网站的资讯站，或者是设置一个只运行数据库的访客信息亭，用来收集反馈信息。如果系统中发生了变化，那么只需要重新启动就可以将它恢复到初始状态。

▶ 计算集群。NetInstall服务是数据中心及具有相同配置的 Web 或应用程序服务器进行集群运算的强力解决方案。具有类似功能的系统可以从在网络存储设备上进行维护管理的一个网络映像来启动。

▶ 应急启动盘。NetInstall服务可以用于故障诊断，恢复及维护客户端计算机。NetInstall服务还可以帮助去访问引导驱动器发生故障，并且恢复分区也无法使用的计算机。

硬件需求

为了让NetInstall可以正常工作，必须满足以下最低硬件需求。

▶ 在客户端计算机上要至少具有 512 MB RAM。

▶ 100Base-T交换式以太网（最多50个客户端）。

▶ 1 000Base-T交换式以太网（超过50个客户端）。

Apple 对超过50个客户端的配置并没有官方的测试结果。虽然有些 Mac 计算机可以基于Wi-Fi 来使用NetInstall，但是对于NetInstall来说还是要尽可能地使用以太网。通过 Wi-Fi 来使用NetInstall既不会得到 Apple 的支持，也不推荐这样来使用。对于出厂时没有配置以太网接口的计算机来说，例如MacBook Air，建议使用 USB 或Thunderbolt至以太网的转接器。

了解NetInstall映像类型

有以下3种不同的NetInstall映像类型。

▶ NetBoot启动（采用NetBoot启动映像）提供了一个相当典型的用户经验，客户端启动所使用的操作系统是通过访问服务器得来的。大多数用户甚至不知道他们并不是从他们所用计算机的硬盘来启动的。

▶ 网络安装（Network Install），也称为NetInstall，启动过程（使用NetInstall映像）可以让用户快速执行操作系统的全新安装。它也可以让用户安装应用程序或是更新，或是安装已配置的磁盘映像。术语Network Install和NetInstall在本课程中是可以互换使用的。

▶ NetRestore旨在部署完整系统映像。这是另一种可选择的定义模式，可以定义一个可恢复的映像资源，而不是嵌入了NetInstall设置集的磁盘映像。这可以让用户在其他服务器上托管映像。

在学习本课程剩余部分的内容时，不要忘记有这3类NetInstall映像。

通过NetBoot，可以在服务器上创建包含 OS X 系统软件的磁盘映像。多台网络客户端可以同时使用各自的磁盘映像。由于用户正在设置的是一个集中式的系统软件资源，所以只需要配置、测试和部署一次。这大大减少了网络计算机所需的维护工作。

当从NetBoot映像启动时，启动卷宗是只读的。当客户端需要将数据写回到它的启动卷宗时，NetBoot会自动将要写入的数据重定向到客户端的Shadow文件（这会在本课程的参考15.3"理解Shadow 文件"中进行介绍）。在Shadow 文件中的数据会在NetBoot会话过程中得到保持。由于启动卷宗是只读的，所以总可以从一个干净的映像来开始使用。在实验室和信息亭这样要确保用户不对启动卷宗进行更改的环境下，这是非常理想的方式。

NetInstall客户端启动过程分布说明

当客户端计算机从NetInstall映像启动时，它会通过一些步骤来实现成功启动。

1. 客户端请求一个 IP 地址。

当NetInstall客户端被打开或重新启动时，它向 DHCP 服务器请求一个 IP 地址。提供地址的服务器可以与提供NetInstall服务的服务器是同一台服务器，但这两个服务器不一定非要由相同的计算机来提供。

NOTE ▶ NetInstall要求使用 DHCP。

2. 当接收到 IP 地址后，NetInstall客户端通过启动服务发现协议（Boot Service Discovery Protocol，BSDP）来发送一个需要启动软件的请求。NetInstall服务器之后会使用简单文件传输协议（TFTP），通过默认的端口69来分发核心系统文件（引导程序和内核文件）。

3. 当客户端具有核心系统文件后，它开始装载并加载NetBoot网络磁盘映像。

可以使用超文本传输协议（HTTP）或网络文件系统（NFS）来传送映像。

4. 当从NetInstall映像启动后，NetInstall客户端向 DHCP 服务器请求一个 IP 地址。

根据所用 DHCP 服务器的情况，NetInstall客户端接收到的 IP 地址可以与步骤1中所接收到的IP 地址不同。

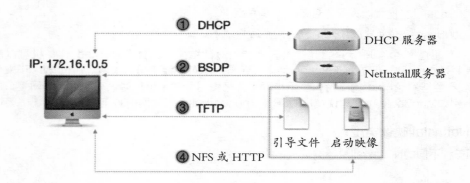

通过 NetBoot 使用个人文件夹

当用户通过 NetBoot 映像重新启动客户端计算机时，客户端计算机会接收到一个全新的系统软件副本及启动卷宗。由于它是只读的映像，所以用户无法在这个启动卷宗上存储文档或是保留偏好设置。如果管理员禁止访问本地硬盘或是移除了硬盘，那么用户就没有地方来存储文档了。但是，如果用户为网络用户账户配置使用了网络个人文件夹，那么用户可以将文档和需要保留的偏好设置存储到他们的网络个人文件夹中。

当用户使用网络用户账户登录到 NetBoot 客户端计算机时，他会从共享点中重新获得他的个人文件夹。通常，这个共享点是保留在另一台服务器上的，而不是 NetBoot 服务器，但如果只有少数的客户端，那么也可以在同一台服务器上实现这两项服务。

TIP 使用NetInstall会在服务器上产生大量负载。为了防止性能下降，最好是将个人文件夹存储在另一台专用的个人文件夹服务器上。

参考15.2
通过System Image Utility创建映像

System Image Utility是用于创建所有3类NetInstall映像的工具。可通过 Server 应用程序的"工具"菜单来使用，System Image Utility通过已装载的卷宗、磁盘映像或是"安装 OS X Mavericks"应用程序来创建NetInstall映像。实际的应用程序位于/系统/资源库/Core Services。

每个映像都需要一个映像 ID或是索引号，客户端计算机通过它来识别相似的映像。当客户端在系统偏好设置的启动磁盘中列出了可用的NetInstall映像时，如果两个映像具有相同的索引号，那么客户端会认为映像是相同的，并且只显示为一个项目。如果只有一台服务器为映像提供服务，那么为映像索引号分配1~4 095之间的数值。如果有多台服务器将为同一个映像提供服务，那么为映像索引号分配4096~65 535之间的数值。System Image Utility会生成一个数值在1~4 095之间的准随机索引号，但是用户在自定义映像的创建过程中，或是使用 Server 应用程序后，可以对其进行更改。

当创建映像时，需要指定存储它的位置。为了让NetInstall服务能够识别映像，映像必须被存储在/<volume>/ /Library/NetBoot/NetBootSPn/imagename.nbi中，其中 n 是卷宗编号，imagename是创建映像时输入的名称。如果已经配置了NetInstall服务，那么存储对话框会包含一个能够列出可用卷宗的菜单。如果用户从该菜单中选择了一个卷宗，那么存储位置会变更到该卷宗上的NetBootSPn共享点。

TIP 在NetInstall环境中，很多客户端从同一台NetInstall服务器启动，会在服务器上产生很高的负载，从而降低性能。为了提升性能，可以设置额外的NetInstall服务器来为同一个映像提供服务。

System Image Utility还可以让用户自定义NetBoot、NetRestore或是Network Install的配置，只需要添加以下Automator工作流程项目即可。

- ▶ 添加配置描述文件（Add Configuration Profiles）。
- ▶ 添加软件包和安装后脚本（Add Packages and Post-Install Scripts）。允许用户添加第三方软件或是希望自动进行的几乎任何定制。
- ▶ 添加用户账户（Add User Account）。在用户的映像中包含额外的用户。这些用户可以是系统的管理员账户或是用户账户。
- ▶ 应用系统配置设置（Apply System Configuration Settings）。允许用户自动将计算机绑定到 LDAP 目录服务，还可以应用基本的偏好设置，例如计算机的主机名称。
- ▶ 创建映像（Create Image）。所有映像创建的基础操作。
- ▶ 自定软件包的选择（Customize Package Selection）。定义了哪些软件包是可用和可见的。

▶ 指定映像资源（Define Image Source）。可以让用户选择映像资源。

▶ 定义多卷宗的NetRestore（Define Multi-Volume NetRestore）。允许进行多个可启动系统的恢复。

▶ 指定NetRestore资源（Define NetRestore Source）。指定NetRestore映像的网络位置。

▶ 启用自动安装（Enable Automated Installation）。当用户正在通过相同的配置来处理部署任务、并且希望对安装不进行过多干涉时，该设置可以辅助进行快速部署。

▶ 通过 MAC 地址过滤客户端（Filter Client by MAC Address）。限制哪些客户端可以使用网络映像。

▶ 过滤计算机型号（Filter Computer Models）。限制哪些型号的计算机可以使用网络映像。

▶ 支持磁盘分区（PartitionDisk）。内建在System Image Utility中，所以可以在部署中自动添加分区。

Network Install的使用

Network Install是在本地硬盘上重新安装 OS、应用程序或是其他软件的便捷方式。对于系统管理员来说，要部署大量带有相同版本的 OS X 的计算机，Network Install是非常有用的。所有的启动和安装信息都是基于网络来分发的。可以使用软件包的集合或是整个磁盘映像（取决于创建映像所用的资源）通过Network Install来安装软件。

> **TIP ▶** 要安装较小的软件包而不是整个磁盘，使用 ARD 会比较方便，因为并不是所有的安装包都需要重启。如果NetInstall被用来部署一个软件包，那么无论软件包是否要求重新启动，客户端都会重新启动。

当通过System Image Utility创建安装映像时，可以选用自动化安装过程的选项，来限制用户在客户端计算机上的交互次数。请将这个自动化操作所连带的责任牢牢记住。因为自动化的网络安装可以被配置在安装之前抹掉本地硬盘中的内容，这样会发生数据丢失。用户必须控制对这类网络安装磁盘映像的访问，并且在使用这类映像时，必须要告知用户将要产生的影响。在进行自动网络安装前，要指导用户备份重要的数据。在配置NetInstall服务器时，即使没有使用自动安装，也会对用户发出相关的警告。

> **NOTE ▶** 在每台服务器上设置默认NetInstall映像。普通用户可以选择的映像大多数情况下应当是NetBoot映像，而不是Network Install映像。也可以在不需要使用该服务时将其关闭。

当创建NetInstall映像时，需要在System Image Utility中指定映像资源。System Image Utility只使用相同版本的 OS X 来创建映像。可以使用 OS X Server 对任何版本的 OS X 映像提供服务，但是如果要创建 OS X 早期版本的映像，应当使用各自版本的 OS X，以及对应版本的System Image Utility来创建映像。可以通过以下资源来创建映像。

▶ 从Mac App Store下载的"安装OS X Mavericks"。

▶ 磁盘映像。除了使用已配置的硬盘作为资源外，还可以使用"磁盘工具"来对已配置的硬盘创建磁盘映像，然后将磁盘映像作为创建NetBoot映像的资源。

▶ 已装载的卷宗。当一个已装载的卷宗被选作资源时，整个卷宗内容，包括操作系统、配置文件及应用程序都会被复制到映像中。当客户端计算机从一个用已装载卷宗创建的映像来启动时，启动效果与从原始资源宗卷启动的效果类似。资源卷宗的副本被写入到客户端计算机的硬盘。使用卷宗作为映像资源的好处是，映像的创建速度要比使用光盘更为快速。此外，使用从卷宗创建的映像进行安装要比使用光盘创建的映像更为快速。

这里还有其他可用的功能，包括外部映像资源，例如通过选取自定和"指定NetRestore资源"Automator操作可用的网络共享或是 ASR 多播流。在这里，可以指定一个带有磁盘映像的网络共享，这些磁盘映像是使用现有可用卷宗来创建的。

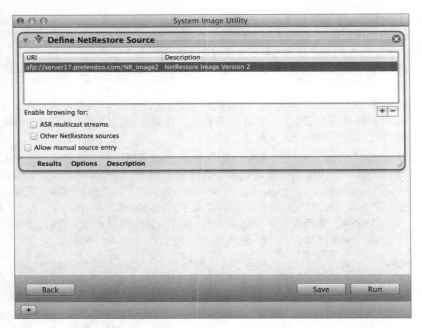

当创建NetBoot映像时，使用最新版本的操作系统。如果创建 OS X 10.8 的映像，那么使用 OS X 10.8 提供的映像工具。如果创建 OS X 10.9 的映像，那么使用 OS X 10.9 或是OS X Server 10.9提供的映像工具。

当添加新的计算机到NetInstall环境时，可能需要更新NetInstall映像来支持这些新计算机。检查新计算机所附带的 OS 软件版本。

参考15.3
理解Shadow文件

很多客户端可以读取同一个NetBoot映像，但是当客户端需要将数据（例如打印作业和其他临时文件）写回到启动卷宗时，NetBoot会自动将写入数据重定向到客户端的Shadow文件中，这些文件独立于常规的系统和应用程序软件文件。这些Shadow文件在各个客户端运行NetBoot映像期间保持着唯一的身份。NetBoot还以透明的方式来维护Shadow文件中会发生变化的用户数据，而从共享的系统映像中读取不会发生改变的数据。在启动时，Shadow文件会被重建，所以用户针对启动卷宗所做的任何更改都会在重新启动时失去。

这种方式会产生重大的影响。例如，如果用户将文档存储到启动卷宗，那么文档会在重新启动后消失。这使管理员所设置的环境得到了保持，但是也意味着，如果希望网络用户账户能够保存他们的文档，那么应当为他们配置使用网络个人文件夹。

对于每个映像来说，可以在 Server 应用程序中，在NetBoot映像配置中使用无盘复选框来指定Shadow文件被存储到哪里。当一个映像的无盘复选框被停用时，Shadow文件被存储在客户端计算机本地硬盘的/private/var/netboot/.com.apple.NetBootX/Shadow中。当无盘复选框被启用时，Shadow文件被存储在服务器上名为NetBootClientsn的共享点中，NetBootClientsn共享点位于服务器的/<volume>/Library/NetBoot中，该卷宗用来存储Shadow文件。通过启用无盘复选框，NetBoot映像可以让用户在真正无盘的客户端计算机上进行操作。

> **TIP** 当配置服务器时，一定要考虑到Shadow文件的存储需求。当以无盘方式运行时，用户可能会感觉到有延迟，因为Shadow文件的写入是通过网络来进行的，而不是在本地进行的。

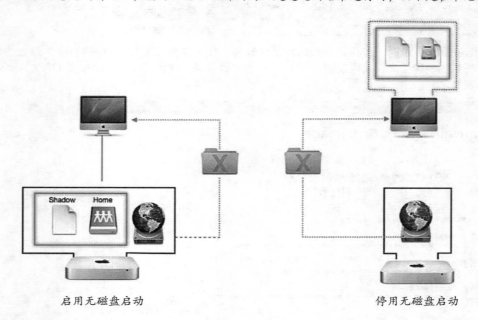

启用无磁盘启动　　　　　　　　　　　　停用无磁盘启动

参考15.4
NetInstall故障诊断

NetInstall是一个相当简洁的过程。如果客户端没能从NetInstall服务器成功启动，那么可以从以下几个方面来诊断问题的所在。

▶ 检查网络。客户端必须通过 DHCP 来获得 IP 地址。

▶ 检查服务器日志，搜索bootp 信息，因为NetInstall所用的底层进程是bootpd。如果用户为过滤功能输入了错误的以太网硬件地址或是选用了错误的硬件类型，那么也可以通过这些日志信息来发现。

▶ 当启动客户端时按住【Option】键，这会说明用户是否为该计算机设置了固件密码。在使用任何可替代的启动资源（例如NetInstall映像）之前，需要输入固件密码。如果曾经有锁定指令发送到 OS X 计算机，那么该计算机会被应用固件密码。

▶ 检查服务器上的磁盘空间。Shadow文件和磁盘映像可能会填满服务器的磁盘空间。用户可能需要添加容量更大或是更多的磁盘来容纳这些文件。

▶ 检查服务器的过滤设置。用户基于 IP 地址、硬件地址及型号类别启用了过滤设置吗？如果启用了，那么可以停用过滤设置，让网络上的所有计算机都可以使用NetInstall服务来启动。

▶ 检查防火墙设置。NetInstall需要DHCP/BOOTP、TFTP、NFS、AFP和 HTTP的组合端口被开放。临时停用防火墙或者为用户正在使用NetInstall启动的子网添加允许全部传输的规则，来验证是否存在防火墙的配置问题。

练习15.1
创建NetInstall映像

要使用从Mac App Store下载的"安装OS X Mavericks"应用程序来创建Network Install映像，按照以下步骤进行操作。

NOTE ▶ 这个练习既可以在管理员计算机上进行，也可以在服务器计算机上来完成。它甚至可以在其他计算机上来完成，总而言之，只要可以使用System Image Utility即可。在本练习中，将使用服务器计算机来限定有多少文件复制工作需要完成。

1 在服务器计算机上，将"安装OS X Mavericks"应用程序复制到服务器的 /应用程序文件夹中。

NOTE ▶ 在有教师指导的课程环境下，安装程序可从Student Materials文件夹中获得，对于不是培训课堂的环境，可以从Mac App Store中获得。

2 通过 Server 应用程序的"工具"菜单打开System Image Utility，该应用程序位于/系统/资源库/CoreServices中。

3 从下拉菜单中选择"安装OS X Maver████命令。

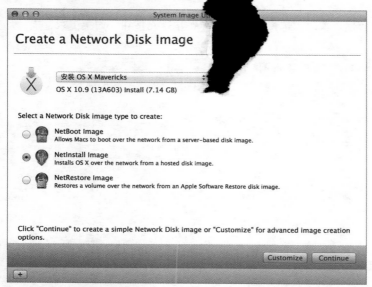

4 选择NetInstall Image单选按钮。

5 单击Continue按钮。

6 将映像名称更改为My NetInstall Client *n* v1（其中*n* 是学号）。

7 将Description更改为NetInstall of oS X 10.9 v1。

TIP 为映像提供一个唯一的标识信息有助于记录哪个映像是做什么的。这种处理方式通常与多次尝试和更新有关，用户希望通过这种方式来对操作进行跟踪。

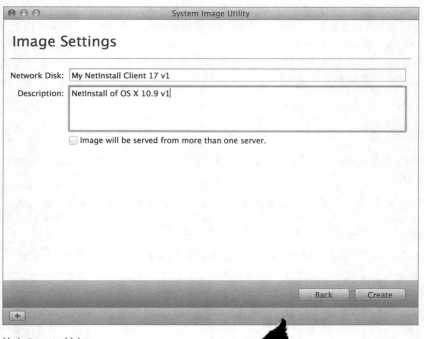

8 单击Create按钮。

9 同意软件许可协议。

10 当提示用户指定映像的存储位置时，选择 ██████ 单击Save按钮。如果请求鉴定，那么鉴定为 ladmin 。

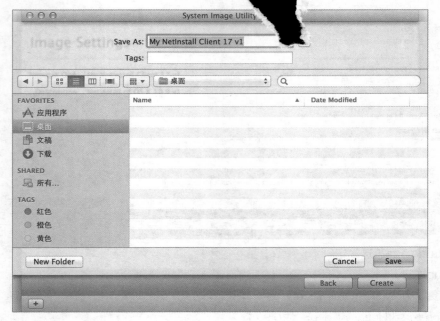

映像的创建取决于映像资源的大小及计算机的速度，可能会花费15分钟到几个小时的时间。

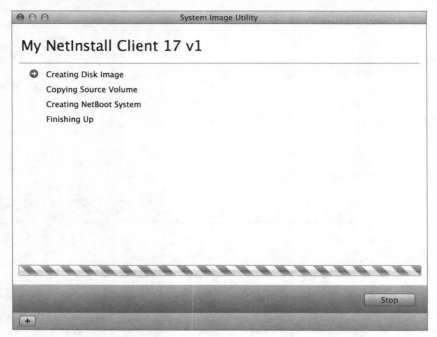

练习15.2
创建NetBoot 和 NetRestore映像

用户创建的NetInstall映像是非常基本的映像，可作为 OS X 安装应用程序用于相同的部署。而大多数的NetInstall应用是人们通过网络映像进行工作，可能需要为他们去创建自定的应用环境。

NetBoot映像的创建

在这个示例中，将利用用户一直都在使用的 OS X 管理员计算机，将它作为模板计算机来创建NetBoot映像，从而让数百台计算机都可以通过它来启动和操作。

1 如果还未做好准备，那么重命名管理员计算机的启动磁盘，使它区别于服务器启动磁盘的名称，然后关闭计算机。

2 在管理员计算机上按住【T】键并开机。当看到FireWire 或 Thunderbolt标志出现在屏幕上后松开【T】键。

这会将管理员计算机启动到目标磁盘模式，实际上是将计算机变为一个外部FireWire 或 Thunderbolt磁盘附件。

3 在管理员计算机和服务器计算机之间连接上FireWire 或 Thunderbolt线缆。

用户会看到管理员计算机的硬盘出现在服务器计算机的系统桌面上。如果没有看到，那么在 Finder 中选择 Finder > "偏好设置"命令，在工具栏中单击"通用"按钮，并选择"在桌面上显示硬盘"复选框。

4 在服务器上，打开System Image Utility并选择NetBoot Image单选按钮。

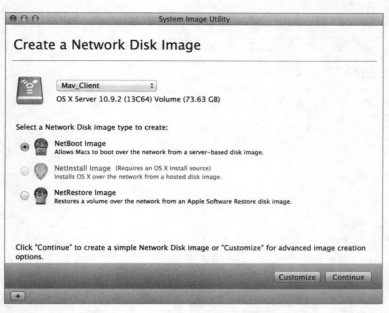

5 单击Customize按钮，当出现许可协议的时候单击"同意"按钮。

这会打开一个带有与System Image Utility相关的Automator Library操作的窗口。这个功能可以让用户创建复杂的工作流程，通过这个工作流程来创建NetInstall映像，而且可以保存工作流程，以便以后需要时重复使用。

6 在窗口中的Define Image Source操作中，将Source设置为客户端计算机的硬盘。

7 将Add User Account操作拖动到工作流程。

8 按照下面的信息配置Add User Account操作。

- ▶ Name：NetBoot Admin。
- ▶ Short Name：nbadmin。
- ▶ Password：nbadminpw。
- ▶ 选择Allow user to administer this computer复选框。

如果需要的话，可以添加其他的本地账户，只需要将更多的Add User Account操作添加到工作流程中即可。

9 将Apply System Configuration Settings操作项拖动到工作流程并按照如下信息进行配置。

- ▶ Generate unique Computer Names starting with填写Mav_Client。
- ▶ 选择Change ByHost preferences to match client after install复选框。

最后一项设置在用户的环境中可能会需要，也可能会不需要。某些设置会被保存在首选列表（plist）文件中，该文件会在文件名中包含 MAC（媒体访问控制）或 UUID（全局唯一）标识信息。为了让这些文件能够正常应用到目标计算机，应当使用这个选项。

10 将Create Image操作拖动到工作流程的底部，并确认NetBoot是被选取的。填写以下信息。

- ▶ Image Name：NetBoot of Mav_Client。
- ▶ Installed Volume：已被填写。
- ▶ Description：这是通过目标磁盘模式计算机创建的启动映像。
- ▶ Index：选用一个小于4 095的数值，要与用户第一个映像的索引号不同，例如 2 796。
- ▶ Save to：桌面。

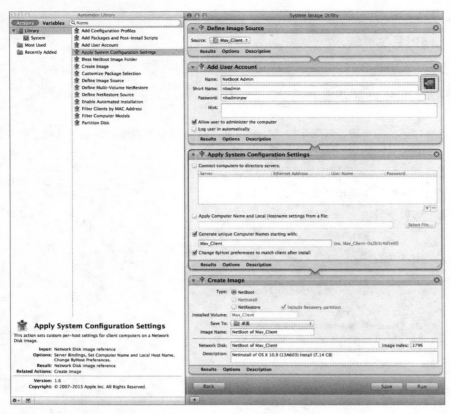

11 单击Run按钮。输入管理员账户身份信息来创建映像。

如果希望看到都进行了哪些操作的详细信息，那么可以选择View > Show Log命令。也可以保存这个工作流程以便日后使用。

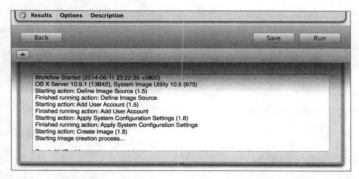

12 当映像创建完成后，从桌面上推出管理员计算机，断开Thunderbolt 或 FireWire 线缆，然后通过电源按钮关闭管理员计算机。等待片刻后再重新开启计算机。

NetRestore Image的创建（可选）

NetRestore Image的创建与创建NetBoot 或 NetInstall 映像大致相同。主要的区别是，用户创建的映像将被恢复到目标计算机的硬盘上。这对于部署预先配置好的映像来说是非常好的方式。

要创建NetRestore映像，可按照NetBoot的操作说明来进行，但是要在步骤4中选择NetRestore Image单选按钮。按照练习的其余步骤说明进行操作，在映像的名称和描述中相应地将NetBoot一词更换为NetRestore。

练习15.3
配置NetInstall服务器

用户需要配置自己的服务器，从而可以将NetInstall映像提供给客户端计算机。这项工作如很多其他服务一样，要通过 Server 应用程序来完成。

1 在服务器上打开 Server 应用程序并进行连接。

2 在左侧边栏的"高级"下选择"NetInstall"服务。

3 选择"设置"选项卡。

4 在"访问"选项组中，如果没有启用Ethernet接口，那么启用该接口。

5 在"储存设置"中，选择服务器的存储卷宗，将它设置为同时提供"映像与客户端数据"。单击"好"按钮。

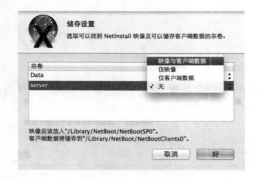

配置NetInstall提供映像服务

在开始NetInstall服务之前，它必须具有一个可提供服务的映像，并且配置可以使用它。

1 当映像被创建后，在用户的服务器上，将NetBoot映像（NBI）复制到NetBootSP0文件夹（当映像没有在这里的情况下）。要进行这个操作，只需要将整个My NetInstall Client n v1.nbi文件夹拖动到NetBootSP0文件夹中即可（在 Finder 中选择"前往">"前往文件夹"命令，输入/library/NetBoot/NetBootSP0并单击"前往"按钮，可打开该文件夹）。当出现提示框时，提供本地管理员的身份信息。

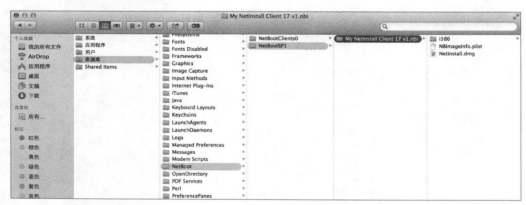

2 当完成复制后，返回到 Server 应用程序。

3 在左侧边栏中选择NetInstall服务。

4 双击My NetInstall Client n v1映像。

5 通过选择"可通过以下方式获取"复选框并从下拉列表框中选择 NFS 来启用该映像。

对于每个映像来说，还可以指定用于提供映像的协议——NFS 或 HTTP。NFS 不再是默认使用的协议，但是它可以提供一些性能优势。HTTP 是当前默认使用的协议，可以让用户直接提供磁盘映像服务，而不需要像允许 NFS 传输那样来重新配置防火墙。它不需要开启网站服务就可以进行工作。

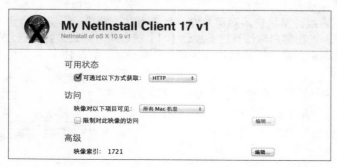

6 单击"好"按钮。

7 单击开/关按钮，开启NetInstall服务。

验证共享点

用户的NetInstall服务已经被配置。选择卷宗提供映像服务的操作会自动配置两个共享点。现在应当验证一下这个操作。如果要托管无盘NetBoot映像，那么需要运行 AFP 共享。

1 打开 Server 应用程序。

2 选择"文件共享"选项。

3 查看共享点列表。这里除了其他已配置的共享点外，还会有一个NetBootClientsn共享点。当HTTP 被用于共享映像时，并不会出现NetBootSP*n*共享点。

4 返回到 NetInstall，将共享协议从 HTTP 改为 NFS 并单击"存储"按钮。再回到"文件共享"中进行查看，注意加入进来的 NetBootSPn。在 NetInstall 中将协议改回到 HTTP。

这些共享点分别被用于Shadow文件和NetInstall映像。但是默认情况下，只有NetBootClientsn共享点是基于 AFP 使用的。此外，NetInstall服务的设置操作并不会开启文件共享服务，所以现在应当开启这个服务。

指定默认映像

在 Server 应用程序中，"映像"设置界面列出了服务器上可用的NetInstall映像，它最多可以托管25个不同的磁盘映像。每个映像都可以被启用，可以让客户端计算机通过映像来启动，或者也可以停用某个映像，以避免客户端计算机访问到该映像。当具有几个映像时，必须指定一个NetInstall映像作为默认使用的映像。当在客户端计算机上按住【N】键启动时，如果客户端之前从未通过NetInstall服务器启动过，那么服务器会提供默认映像来启动客户端，而按住【Option+N】组合键是使用当前的默认映像来启动。

1 在NetInstall服务的"映像"设置界面中，选择要设置为默认映像的映像。

2 从操作菜单中（齿轮图标）选择"用作默认的启动映像"命令。

在设置界面的右侧，该映像现在被标注为"（默认）"。

TIP ▶ 不要忘记，映像文件可能会非常大，会在服务器上占用大量的磁盘空间。所以可以考虑使用第二个卷宗来保存映像，从而让它们离开启动卷宗。

练习15.4
过滤NetInstall客户端

▶ **前提条件**

完成练习15.3"配置NetInstall服务器"。

NetInstall设置界面准许用户基于客户端计算机的硬件地址或者是 MAC 地址，来设置全局性的、或者是针对每个映像设置的允许或拒绝对NetInstall服务的访问。过滤操作去除了让非NetInstall客户端访问到未授权的应用程序的可能，也避免了意外进行网络安装的可能。通过维护精确的过滤设置，可以将NetInstall无缝地整合到传统网络配置中。

除了基于每台服务器来设置过滤功能外，还可以基于每个映像来设置NetInstall过滤功能。如果用户有一台服务器是为多个 Mac 教室提供服务的，那么这个功能会特别有用。每个教室可以配置使用属于它自己的NetBoot映像，并且使用基于单个映像的过滤功能来限制哪个教室可以访问到哪个映像。用户还可以通过 Mac 机型来进行过滤。

NOTE ▶ 可以在Spotlight中搜索"系统信息"应用程序，通过系统信息应用程序来查看计算机的机型。当打开这个应用程序后，它会报告当前正在运行的计算机的机型。

1 在服务器计算机上打开 Server 应用程序，并选择"NetInstall"服务。

2 在"映像"设置界面中双击My NetInstall Client n v1映像。

这个设置界面可以让用户基于硬件类型，具体的以太网硬件地址或者是两者同时应用，来对每个映像设置过滤功能。重点是要区分每个映像的过滤功能与NetInstall服务范围的过滤功能之间的区别。

3 单击"映像对以下项目可见"下拉按钮，选择"仅限某些 Mac 机型"命令，并在列表框中选择有权访问的客户端计算机硬件类型。

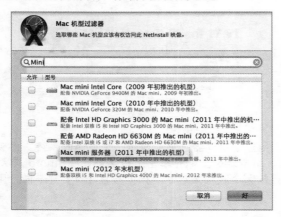

4 单击"好"按钮，关闭 Mac 机型过滤器设置界面。

5 单击"好"按钮，返回到NetInstall设置界面。

6 以正常方式启动客户端计算机并登录系统。

7 打开系统偏好设置。

8 单击"启动磁盘"按钮。

9 选择带有过滤功能的NetInstall映像。

10 重新启动客户端计算机。

它会从用户刚刚指定的NetInstall映像来启动。由于映像是通过安装程序资源来创建的，所以启动后像是 OS 安装的开始。

练习15.5
配置NetInstall客户端

> ▶ **前提条件**
>
> ▶ 在网络上 DHCP 必须是可用的。
>
> ▶ 完成练习15.3"配置NetInstall服务器"。

只要客户端计算机具有最新版本的固件，并且属于支持的客户端计算机，那么就不需要安装任何其他的专用软件。可扩展固件接口（EFI）（Intel）的启动代码包含了通过NetInstall映像来启动计算机的软件。

至少有以下3种方式可以使计算机使用NetInstall来启动。

▶ 按住【N】键，直到闪动的NetInstall地球图标出现在屏幕的中央。这种方法可以让用户使用NetInstall来进行一次启动，之后的重新启动会返回到计算机之前的启动状态。客户端计算机会通过NetInstall服务器托管的默认NetInstall映像来进行启动。

▶ 在系统偏好设置中，通过启动磁盘设置项来选用所需的网络磁盘映像。启动磁盘被包含在OS X v10.2及之后的版本中，显示了本地网络中所有可用的网络磁盘映像。注意，每类NetInstall映像都具有独特的图标，帮助用户在映像类别之间进行区分。当要使用的网络磁盘映像被选取后，可以重新启动计算机。计算机后续的每次启动都会试图去使用NetInstall服务。

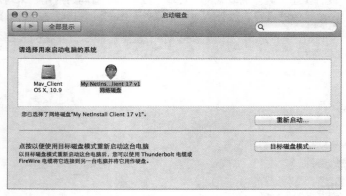

▶ 在启动时按住【Option】键。这将调用启动管理器，它会显示一个可用的系统文件夹列表，以及针对NetInstall的地球图标。单击地球图标并单击上箭头开始NetInstall启动过程。这个选项并不会让用户去挑选要从哪个映像来启动。如同按住【N】键一样，用户会获得默认的映像。

重点关注下面两种情况，这两种情况会干扰到NetInstall的启动过程。

▶ 如果没有网络连接存在，那么NetInstall客户端最终会启动超时并试图通过本地驱动器来启动。用户可以让本地硬盘上不具有系统软件，并阻止用户物理访问到计算机上的以太网接口来避免出现这种情况。

▶ 重置"参数随机存取存储器"（PRAM）会重设已配置的启动磁盘，需要用户在系统偏好设置的启动磁盘设置界面中重新选取NetInstall卷宗。

现在将尝试通过NetInstall来启动客户端计算机。

1 关闭客户端计算机。

2 按住【N】键的同时开启计算机，直到闪动的NetBoot地球图标出现。

它会通过刚刚创建和启用的NetInstall映像启动到 OS X 安装程序中。由于并不是真的要重新安装计算机系统，所以关闭计算机即可。

练习15.6
监视NetInstall客户端

▶ **前提条件**

完成练习15.5"配置NetInstall客户端"。

可以通过 Server 应用程序来监视NetInstall服务。"连接"设置界面提供了一个已通过服务器启动的客户端列表。它会报告计算机的主机名称和 IP 地址、启动进度百分比，以及它的状态。

此外，在监视NetInstall操作进程时，NetInstall日志也是非常有用的。可以通过以下步骤来访问NetInstall服务器日志。

1 打开 Server 应用程序并连接到服务器。

2 在 Server 应用程序边栏中选择"日志"选项。

3 在下拉菜单中选择"NetInstall – 服务日志"命令。

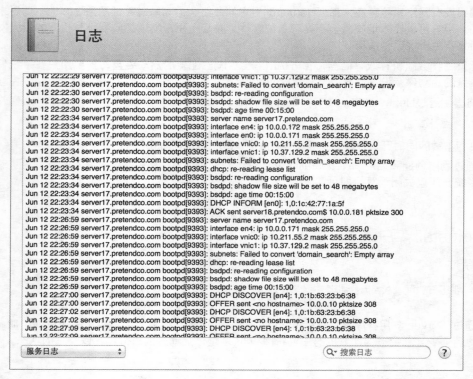

清理

在服务器上停用NetInstall服务，并在管理员计算机上将默认启动卷宗设置为内部驱动器。

在本课程中，学习了如何配置NetInstall，并利用它来进行映像和启动操作。

课程16
缓存来自 Apple 的内容

对于由 Apple 发布的软件及其他内容，缓存服务可以加速它们的下载和分发速度。它会缓存那些由 Apple 发布的、首次下载的各个项目，然后让本地网络中的设备和计算机来使用这些项目。这意味着用户可以将这些由 Apple 发布的项目以较快的下载速度提供给网络中的客户端。

这可以让用户节省很多时间，并降低对因特网的使用率。

更多信息▶ 在MavericksOS X Server的缓存服务中，它的一大新功能是可对 iOS 7 设备提供服务。Apple 为这项服务命名了一个新的名称——Caching Server 2。

目标
▶ 理解缓存服务。
▶ 配置和维护缓存服务。
▶ 了解缓存服务的客户端。
▶ 比较并对比缓存服务与软件更新服务。
▶ 缓存服务的故障诊断。

参考16.1
了解缓存服务

对于符合要求的计算机和设备来说，缓存服务会透明地缓存很多项目，包括以下几个。

▶ 软件更新。
▶ App Store购买并下载的项目。
▶ Mac App Store购买并下载的项目。
▶ iBooks Store购买并下载的项目。
▶ iTunes U项目。
▶ Internet 恢复系统。

缓存服务支持运行OS X 10.8.2或之后版本系统的 Mac，以及运行 iOS7或之后版本系统的设备。它还支持Mac 和 Windows 上安装的iTunes 11.0.2 或之后版本的iTunes的内容。

使用缓存服务的网络需求包括以下几个。

▶ 网络中带有通过网络地址转换（NAT）连接因特网的网络设备。
▶ NAT 设备连接因特网一端与缓存服务器的传出传输使用相同的公共 IPv4 地址（简单来说，就是 NAT 后面的服务器具有相同的公共 IP 地址）。

为了让Mac App Store能够利用缓存服务，Mac 必须满足以下两个条件。

▶ 具有 10.8.2或之后版本的 OS X。
▶ 不要配置使用 OS X Server 的软件更新服务。

关键是在 NAT 设备后面的客户端和缓存服务器必须共享相同的因特网连接，并且它们从网络内部到因特网的传输必须具有相同的IPv4 源地址（即使客户端与缓存服务器处于不同的子网中，但只要它们使用相同的公共 IPv4 源地址就可以）。所幸的是，这是一种常见配置。

符合要求的客户端会自动使用相应的缓存服务器。否则，客户端将使用由 Apple 运营的服务器，或者是分发内容的网络合作伙伴的服务器（就像缓存服务被引入之前的状态）。

在下图中，一个网络设备提供 NAT 服务，组织机构具有两个子网。在两个子网中的客户端和缓存服务器，虽然它们位于不同的子网中，但是在 NAT 设备的公共因特网一端具有相同的公共 IPv4 源地址。在两个子网中的客户端，自动使用他们组织机构网络中的一个缓存服务器（在图示中，一个子网具有两台服务器，说明不需要在 NAT 后面的每个子网中都部署缓存服务）。当客户端脱离本地网络时，他们会自动使用由 Apple 控制管理的服务器。

缓存服务器会自动向 Apple 服务器注册它的公共 IPv4 地址及本地网络的信息。当客户端与 Apple 服务器进行通信去下载项目时，如果客户端的公共 IPv4 地址匹配用户缓存服务器的公共 IPv4 地址，那么 Apple 服务器会令客户端从本地的缓存服务器上来获取内容。如果客户端不能与他本地的缓存服务器进行通信，那么他会自动从因特网上、由 Apple 控制管理的服务器上来下载内容。

缓存服务只缓存那些在 Apple 控制管理下的服务器所分发的项目（包括来自内容分发网络合作伙伴所分发的项目），它并不缓存其他第三方的内容。

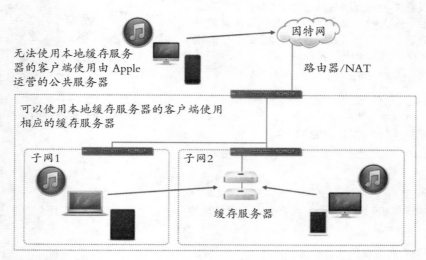

请务必阅读 Server 应用程序帮助中心中的"提供缓存服务器"主题，因为它是一个很有帮助的、最新的参考内容。单击缓存服务器设置界面中的链接，或者在 Server 应用程序中，在"帮助"菜单的搜索文本框中输入"提供缓存服务器"即可访问。

参考16.2
缓存服务的配置和维护

配置缓存服务确实很简单。单击开/关按钮，开启服务，即完成了配置。

Server 应用程序还可以进行一些功能配置，可以进行以下操作。

- ▶ 单击"状态"旁边的链接来学习有关配置该服务的更多内容。
- ▶ 单击"编辑"按钮来为缓存选取卷宗。
- ▶ 通过滑块来设置缓存大小。
- ▶ 取消选择"仅缓存本地网络的内容"复选框，向并没有直接连接到用户服务器所在子网的客户端提供服务（针对复杂的网络）。
- ▶ 单击"还原"按钮，抹掉现有的缓存内容。

为缓存服务所选用的卷宗必须至少具有 50GB 的可用空间（即使将"高速缓存大小"滑块设置到 25GB 也是如此）。如果所选取的卷宗不具有足够的空间，那么 Server 应用程序会提示用户，并且"选取"按钮会变为不可使用状态。那么只能选取其他的卷宗。

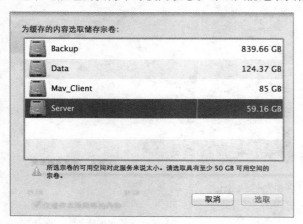

默认情况下，缓存服务使用启动卷宗来缓存内容。即使滑块被标为"未限定"，但是缓存服务足够智能，并不会充满整个卷宗。当用于缓存服务的卷宗只有 25GB 可用时，服务器会删除最近最不常用的缓存内容（并不一定是最旧的内容），从而腾出空间来缓存新的内容。如果用户要下载大量不同的内容，那么考虑使用一个足够大的卷宗来缓存尽可能多的内容，否则缓存服务可能会经常删除一些最终还是会再次下载的项目，删除后为新的请求项目腾出空间。

如果要更改缓存服务所使用的卷宗，那么现有的已缓存的内容会被复制到新选用的卷宗上。

更多信息▶ 参考OS X Server：高级管理指南中"Configure advanced cache settings"部分的内容（https://help.apple.com/advancedserveradmin/mac/3.0/），可以获取更多高级选项的设置信息，例如对服务监听网络接口的限制，以及对当前客户端连接数量的限制。

由于缓存服务自身的性质，除非是具有一个有线以太网连接，否则它是不会开始服务的。

如果用户的组织机构具有多个子网，这些子网都在同一个提供 NAT 服务的网络设备的后面，并且都共享使用相同的公共 IPv4 地址，但是内部子网之间具有较慢的连接速度，那么可能需要选用"仅缓存本地网络的内容"复选框，使每个子网都有它自己本地的项目副本。通过这种方式，相对于子网间所用的慢速连接，每个子网的客户端都可以从本地的缓存服务器上快速下载缓存的内容。如果可用的话，缓存服务器会从它们的同等服务器上下载内容，而不是从因特网上下载。

"用途"部分为缓存服务器已经下载的各类内容显示了一个概览信息。

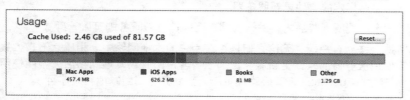

Server 应用程序的"统计数据"界面还有一个专用于缓存服务的图表。在 Server 应用程序的边栏中选择"统计数据"选项。在下拉菜单中选择"已提供的字节数"作为活动类型，然后选择一个时间周期。图表会显示缓存服务有多少数据已从因特网上下载，以及有多少数据是从其他同等服务器上下载的，并且还会显示有多少缓存内容已经提供给客户端。

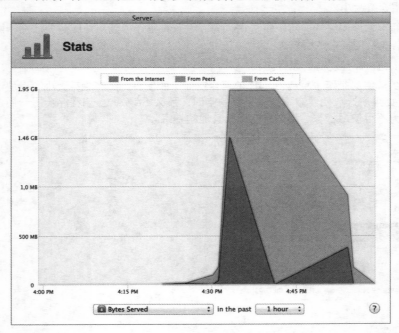

参考16.3
软件更新服务和缓存服务的比较

在当前及之前的OS X Server版本中提供了软件更新服务（参见课程17"软件更新服务的实施"）。这个服务可以让用户限制 Mac 客户端可用的软件更新。但是，由于 OS X 客户端不能同时使用OS X Server的软件更新服务和缓存服务，所以必须选择一个更加符合自己需求的服务。

如果 Mac 已经配置使用了软件更新服务，那么它就不能使用缓存服务。为了要使用缓存服务，必须重新配置 Mac 不去使用软件更新服务。

软件更新服务与缓存服务的主要区别如下。

▶ 缓存服务可以缓存很多不同类别的内容，但是软件更新服务只缓存软件更新。

▶ 对于缓存服务来说，只有当首个客户端请求了一个项目后它才会去缓存该项目，而软件更新服务则可以在首个客户端需要软件更新内容之前就可以自动去下载软件更新。

▶ 缓存服务会向客户端自动提供全部可用的项目，但是对于软件更新服务来说，可以让客户端只能去下载已验证过的更新（例如，如果需要确认每个软件更新与其他软件和工作流程的兼容性）。

▶ 符合要求的 OS X 计算机会自动使用相应的缓存服务器，但是必须对 OS X 计算机进行配置才可以让它去使用指定的软件更新服务器。

▶ 缓存服务无法对客户端所下载的内容进行管理，而软件更新服务则可以管理。

▶ 缓存服务非常适合移动客户端，无论它们是否在用户的本地网络中。相比之下，如果一个客户端被配置使用服务器的软件更新服务，那么当客户端脱离本地网络后就不能使用软件更新服务器或是Mac App Store来安装软件更新，直到其返回到本地网络才可以。

▶ 软件更新服务并不为iOS设备提供任何服务。

表16.1 总结了缓存服务和软件更新服务之间的区别。

表16.1 缓存服务和软件更新服务之间的区别

类别	缓存服务	软件更新服务
可缓存的内容种类	OS X 和 iOS 软件更新；App Store、Mac App Store 及 iBooks Store项目；iTunes U 项目；因特网恢复	只有 OS X 软件更新
指定要提供的内容	不适用	自动或手动
触发下载	客户端向 Apple 请求项目	即时或手动
客户端配置	不需要	Defaults命令、受管理的偏好设置或是配置描述文件

虽然可以使用同一台服务器来提供软件更新服务和缓存服务，但是需要注意的是，这可能会占用大量的存储空间，并且同一个客户端不能同时使用这两个服务。

除非需要避免 Mac 客户端通过软件更新或是Mac App Store去安装指定的软件更新，否则建议使用缓存服务而不是软件更新服务。

参考16.4
缓存服务的故障诊断

缓存服务是明晰的，所以并没有太多必需的诊断工作。当客户端首次下载一个尚未缓存的项目时，初次的下载并不会很快。但是同一项目的后续下载，无论是从同一客户端还是从其他的客户端，下载速度只限于客户端和服务器的磁盘速度，或是本地网络的带宽。

删除项目来测试缓存服务

要测试项目的下载，可以使用一台符合缓存服务要求的计算机，通过 iTunes（11.0.2或之后版本）、Mac App Store或 App Store 去下载一个项目，然后删除它并再次下载它（或者从多台符合要求的客户端上下载同一项目），并确认后续的下载速度是相应的本地下载项目的速度，而不是访问因特网的速度。

TIP 可以使用运行着缓存服务的服务器来进行项目的首次下载。对于缓存服务的客户端和服务器来说，它都是自动的。

确认基本信息

如果怀疑缓存服务存在问题，可以通过以下方法来解决。

▶ 对于 iTunes，确认 iTunes 的版本是 11.0.2 或更新版本。在 Mac 上选择 iTunes > "关于 iTunes" 命令。在 Windows PC 上的 iTunes 中，选择 "帮助" > "关于 iTunes" 命令。

▶ 在 Server 应用程序中确认缓存服务已被开启。当开启服务时，在 Server 应用程序边栏的服务列表中，缓存服务的状态指示器是绿色的。

▶ 确认客户端和服务器在 NAT 设备的因特网一端使用的是相同的公共 IPv4 源地址。

▶ 确认 Mac 客户端并没有配置使用软件更新服务器。

▶ 确认 iOS 设备使用的是与缓存服务相同的网络。也就是说，确认 iOS 设备正在使用 Wi-Fi，而不只是在使用蜂窝网络。

▶ 检查 "已使用的高速缓存" 设置。如果该值是 "不可用"，那么可能是还没有符合条件的客户端去下载过任何符合条件的内容。

使用活动监视器来确认服务器正在从因特网上下载项目并提供给客户端。在服务器上打开活动监视器，选择 "显示" > "所有进程" 命令，选择 "网络" 选项卡，将下拉菜单设置为 "数据"，并监视图表。当缓存服务从因特网上下载一个项目进行缓存时，这会反映为一个紫色的 "收到的数据/秒" 图行。当缓存服务将一个已缓存的项目发送给本地客户端时，这会反映为一个红色的 "发出的数据/秒"图行。

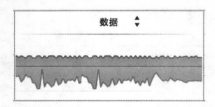

缓存服务日志的使用

可以使用 Server 应用程序的日志界面来检查基本的服务日志。在日志下拉菜单中，选择"缓存"下的"服务日志"命令。如果系统日志已作为日常系统维护任务的一部分被自动轮转使用，那么日志区域可能只会显示"没有可显示的内容"。这个视图会过滤掉常规系统日志中并不包含AssetCache字符串的任何日志行。

更多的详细信息可以在服务器上使用控制台应用程序进行查看。选择"文件">"打开"命令，前往/资源库/Server/Caching/Logs，选择Debug.log并单击"打开"按钮。可以在控制台应用程序的工具栏中单击"隐藏日志列表"按钮，从而腾出更多的空间来显示日志内容。

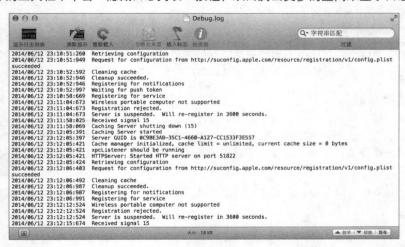

Debug.log中的一些字符串可以帮助用户了解发生了哪些情况，包括以下两个。

▶ Issuing outgoing full request：当缓存服务从公共服务器上下载一个项目时。

▶ Data already cached for asset：当缓存服务已将一个项目缓存到本地时。

有些项目具有人们可识别的名称，但其他项目的名称看上去似乎是随机产生的。

了解性能瓶颈

单——台缓存服务器可以同时处理几百台客户端，使得千兆以太网接口趋于饱和。要确定服务器是否是瓶颈所在（而不是本地网络容量），可以在服务器上打开活动监视器，选择CPU选项卡并监视 CPU 的负载图表。如果服务器的 CPU 负载接近它的最大值，那么可以考虑为缓存服务添加服务器。

缓存服务数据宗卷的转移

如果在运行 Server 应用程序并连接到服务器之后，又将一个新的卷宗连接到服务器上，那么为了选取新连接的卷宗作为缓存服务的目标卷宗，则需要选择"显示">"刷新"命令（或者按【Command+R】组合键）。在选取了新位置后，Server 应用程序会自动将已缓存的内容转移到新卷宗上。

课程17
软件更新服务的实施

当部署了计算机后，将会出现的问题是如何保持计算机上软件的更新。内建在 OS X Server 中的功能可以将 Apple 软件更新服务器上现有的 Apple 软件更新镜像到本地的服务器上。

> **目标**
> ▶ 理解软件更新服务的概念。
> ▶ 配置服务器提供软件更新服务。
> ▶ 配置客户端使用软件更新服务。
> ▶ 配置提供给客户端的更新。
> ▶ 软件更新服务的故障诊断。

参考17.1
软件更新的管理

通过 OS X Server，可以选择在本地服务器上镜像 Apple 软件更新服务器。这具有两个明显的优点。首先可以节省因特网带宽的使用，其次可以控制用户可用的更新。

只有 Apple 软件的软件更新才可以通过更新服务提供。第三方软件或是修改过的 Apple 更新都不能被添加到服务中。

当使用软件更新服务器时，所有客户端计算机都会从本地网络中的服务器上来获取软件更新，而不是通过因特网，因此，对于用户来说会有较快的下载速度。该服务可以被配置实现自动下载更新，以及使更新自动可用，或者也可以手动启用更新。

当软件更新可能与用户正在使用的一些软件不兼容时，或是更新还未通过工作环境测试时，手动控制哪些更新可以下载及哪些更新可以让用户使用的操作就显得特别有用了。

如果已设置服务去自动下载和启用更新，那么过时的更新也会被自动移除。如果设置服务手动控制，那么则需要手动剔除过时的更新。

客户端可以通过手动更改偏好列表、受管理的偏好设置，或是通过配置描述文件来配置使用更新服务。带有软件更新负载的配置描述文件只可对设备和设备群组可用。

对于多个软件更新服务实施使用的情况，例如均衡大量客户端计算机的访问负载，可以通过创建级联服务器来实现。一台主服务器被创建，其他的服务器指向主服务器来获取更新。这可以避免多台软件更新服务器使用额外的网络带宽。可参阅 Apple 技术支持文章 HT3765 "OS X Server: How to cascade Software Update Servers from a Central Software Update Server"。

参考17.2
软件更新服务的故障诊断

如果软件更新服务不能按照预期的方式工作，那么可以从以下几个方面来进行调查，对问题进行故障诊断。

▶ 检查网络。客户端必须能够联络到软件更新服务器并能与其进行通信。服务所用的默认端口是 8088。

▶ 更新是否在 SUS 中被列出来了。如果更新还没有被下载，那么它们将无法提供给客户端设备使用。如果正在使用经过身份验证的代理，那么软件更新服务是无法通过代理来工作的。

▶ 服务器的磁盘上是否有可用的空间。日志会说明，如果服务器卷宗的可用空间小于其总存储容量的20%，那么软件更新将停止同步。

▶ 软件更新服务的描述文件是否已经安装在设备上。如果计算机并不具备包含软件更新服务信息的描述文件，那么它就不知道去寻找用户的软件更新服务器。

▶ 指定的更新是否已被启用。检查更新列表。

▶ 查看软件更新日志（服务、访问和错误日志）。

练习17.1
配置软件更新服务

设置软件更新服务非常简单，具体的操作步骤如下。

1 在管理员计算机上进行这些练习操作。如果在管理员计算机上尚未通过 Server 应用程序连接到服务器计算机，那么按照以下步骤进行连接：在管理员计算机上打开 Server 应用程序，选择"管理" > "连接服务器"命令，单击"其他 Mac"，选择自己的服务器，单击"继续"按钮，提供管理员身份信息（管理员名称 ladmin 及管理员密码 ladminpw），取消选择"在我的钥匙串中记住此密码"复选框，然后单击"连接"按钮。

2 在 Server 应用程序的边栏中选择"软件更新"服务。

3 选择"设置"选项卡。

4 选择"自动"单选按钮，下载更新并启用它们，若是在培训教室环境中，则选择"手动"单选按钮。

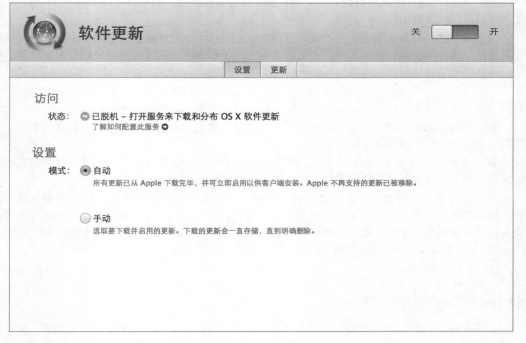

> **TIP** 如果要控制哪个更新对客户端可用，那么选择"手动"单选按钮。这会下载更新，但是并不会自动启用它们。

> **TIP** 如果有其他的存储卷宗，那么可以考虑更换更新包的存储位置。其默认位置是在启动卷宗上，并且更新会在卷宗上占用相当大的空间。可以在 Server 应用程序中通过服务器的"设置"界面来更改位置。

5 将开/关按钮切换到"开"。经过一段时间后，可用的更新列表会显示在"更新"界面中。如果已选择了"手动"单选按钮，那么"自动下载新的更新"选项会出现在界面中。

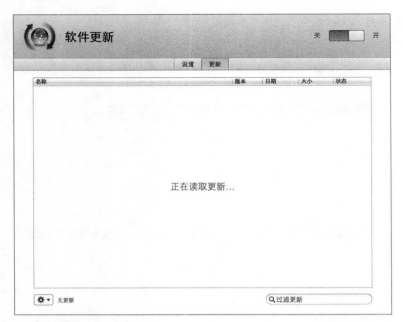

这将开始镜像 Apple 的软件更新。如果用户有一个缓慢的因特网连接，那么这个初始的同步操作会花费相当长的时间，可能需要几个小时。通常的情况是开启服务一整天才会将更新完全下载下来。

启用单个更新

如果在"设置"界面中选择了"手动"单选按钮，那么可以在更新列表中选择让哪个更新来供用户使用。

1 在 Server 应用程序中选择"软件更新"服务。

2 如果最初的配置是"自动"，那么改为选择"手动"单选按钮。

3 在工具栏中单击"更新"按钮。

这个界面列出了当前来自 Apple 服务器的所有可用更新。

4 选择要下载并启用的更新。

如果更新列表是空的，那么说明该列表仍在通过 Apple 进行复制下载。

Voice Update – Oskar	2.0.0	12–5–13	352.73 MB	可用	▼
iAd Producer	4.2	14–5–23	313.6 MB	可用	▼
iPhoto Update	9.2.3	12–7–18	373.51 MB	可用	▼
Chinese Word List Update	2.10	14–6–10	114.66 KB	下载	
Multi–Lingual Voices	2.0.0	12–5–13	199.41 MB	下载并启用	
iTunes	11.2.2	14–5–29	233.28 MB	可用	▼
Voice Update – Ya–Ling	2.0.0	12–5–13	377.83 MB	可用	▼
Voice Update – Daniel	2.0.0	13–7–24	344.89 MB	可用	▼
Voice Update – Laura	3.0.5	13–11–15	280.89 MB	可用	▼
Voice Update – Paulina	3.0.5	13–11–15	349.46 MB	可用	▼

NOTE ▶ 在更新被启用前，它必须被复制下来。

可以通过选择更新的状态项或是使用界面底部的操作菜单（齿轮图标）来启用或是停用更新。

下载	⌘↓
下载并启用	⇧⌘↓
启用	⌘E
停用	⌘H
移除…	⌘T
查看更新	↵
检查更新…	

练习17.2
为软件更新服务配置计算机

▶ 前提条件

> ▶ 完成练习11.1"启用描述文件管理器"。
>
> ▶ 完成练习17.1"配置软件更新服务"。

与其他的设置一样，将使用描述文件来告知计算机去使用本地的软件更新服务器而不是 Apple 的。这个偏好设置可以在设备或设备群组账户中进行设置。参阅课程12"通过描述文件管理器进行管理"，来获取如何创建描述文件的详细信息。

1 在管理员计算机上打开描述文件管理器网页程序，并使用管理员的身份信息进行登录。

2 在左侧边栏中选择"设备群组"选项。

3 单击添加（ + ）按钮，创建一个新的设备群组。在设备群组的"名称"文本框中输入 LabGroup并按【Tab】键，保存名称的更改。

4 在LabGroup的"设置"选项卡中单击"编辑"按钮。

5 在"描述文件分发类型"中选择"手动下载"单选按钮，以便在管理员计算机上下载这个描述文件，而不需要接受管理。

6 在"描述"文本框中输入Software Update Service Settings。

7 在这个界面中保持其他设置为默认值。

8 在描述文件管理器网页程序的边栏中选择"软件更新"选项并单击"配置"按钮。

9 在"软件更新服务器"文本框中输入http://server*n*.pretendco.com:8088/index.sucatalog（其中 *n* 是学号）。

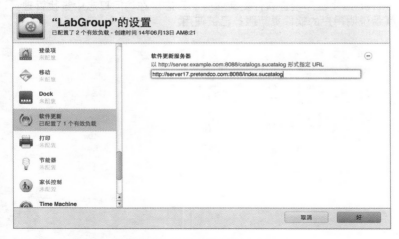

10 单击"好"按钮，退出软件更新负载设置界面。

11 单击"存储"按钮，保存更改。在存储更改对话框中再次单击"存储"按钮。

12 在管理员计算机上，在LabGroup配置描述文件的描述文件管理器网页程序视图中，单击"下载"按钮。

13 系统偏好设置自动打开.mobileconfig文件，并询问用户是否要安装该文件。单击"安装"按钮，然后提供管理员身份信息。

14 当配置描述文件被安装后，在系统偏好设置的"描述文件"设置界面中查看设置。

15 在管理员计算机上，从苹果菜单中选择"软件更新"命令。

16 在服务器上，通过 Server 应用程序检查软件更新服务的日志。在访问日志中查找管理员计算机的 IPv4 地址，来展示说明用户的软件更新服务已被使用。

如果不使用描述文件管理器，那么可以在终端应用程序中使用defaults命令，来让未接受管理的客户端计算机去使用软件更新服务器。用户必须是管理员才能使用defaults命令。

sudo defaults write /Library/Preferences/com.apple.SoftwareUpdate CatalogURL*URL*

将 URL 替换为软件更新服务器的 URL，其中包括端口号和目录文件的名称。

sudo defaults write /Library/Preferences/com.apple.SoftwareUpdate CatalogURL http://servern.pretendco.com:8088/index.sucatalog

清理

在客户端计算机上移除 SUS 描述文件并关闭 SUS 服务。

在本课程中，学习了如何在本地网络中存储软件更新，以及如何将它们提供给客户端使用，还学习了如何配置客户端去使用这个服务。

第6篇
提供网络服务

课程18
提供 Time Machine 网络备份

Time Machine的一个强劲功能是，它可以使用网络共享点来作为备份位置。用户可以使用 OS X Server 来为备份提供一个集中管理的目的位置，并且还可以快速监视用户的备份操作，相关的信息包括每个备份有多大、备份的进度，以及上次已成功完成的备份。

为了将服务器用作Time Machine备份的目的位置，用户只需从列表中选取服务器的Time Machine目的位置即可，服务器使用Bonjour来通知已共享的文件夹或是它为Time Machine服务提供的文件夹。

> **目标**
> - ▶ 启用Time Machine服务。
> - ▶ 配置 OS X Server 提供Time Machine服务。
> - ▶ 通过Time Machine进行恢复。

参考18.1
配置Time Machine作为网络服务

Time Machine是一个功能强大的备份和恢复服务， OS X用户（Mavericks、Mountain Lion、Lion、Snow Leopard和 Leopard）都可以使用这项服务。用户可以使用 OS X Server 上的 Time Machine服务来为 Time Machine用户提供位于服务器上的备份目的位置。

现在可以为每个客户端的备份配置一个大小限制，但是只有运行 OS X Mavericks 或更新版本系统的 Mac 才会遵循这个限制。脱离了这个限制，Time Machine会按照设计，让备份文件最终填满整个目标卷宗，所以最好使用只用来存储 Time Machine备份的卷宗。

为了让客户端可以使用Time Machine服务，文件共享服务必须被开启。

> **TIP** 如果关闭文件共享服务，Server 应用程序并不会提供任何警告信息，用户将中断正在进行的Time Machine备份或恢复操作。因此，如果提供Time Machine服务，请务必不要关闭文件共享服务，直到已确认没有客户端计算机正使用Time Machine服务进行备份或恢复操作。

当使用 Server 应用程序为Time Machine备份选取了一个目的位置后，单击开/关按钮，开启Time Machine服务。在Time Machine目的位置中，每台客户端计算机都有它自己的稀疏磁盘映像（稀疏磁盘映像的大小可以增长），并会自动配置 ACL ，以防止其他人访问或删除稀疏磁盘映像中的 Time Machine文件。

如果之后更换了备份卷宗，那么使用服务器Time Machine服务的用户将自动使用新的卷宗进行备份。但是，OS X Server并不会自动迁移现有的备份文件。当客户端计算机下一次进行Time Machine备份操作时，用户会看到警告信息，说明自上次备份后备份磁盘已被更换。当用户同意使用磁盘后，OS X 通过Time Machine来备份所有未被排除的文件，而不仅仅是上次成功完成Time Machine备份后又发生改变的那些文件，因此取决于有多少数据需要进行备份，这可能会花费较长的时间。

不要忘记，用户可以使用 Server 应用程序的"用户"设置界面或"群组"设置界面来配置用户与群组去访问 Time Machine 服务。要进行配置，辅助单击（或按住【Control】键并单击）一个帐户，选择"编辑服务访问"命令，然后选择或取消选择 Time Machine 复选框。

练习18.1
配置并使用Time Machine服务

> ▶ **前提条件**
>
> ▶ 完成练习7.1 "通过Time Machine备份 OS X Server"。

> ▶ 完成练习10.1"创建并导入网络账户",或者创建一个全名为Barbara Green、账户名
> 称为Barbara、密码为 net 的用户。
>
> ▶ 必须具有一个名为Shared Items的文件夹,所有者是Local Admin用户,并且位于启动
> 磁盘的根目录。可以使用练习13.1"探究文件共享服务"中"为共享文件夹创建一个新
> 位置"部分的内容来创建该文件夹并更改它的所有权。或者,如果有一个可用的外部磁
> 盘,也可以使用外部磁盘。

　　用户将配置服务器成为Time Machine备份的网络目的位置,使客户端计算机可以将Time
Machine备份保存在一个集中的位置。

　　在实际工作中,应当单独使用一块磁盘来作为Time Machine备份的目标磁盘,而不应是启动
磁盘。在这个练习中,将在启动磁盘上创建一个新文件夹用来进行测试。请务必在练习结束时按照
说明来停止Time Machine服务,否则,服务器的启动磁盘可能会被备份文件填满。

1 在管理员计算机上进行这些练习操作。如果在管理员计算机上尚未通过 Server 应用程序连接
到服务器计算机,那么按照以下步骤进行连接:在管理员计算机上打开 Server 应用程序,选
择"管理">"连接服务器"命令,单击"其他 Mac",选择自己的服务器,单击"继续"按
钮,提供管理员身份信息(管理员名称 ladmin 及管理员密码 ladminpw),取消选择"在我的
钥匙串中记住此密码"复选框,然后单击"连接"按钮。

2 在Server应用程序的边栏中选择Time Machine选项。

3 在"目的位置"列表框下单击添加(+)按钮。

4 在"备份储存位置"旁边单击"选取"按钮。

5 选择自己的启动磁盘。

6 打开Shared Items文件夹。

7 单击"新建文件夹"按钮。

8 输入名称Time Machine Backups并单击"创建"按钮，创建新的文件夹。

9 选择刚刚创建的文件夹。

10 单击"选取"按钮。

11 确认要创建的共享文件夹的详细信息。

12 单击"创建"按钮。

注意Server应用程序显示了已用于备份的目的位置的卷宗，以及在卷宗上还有多少可用的空间。

13 单击开/关按钮，开启服务。

当用户开启Time Machine服务时，如果文件共享服务还没有开启，那么 Server 应用程序会自动开启文件共享服务。

配置OS X计算机使用Time Machine目的位置
确认基于网络的Time Machine可以正常工作。配置管理计算机使用Time Machine服务。

配置Time Machine排除大多数文件
由于这是一个教学环境，所以可以排除用户的"文稿"文件夹及系统文件不进行备份，例如系统应用程序和 UNIX 工具，从而削减Time Machine备份所需的空间。在设置Time Machine目的位置之前先对此进行配置，以确保对本练习中那些不必要的文件不进行备份。

1 在管理员计算机上，从Time Machine状态菜单中选择"打开Time Machine偏好设置"命令。

2 单击"选项"按钮。

3 确认选择"在菜单栏中显示Time Machine"复选框。

4 单击添加（ + ）按钮，添加要排除的文件夹。

5 在边栏中选择"文稿"选项，然后单击"排除"按钮。

6 单击添加（ + ）按钮。

7 单击窗口顶部中间位置的下拉菜单，并选择自己的启动磁盘。

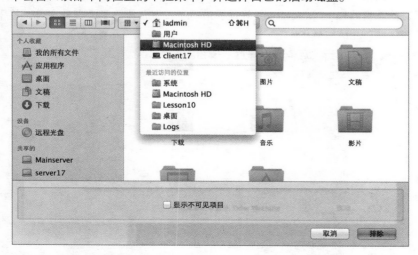

8 按住【Command】键并选择"用户"文件夹以外的其他所有可见文件夹。

9 单击"排除"按钮。

10 当出现"您已选取排除系统文件夹"的提示时，单击"排除所有系统文件"按钮。

11 如果在管理员计算机上还有其他的磁盘或是卷宗，那么将它们添加到排除项目列表中。

12 确认排除列表，然后单击"存储"按钮。
保持取消选择"允许电池供电时进行备份"复选框（只有便携式 Mac 才会显示这个设置项）。

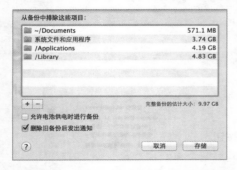

配置Time Machine去使用服务器上的Time Machine服务

现在，已对管理员计算机的Time Machine偏好设置进行了设置，排除了大多数文件，接下来要选择服务器上的Time Machine网络卷宗。

1 在Time Machine偏好设置中单击"选择备份磁盘"按钮。

NOTE ▶ 如果是在培训教室环境中，那么不要选择其他学员的服务器。因为当他们的Time Machine服务被停用后，会产生意外的结果。

2 选取带有自己服务器计算机名称的、名为Time Machine Backups的选项。

为了保持这个练习操作的简单明了，保持取消选择"加密备份"复选框。

3 单击"使用磁盘"按钮。

4 提供服务器上的用户身份信息并进行连接。使用Barbara Green的用户名称（barbara）和密码（net）。

5 单击"连接"按钮。

6 注意Time Machine偏好设置显示了服务器的名称、有多少可用的空间，以及相关的备份日期信息。

7 在Time Machine的状态菜单中选择"立即备份"命令。

8 当备份完成后，在通知中单击"关闭"按钮。

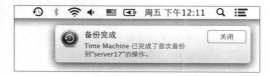

查看备份在服务器上的状态

Time Machine服务可以让用户监视备份的状态。

1 在管理员计算机上，打开 Server 应用程序，连接到自己的服务器。

2 在 Server 应用程序边栏中选择Time Machine选项。

3 单击"备份"按钮。

4 双击管理员计算机的备份条目，或者选择它并单击编辑（铅笔图标）按钮。

5 注意显示的所有信息，然后单击"显示共享点"链接。

6 注意 Server 应用程序打开的文件共享设置界面，显示了有关Time Machine Backups共享文件夹的详细情况。

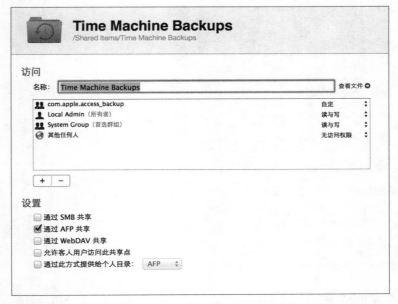

更多信息 ▶ 并没有一般的网络用户或群组被列在"访问"列表框中。如果一个用户账户是com.apple.access_backup群组的成员，那么该账户可以访问Time Machine服务。这个群组通常是不可见的，当使用"用户"或"群组"设置界面来为账户管理服务访问、并选择了访问Time Machine服务的复选框时，就会向这个群组添加成员。

7 单击"查看文件"按钮。

8 注意 Server 应用程序打开的"储存容量"设置界面，磁盘映像的名称使用的是客户端计算机的名称。

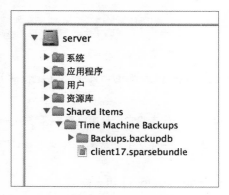

9 在 Server 应用程序边栏中选择"文件共享"选项。

10 注意被列出的Time Machine目的共享文件夹上带有一个特殊的图标。

从网络Time Machine目的位置进行恢复

要验证网络Time Machine服务的工作，要模拟意外删除文件并使用Time Machine进行恢复的情况。按照以下操作步骤，使用"文本编辑"应用程序创建一个文件，进行一次Time Machine备份，然后删除文件，清空废纸篓，然后再通过Time Machine恢复文件。

1 在管理员计算机上，从 Dock 中运行Launchpad，然后再打开"文本编辑"。

2 输入一些文本，例如，This file will be deleted and then restored。

3 按【Command+S】组合键，存储文件。

4 按【Command+D】组合键，选择"桌面"作为文件的存储位置。

5 将文件命名为DeleteMe（文本编辑会自动添加相应的文件扩展名，例如.rtf或.txt）并单击"存储"按钮。

6 退出"文本编辑"。

创建一个带有桌面上新建文本文件的备份。用户将通过Time Machine偏好设置来监视备份的状态。

1 从Time Machine状态菜单中选择"打开Time Machine偏好设置"命令。

2 从Time Machine状态菜单中选择"立即备份"命令。

当备份正在进行时，Time Machine菜单图标中包含了一个额外的箭头。

3 等待备份操作完成，直到进度指示器（旋转的圆圈）停止，并且Time Machine菜单图标恢复到它闲置时的状态。

4 退出系统偏好设置。

删除文件并清空废纸篓。

1 将 DeleteMe文件拖动到废纸篓（或者选择DeleteMe文件并按【Command+Delete】组合键）。

2 在Dock中单击废纸篓。

3 如果这里还有不想永久抹掉的文件，那么将它们拖动到桌面，或者将它们从废纸篓中迁移出去。

NOTE ▶ Time Machine并不备份废纸篓中的内容。因此，当清空了废纸篓，那些未经过Time Machine备份就被放到废纸篓中的文件将无法进行恢复。

4 选择Finder>"清空废纸篓"命令（或按【Shift+Command+Delete】组合键）。

5 在询问用户确实要进行这个操作的对话框中单击"清倒废纸篓"按钮。

进入Time Machine并恢复文本文件。

1 在Time Machine状态菜单中选择"进入Time Machine"命令。

2 在Finder窗口的边栏中选择"桌面"选项。

3 单击使时间点倒退的箭头图标，直到看到DeleteMe文件。

4 选择DeleteMe文件，并单击"恢复"按钮。

5 打开DeleteMe文件，确认这是最初创建的文件。

6 退出文本编辑。

7 删除DeleteMe文件并清空废纸篓。

清理

由于这是一个测试环境，所以停用服务器上的Time Machine服务。

1 在管理员计算机上，在Time Machine状态菜单中选择"打开Time Machine偏好设置"命令。

2 单击"选择磁盘"按钮。

3 在备份磁盘下方选择刚才使用的Time Machine备份目的磁盘并单击"移除磁盘"按钮。

4 在询问确实要进行这个操作的消息框中单击"停止使用此磁盘"按钮。

5 如果Time Machine的开/关按钮还没有设置为"关"，那么单击开/关按钮，将Time Machine关闭。

6 退出系统偏好设置。

如果需要的话，在客户端计算机上推出Time Machine Backups共享卷宗。

1 在管理员计算机上，在 Finder 中按【Command+N】组合键，打开一个新的 Finder 窗口。

2 在 Finder 窗口中，如果Time Machine Backups卷宗出现在边栏中，那么单击推出按钮。

配置Time Machine服务停止提供服务器的卷宗。

1 通过Server应用程序连接到用户的服务器。

2 在Server应用程序的边栏中选择Time Machine选项。

3 选择Time Machine目的位置共享文件夹，然后单击移除（－）按钮。

4 在询问确实要进行这个操作的消息框中单击"移除"按钮。

Server应用程序将自动关闭Time Machine服务（但是它并不会关闭文件共享服务）。

在本练习中，用Time Machine备份将服务器配置为一个网络目的位置，从而让客户端计算机可以将Time Machine备份放在一个集中管理的位置。用户进行了一个内容有限的备份，删除了一个文件，然后验证了可以通过由服务器提供的Time Machine备份来恢复这个文件。

课程19
通过 VPN 服务提供安全保障

虚拟专用网络（VPN）连接就像是一条不可思议的长长的以太网线缆，将位于世界某个地方的用户计算机或设备一直连接到组织机构的内网中。用户可以使用 VPN 来加密他们计算机或设备与组织机构内网计算机之间的所有传输。

要将防火墙和 VPN区分开来，防火墙可以根据一些不同的标准来屏蔽网络传输，例如端口号和源地址，或是目的地址，这里并不涉及鉴定，但是用户要使用 VPN 服务则必须进行鉴定。

> 目标
> ▶ 了解虚拟专用网络（VPN）的益处。
> ▶ 配置VPN服务。

用户的组织机构中可能已经具有提供 VPN 服务的网络设备，但如果还没有部署的话，那么可以考虑使用 OS X Server VPN 服务，它功能强大而且使用方便，特别是它能够与 AirPort 设备进行紧密的整合。

参考19.1
了解 VPN

虽然用户的服务器可以提供很多服务，它们使用 SSL 来确保数据传输的安全，但是有些服务，例如 AFP，并不使用 SSL。通常，由 OS X Server 提供的服务，其鉴定在网络上几乎总是安全和被加密的，但是负载却并不一定是。例如，当没有虚拟专用网络连接来加密传输时，通过 AFP 传输的文件内容是不被加密的。所以，如果一名窃听者截获了未加密的网络传输，虽然他可能无法还原身份信息，但是还是有可能还原出用户可能不希望他去访问的内容信息的。

如果用户的组织机构中没有专用的网络设备来提供 VPN 服务，那么可以使用 OS X Server 来提供 VPN 服务，它使用第二层隧道协议（L2TP）或者是 L2TP 和点对点隧道协议。PPTP 被认为是不太安全的，但是可以较好地兼容旧版本的 Mac 和 Windows 操作系统。

无论使用哪种类型的VPN，都可以配置用户的计算机和设备去使用 VPN，这样，当他们在组织机构内网外部时，可以安全连接到内网。如果为用户提供VPN 服务，那么可以使用防火墙来允许提供给所有用户的服务通过，如网站和 Wiki 服务，但是要配置防火墙屏蔽掉外部对邮件和文件服务的访问。当用户在防火墙的另一端去访问服务器时，他们可以使用 VPN 服务去建立一条连接，就像他们在内网中一样，所以防火墙不会对他们产生影响，他们可以访问所有的服务，就像他们并没有处在远端位置一样。

建立 VPN 连接最困难的部分已超出本指南的学习范围，用户需要确保路由器可以通过从网络外部到服务器的相应传输，这样 VPN 客户端才可以保持建立 VPN 连接。可以参阅 Apple 技术支持文章 TS1629来获取更多有关已知端口的信息。

参考19.2
通过 Server 应用程序配置 VPN

VPN 已使用默认的选项设置进行了配置，为用户准备好开始服务，所以只需单击开/关按钮开启服务即可。本课程将对配置选项进行讲解说明。

如果还有不兼容 L2TP 的老旧客户端,那么单击"配置VPN,用于"下拉按钮,并选择"L2TP 和PPTP"选项,允许使用两个协议。

为了让客户端可以使用 DNS 主机名来访问服务器的 VPN 服务,可以对"VPN 主机名"文本框进行更改。当对文本框中的信息进行修改时,如果服务器针对输入的主机名并没有获得可用的 DNS 记录,文本框的状态指示器是红色的,而如果状态指示器变为绿色,则表明 DNS 记录是存在的。记住,用户在这里指定的主机名也将被位于本地网络外部的用户使用,所以用户指定的主机名在本地网络外部也应当具有可用的 DNS 记录。

例如,如果用户的服务器是在提供 DHCP 和 NAT 的 AirPort 设备的后面,那么要确保用户在"VPN 主机名"文本框中指定的主机名具有可公开访问的DNS记录,该记录要匹配 AirPort 设备的公共 IPv4 地址。下图是"AirPort 实用工具"的"网络"选项卡,如果使用 Server 应用程序管理的 AirPort 设备并让 VPN 服务可用的话,那么会在这里显示出 VPN 服务。

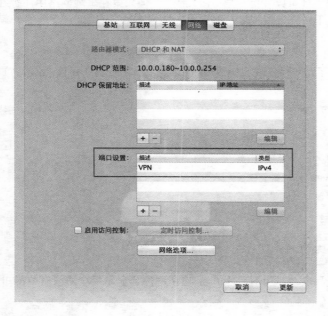

选择 VPN 选项并单击"编辑"按钮，进入到下图，它显示了与 VPN 相关的 UDP 和 TCP 端口，可通过这些端口将数据发送到服务器。

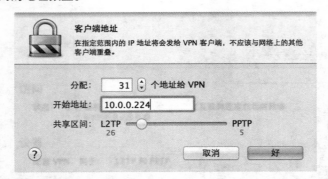

为了确保机密性、身份验证及通信的完整性，OS X Server VPN 服务和 VPN 客户端都必须使用相同的共享密钥，这就好比是一个密码。为了建立 VPN 连接，用户还必须通过用户名和密码进行身份鉴定。默认情况下，Server 应用程序会为共享密钥生成随机的字符串。可以将字符串更改为其他内容，但最好还是随机字符串。如果创建一个配置描述文件分发给用户，那么这个共享密钥是被包含在内的。如果之后更改了共享密钥，那么每个用户都需要更新他们的 VPN 客户端配置。有下列几个方法可以完成这项操作。

▶ 再次存储配置描述文件，将它分发给用户，用户再去安装新的配置描述文件。

▶ 使用描述文件管理器服务去分发包含有 VPN 配置的配置描述文件，当它被安装或是重新安装后，会自动更新配置描述文件中的共享密钥。

▶ 指引用户在他们的 VPN 客户端中手动输入新的共享密钥。

了解高级配置选项

不需要对这些高级选项进行配置，就可以直接开启 VPN 服务，但如果在本地网络中还存在着其他网络设备，那么至少应当检查一下"客户端地址"的配置，确保本地客户端和 VPN 客户端不会意外地分配到相同的 IPv4 地址。

"客户端地址"设置显示了 VPN 服务分给 VPN 客户端的 IPv4 地址数量，单击"编辑"按钮，可配置地址范围。如果同时启用了L2TP 和 PPTP，那么可以使用滑块来分配每个协议对客户端可用的地址数量。

当将鼠标指针悬停在"开始地址"文本框上时，Server 应用程序会显示每个协议有效的 IPv4 地址范围，如下图所示。

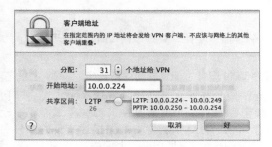

当 VPN 客户端成功连接到服务器的 VPN 服务时，VPN 服务会为客户端分配一个可在本地网络使用的 IPv4 地址。确保本地网络中其他设备所使用的 IPv4 地址并不在 VPN 服务分发给客户端的地址范围内，用户应当配置本地网络的 DHCP 服务不去提供相同范围内的 IPv4 地址，同时确保没有设备手动分配了相同范围内的 IPv4 地址。

与内网中的客户端一样，可以为 VPN 客户端分配一个或多个默认搜索域。

默认情况下，VPN 服务配置 VPN 客户端使用与服务器所用相同的 DNS 服务器及相同的搜索域。这意味着 VPN 客户端可以访问到那些只供内网客户端使用的DNS 记录。

单击"DNS 设置"旁边的"编辑"按钮，确认 DNS 设置是有效的。

例如，对于内网客户端，server17.pretendco.com应当解析到10.0.0.171，但是对于不在本地网络中的客户端来说，server17.pretendco.com应当解析到可公开访问的IPv4地址。当然，pretendco.com是一个用于教学目的的域名，所以用户应当使用一个可以控制管理的域名，而不是pretendco.com。

如果具有一个复杂的网络配置，那么可以指定额外的路由地址，无论它们是私网的还是公网的都可以。下图所示为一个具有多个私有子网的示例。

配置描述文件的存储

当配置好 VPN 设置后，可以为用户创建一个配置描述文件。只需单击 VPN 设置界面中的"存储配置描述文件"按钮即可。

配置描述文件会使用到用户在 Server 应用程序 VPN 服务主配置界面中所指定的 VPN 主机名。

具有配置描述文件的计算机（装有OS X Lion 或更新版本系统的 Mac）或iOS设备可以很方便地设置 VPN 连接。用户只需提供用户名和密码即可，并不需要输入那些原本需要手动输入的信息，例如服务类型、VPN 服务地址及共享密钥。默认情况下，配置描述文件的文件名带有.mobileconfig扩展名，可在 Mac（Lion 或之后版本的系统）和iOS设备上使用。

还可以使用 OS X Server 描述文件管理器服务来创建和分发包含有 VPN 配置信息的配置描述文件。如果 VPN 服务被开启，它会自动包含在Settings for Everyone配置描述文件中。参阅课程12"通过描述文件管理器进行管理"来获取更多信息。

参考19.3
故障诊断

VPN 服务将日志信息写入到/var/log/ppp/vpnd.log中，不过，当用户使用 Server 应用程序来查看日志的时候，并不需要知道日志所在的位置，只需打开"日志"设置界面并从下拉菜单中选取 VPN 部分的"服务日志"命令即可。

用户可能并不理解所有的日志信息，但是可以将无故障连接时的日志信息与遇到问题时的相关信息进行对比。通常情况下，一个不错的办法是保留"已知没有问题"的日志样本，这样，当使用日志进行问题诊断时可以使用它们作为参考。

练习19.1
配置 VPN 服务

▶ **前提条件**

完成练习10.1"创建并导入网络账户"，或者创建全名为Barbara Green，账户名称为Barbara，密码为net 的用户。

VPN服务是非常容易配置和开启的。用户将在服务器上配置 VPN 服务，存储一个带有配置信息的描述文件，在管理员计算机上安装描述文件并建立 VPN 连接。在有教师指导的教学环境中，用户无法配置教室的路由器来允许访问每位学员服务器上的 VPN 服务，所以可以从教室网络的内部来建立 VPN 连接，这仍可以进行有效的连接。

1 在管理员计算机上进行这些练习操作。如果在管理员计算机上尚未通过 Server 应用程序连接到服务器计算机，那么按照以下步骤进行连接：在管理员计算机上打开 Server 应用程序，选择"管理">"连接服务器"命令，单击"其他 Mac"，选择自己的服务器，单击"继续"按钮，提供管理员身份信息（管理员名称ladmin及管理员密码ladminpw），取消选择"在我的钥匙串中记住此密码"复选框，然后单击"连接"按钮。

确认正在使用管理员计算机进行操作，这样可以在接下来的练习中去安装配置描述文件。

2 在 Server 应用程序的边栏中选择 VPN选项。

3 在有教师指导的教学环境中，确认 VPN 主机名是服务器的主机名称。

如果是自己独立进行练习操作，并且路由器可以转发所有的传输或是可以转发VPN 相关端口的所有传输到服务器的 IPv4 地址，那么可以将已映射到服务器公网 IPv4 地址的主机名作为"VPN 主机名"的配置信息来使用。

4 选择"显示共享密钥"复选框，查看共享密钥。

分配客户端地址范围。

分配给用户的地址在 10.0.0.n6 ～ 10.0.0.n9之间，其中 n 是学号。例如学号为1的学员，他分配的地址范围是10.0.0.16 ～ 10.0.0.19，学号为16的学员，他分配的地址范围是10.0.0.166 ～ 10.0.0.169。

1 在"客户端地址"旁边单击"编辑"按钮。

2 在"分配＿＿个地址给 VPN"文本框中输入4。

3 在"开始地址"文本框中输入 10.0.0.n6（其 n 是学号）。

4 将鼠标指针悬停在"开始地址"文本框上，直到出现 IP 地址范围。

确认地址范围符合自己的需求。

5 单击"好"按钮，保存更改。

开启 VPN 服务。

1 单击开/关按钮，开启服务。

存储配置描述文件。只有当服务开启时，"存储配置描述文件"按钮才会显示。

2 单击"存储配置描述文件"按钮。

3 按【Command+D】组合键，将存储目标文件夹改为系统桌面。

4 单击"存储"按钮。

参阅课程12"通过描述文件管理器进行管理"来获取向计算机和设备分发配置描述文件的相关详细信息。

在管理员计算机上安装 VPN 描述文件

在管理员计算机上打开并安装 VPN 配置描述文件，然后建立 VPN 连接。

1 在管理员计算机的桌面上，打开mobileconfig文件（默认的名称是VPN.mobileconfig）。

2 当系统偏好设置打开mobileconfig文件时，单击"显示描述文件"按钮。

3 滚动浏览描述文件并查看它的设置。

在下图中有两个地方需要注意（为了不滚动窗口来显示全部信息，可以调整窗口的大小）。配置描述文件并不是经过签名的。并且，如果在 Server 应用程序的描述文件管理器设置界面中，已配置服务器提供设备管理服务，那么在配置描述文件的"描述"中显示的是用户指定的组织机构名称，而不是服务器的主机名称。

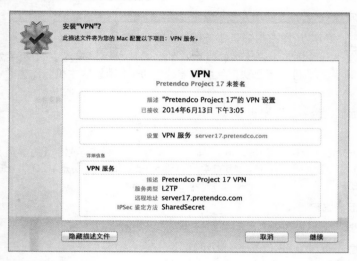

4 单击"继续"按钮。

5 当要求用户对操作进行确认时，单击"继续"按钮。

6 在"输入 VPN 的设置"界面中，保持"用户名"的空白，这样，这台计算机上的每个用户都需要输入他自己的用户名，单击"安装"按钮。

7 当出现提示时，提供本地管理员的身份信息并单击"好"按钮。

描述文件会显示在描述文件偏好设置的列表中。

NOTE ▶ 如果已完成了练习9.1"将服务器配置为Open Directory主服务器"的操作，那么"描述"中将包含"Pretendco Project *n*的 VPN 设置"（其中*n*是学号）。

配置 VPN 图标显示在菜单栏中，这样用户不需要打开系统偏好设置就可以建立 VPN 连接。

1 单击"全部显示"按钮，返回到全部偏好设置列表。

2 单击"网络"按钮。

3 在接口列表中选择新安装的 VPN 条目。

4 选择"在菜单栏中显示 VPN 状态"复选框。

5 单击"连接"按钮。

6 在"VPN 连接"界面中，提供服务器上的本地用户或是本地网络用户的身份信息，并单击"好"按钮。

可以使用用户名barbara及密码 net 。

如果成功通过鉴定并建立 VPN 连接，状态会显示为"已连接"，并且可以看到连接信息（连接时间、IP 地址，以及发送和接收数据的传输计量表）。在这里提醒用户一下，下图中"账户名称"文本框是空白的，所以使用这台 Mac 的每个用户都必须提供用户名称和密码。

7 如果用户并不是在有教师指导的教学环境中进行练习，并且 Mac 位于本地网络的外部，那么确认可以访问内网资源。例如，如果服务器的网站服务还没有开启，那么在服务器计算机上，使用 Server 应用程序的网站设置界面来开启服务。然后在管理员计算机上打开 Safari 并在地址栏中输入服务器的私网 IPv4 地址。确认网页可以正常打开。

8 单击"断开连接"按钮。

检查日志

通过 Server 应用程序来检查与 VPN 服务相关的信息。用户将查看成功连接的信息。

1 在管理员计算机上，如果还未连接到服务器，那么打开 Server 应用程序，连接到自己的服务器，并鉴定为本地管理员。

2 在 Server 应用程序的边栏中选择"日志"选项。

3 在下拉菜单中选择 VPN 部分的"服务日志"命令。

4 在搜索文本框中输入之前建立 VPN 连接时所使用的用户名称。

注意，当输入要搜索的文本时，匹配用户输入的文本会被高亮显示。

5 按【Return】键，前往搜索字词的下一个实例。

在本练习中，通过Server应用程序配置了 VPN 服务，使用配置描述文件快速配置了 VPN 客户端，使用系统偏好设置快速建立了 VPN 连接，并通过日志设置界面查看了 VPN 服务日志。

练习19.2
清理

在管理员计算机上移除 VPN 描述文件，准备进行其他的练习操作。

1 在网络偏好设置中，取消选择"在菜单栏中显示 VPN 状态"复选框。

2 单击"全部显示"按钮。

3 打开描述文件偏好设置。

4 选择 VPN 描述文件。

5 单击移除（﹣）按钮。

6 单击"移除"按钮，移除描述文件。

7 如果出现提示框，提供本地管理员的身份信息并单击"好"按钮。

注意，当这里没有已安装的描述文件时，"描述文件"偏好设置将不显示在可用的偏好设置中。

8 退出系统偏好设置。

9 在 Server 应用程序中，单击开/关按钮，将 VPN 服务关闭。

10 在 Finder 中，将VPN.mobileconfig拖动到废纸篓中，选择 Finder >"清倒废纸篓"命令，然后再单击"清倒废纸篓"按钮。

课程20
了解 DHCP

可以使用 OS X Server DHCP（动态主机配置协议）服务为计算机和设备动态配置网络设置，这样就不需要对它们进行手动配置了。"动态主机配置协议"中的"主机"指的是 DHCP 客户端的计算机和设备。虽然很多网络现在都提供 DNS 和 DHCP 服务来作为他们基础设施的一部分，但是用户或许会去使用 OS X Server 的 DHCP 服务，因为与通过网络路由器的界面对DHCP 进行管理相比较，通过 Server 应用程序来管理 DHCP 要更为容易和便捷。此外，还可以让服务器的一个或多个网络接口来提供 DHCP、DNS 和NetInstall服务到一个孤立的或是专用的NetInstall子网（如课程15"使用NetInstall"所介绍

> **目标**
> ▶ 了解 DHCP 的功能。
> ▶ 使用 Server 应用程序来配置和管理 DHCP 服务。
> ▶ 了解静态地址。
> ▶ 识别 OS X Server DHCP 服务当前的客户端。
> ▶ 显示 DHCP 服务的日志文件。

的，NetInstall客户端为了能够通过网络映像成功启动，需要使用网络上的 DHCP 服务）。

警告：如果网络的基础设施中已经提供了 DHCP 服务，那么就不要再开启 OS X Server 的 DHCP 服务了，否则，在本地网络中的客户端计算机就有可能无法正常工作（例如，他们可能通过服务器的 DHCP 服务来获取一个 IPv4 地址，而这个地址在另一台 DHCP 服务器上已经被分配过，或者他们可能会去使用没有配置正确的 DNS 服务）。在同一个网络中，不应当有多于一个可用的 DHCP 服务。当然，有多台 DHCP 服务器相互协调工作也是可以的，不过 OS X Server 的 DHCP 服务被设计成一个独立的服务。

参考20.1
了解DHCP 如何工作

DHCP 服务器按照以下过程将一个地址分配给客户端，按照这个顺序来进行交互。

1. 网络上的一台计算机或设备（主机）要通过 DHCP 获得网络配置信息。所以它在本地网络中广播一个请求，来看看是否有可用的 DHCP 服务。

2. 一台 DHCP 服务器接收到来自主机的请求并以相应的信息进行应答。在本例中，DHCP 服务器打算让主机使用IPv4 地址 172.16.16.5，同时还附带有一些其他的网络设置，包括有效的子网掩码、路由器、DNS 服务器及默认搜索域。

3. 主机回复第一个对它进行应答的 DHCP。它为 DHCP 服务器只提供给它的 IPv4 地址设置 172.16.16.5 发送一个请求。

4. DHCP 服务器正式承认主机可以使用它所请求的设置，这时，主机具有一个有效的 IPv4 地址，并可以开始使用网络。

在本示例中，DHCP 服务器所提供的一个主要好处是可以将配置信息分配到网络上的各个主机。这样就不需要在每台计算机或设备上来手动配置信息了。当 DHCP 服务器提供配置信息时，可以确保用户在配置他们的网络设置时不会输入错误的信息。如果网络已经被配置得当，一名新用户就可以将一台新 Mac 打开包装，连接到有线或无线的网络，自动使用相应的网络信息来配置计算机。之后用户就可以访问网络服务而不需要进行任何手动的干涉。通过这个功能提供了一种简单的设置及管理计算机的工作方式。

了解 DHCP 网络

用户可以使用 OS X Server 在多个网络接口上提供 DHCP 服务。而且在每个网络接口上很有可能会具有不同的网络设置，希望根据 DHCP 客户端所在的网络来提供不同的设置信息。

OS X Server 使用术语"网络"来描述 DHCP 设置集。一个"网络"包括了要在哪个网络接口上提供 DHCP 服务、要在该接口上提供的 IPv4 地址范围，以及要提供的网络信息，这又包括租期、子网掩码、路由器、DNS 服务器及搜索域。为了清楚起见，本指南将这类网络称为 DHCP 网络。DHCP 网络是 OS X Server 中 DHCP 服务的基础。

如果要在每个网络接口上提供多个范围的 IPv4 地址，那么可以在每个网络接口上创建多个 DHCP 网络。

更多信息▶ 其他的 DHCP 服务使用"范围"一词来描述 DHCP 网络。

作为规划工作的一部分，用户应当决定是否需要多个 DHCP 网络，还是说一个单一的 DHCP 网络就足够了。

了解租期

DHCP 服务器将一个 IPv4 地址租借给一个客户端使用的一段时间称为租期。DHCP 服务保障 DHCP 客户端在租借期间内可以使用它租用的 IPv4 地址。当网络接口不再使用时，主机放弃租借的地址，例如当计算机或设备被关闭。如果其他主机需要的话，DHCP 服务可以将这个 IPv4 地址分配给其他主机使用。在 Server 应用程序中，可以将租借时间长度设置为1小时、1天、7天或是30天。

如果是移动计算机和设备使用用户的网络，那么它们很有可能不会同时出现在网络上。依照时间的推移，通过 IPv4 地址的重复使用，租借方式可以让企业支持比可用 IPv4 地址更多数量的网络设备。如果是这种情况，那么在实施 DHCP 服务时，租期是要考虑的关键选项之一；如果网络设备往来比较频繁，那么考虑使用较短的租期，这样当网络设备离开网络时，它的 IPv4 地址将可更为快速地用于不同的网络设备。

即使可用的 IPv4 地址要多于设备，那么对于主机来说也需要定期更新它们的租用信息，这样，可以对分发的 DHCP 信息进行更改，当主机更新它们租借的信息时，会最终收到更改过的信息。如果改动很大，例如一套完全不同的网络设置，那么可以重新启动客户端，或者是通过短暂断开网络连接并重新连接的方式来强制使租借的信息进行更新。

了解静态和动态分配

可以使用 DHCP 服务以动态方式或静态方式将一个 IPv4 地址分配到一台计算机或设备。每台计算机或设备的网络接口都有一个唯一的 MAC（Media Access Control，介质访问控制）地址，这是一个不能轻易更改的物理属性，它唯一识别该网络接口。DHCP 服务将租借与 Mac 地址进行关联。MAC 地址也称为物理地址或网络地址，这是 MAC 地址的一个示例c8:2a:14:34:92:10。动态地址和静态地址之间的区别如下。

▶ 动态地址。IPv4 地址被自动分配给网络上的计算机或设备。该地址通常被"租借"给计算机或设备一个指定的时间周期，之后，DHCP 服务器要么更新该计算机或设备对该地址的租借，要么令该地址可用于网络上的其他计算机和设备。

▶ 静态地址。将 IPv4 地址分配给网络上指定的计算机或设备，并且很少对其进行更改。静态地址可以通过手动方式应用到计算机或设备，或者是配置 DHCP 服务器向一个 MAC 地址每次都提供相同的 IPv4 地址，具有该 MAC 地址的计算机或设备连接到网络会分配到对应的 IPv4 地址。

可以在网络上将静态与动态分配地址的方式组合使用。其中一个决定因素是，哪个地址类别最适合于计算机或设备的使用。例如，如果计算机或设备是一台服务器、网络设备或是打印机，那么应当考虑使用一个静态地址，而经常在用户网络中往来的移动计算机和设备，更适合为它们分配动态 IPv4 地址。

了解为多个子网提供服务

DHCP 服务器所处的位置对 DHCP 的实施有着直接影响。当网络客户端请求 DHCP 服务时，它使用 BootP（Bootstrap 协议）网络协议。默认情况下，大多数路由器并不对超越网络边界的 BootP 传输进行转发，无论是物理划分的子网还是以编程方式划分的 VLAN（虚拟局域网），都是如此。为了让网络客户端能够使用到 DHCP 服务，DHCP 服务器必须通过在该子网中的网络接口来提供 DHCP 服务，或者是配置路由器在子网间进行中继 BootP 传输，这有时也被称为配置辅助地址或是配置 DHCP 中继代理。

参考20.2
配置 DHCP 服务

本节内容将介绍使用 Server 应用程序来配置 OS X Server 的详细步骤。

NOTE ▶ 此时先不要开启 DHCP 服务，完整的操作说明请参见后面的选做练习。

通过 Server 应用程序配置 DHCP 的过程涉及以下步骤。

1. 配置服务器的网络接口。
2. 编辑和创建网络。
3. 开启 DHCP 服务。
4. 监视 DHCP 服务。

NOTE ▶ 为了选择 DHCP 服务，需要显示 Server 应用程序的"高级"部分（或者从"显示"菜单中选择 DHCP）。

配置服务器的网络接口

在网络接口上提供任何服务之前，该网络接口都需要被配置并且是活跃的。在服务器上使用网络偏好设置来配置要提供 DHCP 的网络接口。下图展示了一台配有两个额外的 USB 至以太网转接器的 Mac Mini，所以它可以在多个网络中提供 DHCP 服务。

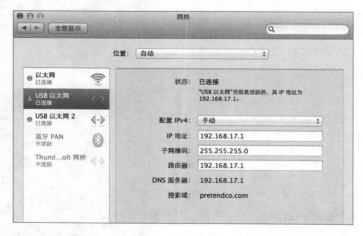

编辑子网

接下来需要编辑一个或多个子网。这个过程包括任何选项设置的配置，例如 DNS 信息。

默认情况下，当用户在 Server 应用程序中打开 DHCP 设置界面时，"设置"选项卡中的"网络"列表框会根据服务器的首选网络接口来显示一个 DHCP 网络。

如果双击这个默认的 DHCP 网络来进行编辑，将会看到名称是根据服务器首选网络接口的 IPv4 地址来命名的，并且起始 IPv4 地址和结束 IPv4 地址也只是边界点地址。用户需要编辑 DHCP 服务所提供的 IPv4 地址范围，服务器自身使用的 IPv4 地址也被包括在这个范围里，用户肯定不希望将服务器的 IPv4 地址分发给客户端来使用。在下图中展示了一个默认的 DHCP 网络设置。

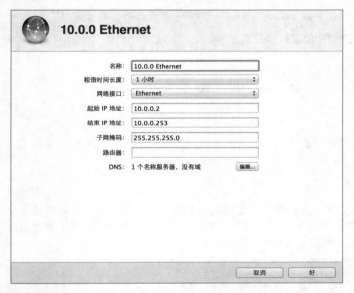

正如所看到的，可以为 DHCP 网络指定的信息包括以下几个。

- 名称。
- 租借时间长度。
- 网络接口。
- 起始 IP 地址。
- 结束 IP 地址。
- 子网掩码。
- 路由器。

此外，如果单击DNS旁边的"编辑"按钮，还可以指定以下设置。

- DNS名称服务器。
- 搜索域。

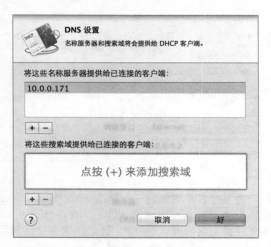

当创建新的网络时，路由器、名称服务器及搜索域文本框都会被新网络所用的网络接口的值来填充。

NOTE ▶ 如果指定服务器的 IPv4 地址作为名称服务器的值，那么要确保配置 DNS 服务来为所有相应的网络进行查询。此外还要注意，OS X Server 并不执行路由操作，它并不会将一个来自原本孤立网络的传输传递到因特网上。

在"网络"设置界面中，可以配置多个子网范围。例如，可以为现有网络接口上的第二个地址范围或是为不同网络接口上的地址范围来添加额外的子网范围。当创建新的 DHCP 网络时，Server 应用程序并不允许用户指定其他 DHCP 网络已经包括的 IPv4 地址范围。

单击添加（＋）按钮，可以创建一个新的 DHCP 网络，单击移除（－）按钮，可以移除一个现有的 DHCP 网络。这里的 Server 应用程序示例显示了3个 DHCP 网络，其中有两个是在同一子网中。

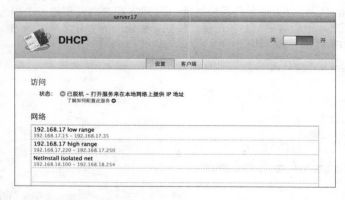

开启 DHCP 服务

要开启 DHCP 服务，单击开/关按钮，开启服务。

NOTE ▶ 现在先不要开启 DHCP 服务，完整的操作说明请参见后面的选做练习。

监视并配置 DHCP 服务

可以使用 Server 应用程序来查看与 DHCP 服务相关的 DHCP 客户端信息。要查看 DHCP 客户端信息，选择"客户端"选项卡。

TIP ▶ 可以在 Server 应用程序窗口中调整分栏的大小，以便让特定的分栏能够显示更多的信息。

客户端	类型	IP 地址	网络
client17	动态	192.168.17.15	192.168.17 low range
Mainserver	动态	192.168.17.16	192.168.17 low range

"客户端"界面显示以下信息。

▶ 客户端（对于 Mac 来说，这里显示客户端的计算机名称）。

▶ 类型（动态或静态）。

▶ IP 地址。

▶ 网络（DHCP 网络）。

分配静态地址

在"客户端"界面中，DHCP 服务可以让用户为某个客户端创建一个静态 IPv4 地址，Server 应用程序将其称为静态地址（而其他的一些 DHCP 服务器将其称为保留地址）。在将静态 IPv4 地址分配到关键设备（例如服务器、打印机和网络交换机）的同时，会使用 DHCP 来自动配置诸如子网掩码和 DNS 服务器这样的网络设置。

如果用户已知一台网络设备的 MAC 地址，那么可以为它简单地创建一个静态地址。在"客户端"选项卡中单击添加（＋）按钮，指定一个名称，选取 DHCP 网络，分配一个 IPv4 地址并设定 MAC 地址。

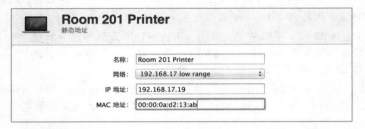

但如果用户并不知道 MAC 地址，可以为一个已租用地址的DHCP 客户端来创建一个静态地址。在"客户端"选项卡中，在列表中选取客户端，单击操作按钮（齿轮图标）并选择"创建静态地址"命令。在下图中，Unknown条目是一台打印机。

当选择"创建静态地址"命令后，可以设定名称、网络及 IP 地址。"MAC 地址"文本框是被预先填写好的。

Room 129 Printer
静态地址

名称:	Room 129 Printer
网络:	192.168.17 low range
IP 地址:	192.168.17.20
MAC 地址:	00:00:aa:d2:16:ee

参考20.3
DHCP 的故障诊断

同很多网络服务一样，有时很难准确地说出 DHCP 问题的原因。有时，错误的配置会出现在客户端系统中。而有些时候，网络设施的问题也会妨碍网络上的计算机和设备去和 DHCP 服务器进行通信。而有时，当 DHCP 服务器并没有配置正确，或是并没有按照预期的方式进行操作时，也会出现问题。

为了清楚地了解诊断过程，假想一下网络上的某台计算机或设备无法从服务器上获得 DHCP 地址的情况。首先去诊断客户端，然后再去诊断服务器。

当为 OS X 的 DHCP 问题进行故障诊断时，对以下问题进行询问。

▶ 在网络上的计算机或设备配置正确了吗？检查物理网络问题，例如线缆、损坏的路由器或交换机，以及物理子网的限制。确认相应的网络接口是活跃的。

▶ 可以建立任何网络连接吗？可以 ping 到另一台主机吗？可以通过Bonjour看到其他的主机吗？

▶ 配置设置正确了吗？是使用通过 DHCP 分配的动态地址还是手动分配的静态地址？如果使用 DHCP 有问题，那么使用一个静态地址是否可以正常工作？

▶ 是通过 DHCP 分配的 IPv4 地址还是自分配的地址（范围是169.254.x.x）？通过 IPv4 地址和主机名称能否 ping 通其他主机？可以进行 DNS 查询吗？

在这个假想的情况中，可以通过手动配置的、带有静态地址的网络接口连接到外部的网站，所以可以得出结论，问题是来自服务器。

当为 OS X Server 的 DHCP 问题进行故障诊断时，对以下问题进行询问。

▶ 本地网络上的 DHCP 服务器配置得正确吗？服务器可通过 ping 访问网络吗？服务器具有正确的 IPv4 地址吗？

▶ DHCP 服务配置正确了吗？DHCP 服务被开启了吗？

▶ Server 应用程序显示出预期的 DHCP 客户端的活动信息了吗？

▶ DHCP 日志条目与预期的 DHCP 客户端活动相符吗？

查看日志

DHCP 日志条目被包含在主系统日志文件中。可以使用其他实用工具来查看系统日志，例如控制台应用程序，但如果用户使用 Server 应用程序的日志界面来查看 DHCP 服务日志，那么只有 DHCP 日志条目会被显示。

TIP▶ 可以调整 Server 应用程序窗口的大小，将日志条目显示在一行中。

Apple DHCP 服务的运行依靠 BOOTP。这就是运行在服务器上的 DHCP 进程被列为bootpd进程的原因。

可以在界面右下角的搜索文本框中输入特定的事件信息来查看具体事件。注意特定的 DHCP 条目和 DHCP 事件的一般流程信息。

▶ DHCP DISCOVER。DHCP 客户端发送查找 DHCP 服务器的发现消息。

▶ OFFER。DHCP 服务器响应客户端的DHCP DISCOVER消息。

▶ DHCP REQUEST。DHCP 客户端从 DHCP 服务器请求 DHCP 配置信息。

▶ ACK。DHCP 服务器响应 DHCP 客户端的 DHCP 配置信息。

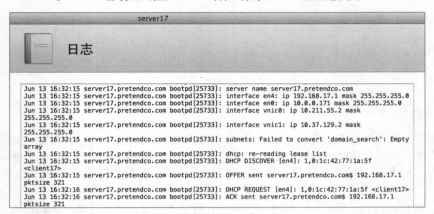

可以通过缩写 DORA 来记住这些连续的事件过程：Discover、Offer、Request、Acknowledge。

还可以通过 DHCP 服务器来判断一台客户端是否已接收到一个可用的 IPv4 地址。如果 DHCP 服务器已用完可用的网络地址，或者没有 DHCP 服务可用，那么客户端会自动生成一个自分配的本地链路地址。本地链路地址总是在169.254.x.x这样的 IPv4 地址范围内，并且具有子网掩码255.255.0.0。网络客户端会自动生成一个随机的本地链路地址，然后检测本地网络，确保其他网络设备没有正在使用这个地址。当一个唯一的本地链路地址被建立后，该网络客户端只能与本地网络上的其他网络设备去建立连接。

练习20.1
配置 DHCP 服务（可选）

NOTE ▶ 如果用户并不具备其他孤立的网络及额外的网络接口，或者是不能为本指南所用的孤立网络来停用路由器上的 DHCP，那么请跳过本练习的操作。

不要在已具有 DHCP 服务的网络上再启用 DHCP 服务。

按照本练习中的操作步骤，在服务器计算机上配置额外的网络接口，停用默认的 DHCP 网络，并为额外的孤立网络创建一个新的 DHCP 网络。

用户将使用管理员计算机作为孤立网络中的 DHCP 客户端，如下图所示。

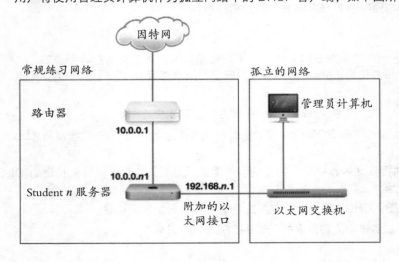

从确认额外孤立网络的准备工作开始。

1 如果用户具有带有多个以太网接口的 Mac Pro，那么可以直接使用空闲的以太网接口。否则，需要将 USB 至以太网转接器或者Thunderbolt至千兆以太网转接器连接到服务器计算机上。

2 使用以太网线缆将以太网转接器（或者是 Mac 计算机的其他网络接口）连接到孤立网络所用的以太网交换机上。

服务器计算机的以太网接口已连接到以太网交换机，现在对网络接口进行配置。

1 在服务器计算机上，如果还没有以本地管理员的身份登录系统，那么现在使用本地管理员的身份登录。

2 打开系统偏好设置。

3 选择"网络"选项。

4 选择新添加的或是未配置的网络接口。

5 单击"配置 IPv4"下拉按钮并选择"手动"选项。

6 输入以下信息。

IP 地址：192.168.n.1（其中 n 是学号）。

子网掩码：255.255.255.0。

路由器：192.168.n.1（其中 n 是学号）。

7 单击"高级"按钮，设置 DNS 服务器和搜索域。

8 选择DNS选项卡。

9 在"DNS"服务器文本框中单击添加（+）按钮，并输入 192.168.n.1（其中 n 是学号）。

10 在"搜索域"文本框中单击添加（+）按钮，并输入pretendco.com。

11 单击"好"按钮，保存更改。

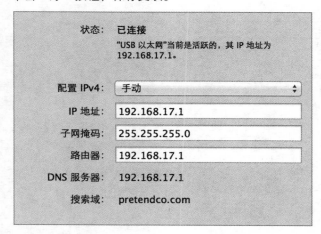

12 单击"应用"按钮。

配置 DHCP 服务。

1 在 Server 应用程序的边栏中选择 DHCP选项。如果在 Server 应用程序的边栏中并没有显示"高级"服务，那么将鼠标指针悬停在"高级"文字上面，然后单击"显示"按钮。

2 选择默认的 DHCP 网络，它是根据服务器首选网络接口来创建的。

3 单击删除（−）按钮，然后再次单击"删除"按钮。

4 单击添加（+）按钮，创建新的 DHCP 网络。

5 在"名称"文本框中输入Extra Net。

6 单击"租借时间长度"下拉按钮并选择"1小时"命令。

7 单击"网络接口"下拉按钮并选择在本练习开始部分刚刚配置的网络接口。

8 输入以下信息。

起始 IP 地址：192.168.n.50（其中 n 是学号）。

结束 IP 地址：192.168.n.55（其中 n 是学号）。

9 如果需要的话，输入以下信息。

子网掩码：255.255.255.0。

路由器：192.168.n.1（其中 n 是学号）。

10 对于 DNS 的设置，单击"编辑"按钮并输入以下信息。

将这些名称服务器提供给已连接的客户端：192.168.n.1（其中 n 是学号）。

将这些搜索域提供给已连接的客户端：pretendco.com。

11 单击"好"按钮，关闭 DNS 设置界面。

12 检查设置。

13 单击"创建"按钮，保存更改。

开启 DHCP 服务

1 单击开/关按钮，开启 DHCP 服务。

2 在"另一个 DHCP 服务器可能正在运行"的警告对话框中单击"启用 DHCP"按钮。

通过以下步骤将管理员计算机连接到额外的孤立网络并允许它获取 DHCP 地址。创建一个新的网络位置，让管理员计算机可以使用 DHCP 并准备切换网络。一个网络位置是全部网络接口的所有设置集合，并且在网络位置之间进行切换可以让用户快速更换网络设置。可以参阅Apple Pro Training Series: OS X Support Essentials 10.9指南的课程23"高级网络配置"，来获取有关网络位置的更多信息。

1 在管理员计算机上退出 Server 应用程序。

2 在 Finder 中按【Command+N】组合键，打开一个新的 Finder 窗口。

3 如果在 Finder 窗口的边栏中有带有推出图标的网络卷宗，那么单击推出按钮，推出所有网络卷宗。

4 将管理员计算机的以太网线缆连接到孤立网络所用的以太网交换机。

保存当前的网络位置，以便用户可以快速切换回这个位置。

1 在管理员计算机上打开系统偏好设置。

2 选择"显示">"网络"命令。

3 如果当前的网络位置已经具有相应的名称，那么转到后续的操作步骤。

如果当前的网络位置仍被命名为"自动"，那么单击"位置"下拉按钮，选择"编辑位置"命令，双击"自动"选项，输入Server Essentials，按【Return】键保存名称的更改，单击"完成"按钮，然后再单击"应用"按钮。

创建一个新的网络位置。

1 单击"位置"下拉按钮并选择"编辑位置"命令。

2 单击添加（+）按钮。

3 输入 DHCP 作为新位置的名称，然后单击"完成"按钮。

4 在"位置"下拉菜单中选择名为DHCP的位置。

5 确认"位置"下拉菜单被设置为 DHCP。

6 单击"应用"按钮。

7 保持"网络"设置界面处于打开状态，这样在本练习结束时方便用户再次更换位置。

新位置没有进行过任何配置，它的各个网络接口都被设置使用 DHCP。等待管理员计算机的以太网接口接收到 DHCP 分配的新的 IPv4 地址。

监视服务并查看日志。

1 在服务器计算机上，在DHCP 设置界面中，单击"客户端"图标。

2 从"显示"下拉菜单中选择"刷新"命令（或按【Command+R】组合键）。

确认管理员计算机被列出。

3 在 Server 应用程序的边栏中选择"日志"选项。

4 单击日志下拉按钮并选择 DHCP 部分的"服务日志"命令。

确认可以看到Discover、Offer、Request和 Acknowledge（Ack）传输信息。

清理

更换管理员计算机的网络位置，重新连接到练习网络以便进行剩余的练习操作，并关闭 DHCP 服务。

1 在管理员计算机上，单击"位置"下拉按钮并选择Server Essentials命令。

2 单击"应用"按钮。

3 将管理员计算机的以太网线缆从孤立网络所用的交换机上断开。

4 将管理员计算机的以太网线缆连接到本课程之前使用的网络交换机上。

5 在 Server 应用程序的边栏中选择DHCP选项，并单击开/关按钮，关闭服务。

在 Server 应用程序边栏中确认 DHCP 旁边的状态指示器已不再显示，表明服务已被关闭。

在本练习中，用户在已连接到孤立网络的网络接口上启用了 DHCP 服务。确认了客户端（管理员计算机）可以通过服务器的 DHCP 服务来获取 IPv4 地址，并且还查看了 DHCP 的服务日志。

课程21
网站托管

OS X Server为网络托管服务提供了一个简洁的界面。它基于开源的、流行的、众所周知的 Apache 引擎，OS X Server 的托管工具甚至可以让一名新手管理员将网站上线。

参考21.1
Web 服务软件

本课程帮助用户对 Apple 网站服务的各个方面进行了解、管理及安全保护，包括管理高带宽连接、共享文件，以及对访问、查看及故障诊断日志的定位。

OS X Server 网站服务基于 Apache 引擎，开源软件通常被用在各种操作系统中。它是一个被广为使用和众所周知的网站服务器，因特网上有超过 60% 的网站都通过它来提供服务。

在编写本指南时，OS X Server 所安装的 Apache 版本是Apache 2.2.24。

如果要在因特网上提供可供用户使用的网站主机，那么外部主机的 DNS 记录必须被注册，并且 OS X Server 必须通过 DMZ（隔离区）暴露给因特网，DMZ的功能也称为外围网络或端口转发。

目标

- ▶ 了解OS X Server 的 Web 引擎。
- ▶ 了解如何管理网站服务。
- ▶ 控制对网站的访问。
- ▶ 配置多个网站和站点文件位置。
- ▶ 查看网站日志文件。
- ▶ 为网站定位并使用安全证书。

参考21.2
了解基本网站架构

在管理网站之前，最重要的是要知道Apache 关键文件及站点文件被存储的位置。网站服务常用的 Apache 和 Apple 配置文件位于/Library/Server/Web。

配置文件仍旧存在于/private/etc/apache2/，这个位置在 Finder 视图中通常是隐藏的，而且它们不应当被操作。Apache 组件——包括 Apple 特定组件（在 Apache 中实现 Apple 特定功能的代码段）——都位于/usr/libexec/apache2/，这个位置在 Finder 视图中通常也是隐藏的。在本指南中不会介绍Apache 组件，但是在其他的 Apache 文档中可以获得更多的信息。OS X Server 站点的默认位置是/Library/Server/Web/Data/Sites/。

所有站点文件和文件夹所在的位置对于Everybody或_www用户或群组必须至少具有只读访问权限。否则，当用户访问网站时，就不能通过他们的浏览器去访问这些文件了。

启用和停用网站

当在 OS X Server 上管理网站时，可以使用 Server 应用程序。还可以使用 Server 应用程序来管理文件和文件夹权限，从而允许或限制对Web 浏览器可见文件夹的访问，例如 Safari 浏览器。

由于 OS X Server 已针对默认站点预先配置了网站服务，所以用户需要做的全部工作就是开启站点服务。

要停用一个站点，只需在 Server 应用程序中从网站列表中将它移除即可。这并不会删除站点文件，只是在站点服务的配置文件中移除了提到该站点的信息。

管理网站

要在一台服务器上托管多个站点，需要通过域名、IP 地址及端口来区分各个站点。例如，可以在同一 IP 地址上具有两个站点，只要它们所用的端口号不同即可。也可以具有两个 IP 地址相同但域名不同的两个站点。通过编辑并确认这3个参数每个都是唯一的，就可以逻辑区分自己的网站。访问服务器网页的URL可以是它的IP地址或是完整域名（FQDN），示例如下。

▶ http://10.0.0.171。

或

▶ http://server17.pretendco.com。

这也可以通过附加端口号的方式来进行修改，如下所示。

▶ http://server17.pretendco.com:8080。

或

▶ http://server17.pretendco.com:16080。

为了让用户去访问站点，访问该网站的用户需要被告知端口号。端口80和端口443是大多数浏览器已知的端口，所以在输入地址时并不需要添加额外的输入。

参考21.3
监视网站服务

Apache具有非常好的日志记录功能，当记录网站信息时主要使用两个文件：访问日志和错误日志。日志文件可以存储所有类型的信息，例如发出请求的计算机地址、已发送的数据量、记录的日期时间、访问者请求的页面，以及 Web 服务器的响应代码。

名为access_log和error_log的日志文件，位于/var/log/apache2/目录中，可通过 Server 应用程序来查看。Apache日志被分解为针对每个站点的访问和错误日志。Apache日志在控制台应用程序中也可以查看，但是日志信息并没有被分解显示，所以他们需要针对特定的站点进行筛选才能找到相应的日志条目。

参考21.4
故障诊断

对网站服务进行故障诊断，有助于了解服务是如何进行工作的，以及哪方面的服务是由哪部分来控制的。下面是一些需要进行调查的地方。

▶ 检查网站服务是否正在运行，可在 Server 应用程序中通过服务旁边显示的绿色状态指示器来进行验证。

▶ 检查网站指向网站文件被存储的位置。

▶ 确认网站文件和目录可以被_www用户群组或Everybody群组读取。

▶ 检查是否有谁可以访问站点的限制。

▶ 检查相应的网络端口对服务器的访问并没有被屏蔽（http是80端口，https是443端口，以及针对特定网站所指定的任何其他端口）。

▶ 检查已为网站设置了相应的 IP 地址。

▶ 使用网络实用工具检查对网站全称域名（FQDN）能够进行正确的 DNS 解析。

练习21.1
启用网站服务

▶ **前提条件**

▶ 完成练习3.1"配置 DNS 服务"。

▶ 完成练习10.1"创建并导入网络账户"。

网站服务是非常容易配置和使用的。本练习会令 OS X Server 做好托管网站的准备。

开启网站服务

要使用网站服务，必须先在 Server 应用程序中启用这个服务。

1 先不要开启站点服务，在管理员计算机上打开 Safari 并连接http://10.0.0.*n*1（其中*n* 是学号）。观察页面，然后在地址栏中输入 FQDN（http://server*n*.pretendco.com，其中*n* 是学号），并确认可再次看到页面。如果需要的话可以刷新页面。

2 注意，虽然没有开启网站服务，但是会显示一个基本的网页，告诉用户网站服务没有开启。

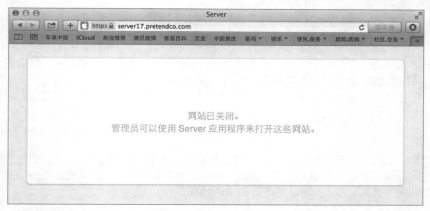

3 在管理员计算机上进行这些练习操作。如果在管理员计算机上尚未通过 Server 应用程序连接到服务器计算机，那么按照以下步骤进行连接：在管理员计算机上打开 Server 应用程序，选择"管理" > "连接服务器"命令，单击"其他 Mac"，选择自己的服务器，单击"继续"按钮，提供管理员身份信息（管理员名称ladmin及管理员密码ladminpw），取消选择"在我的钥匙串中记住此密码"复选框，然后单击"连接"按钮。

4 在 Server 应用程序的边栏中选择"网站"选项。单击窗口顶部的开/关按钮，开启服务。

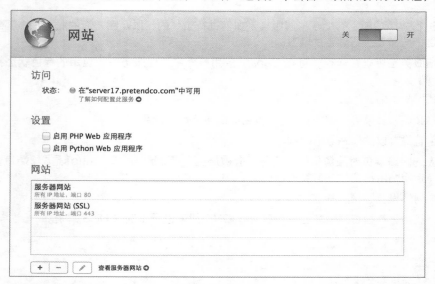

5 在管理员计算机上再次打开 Safari 并连接http://10.0.0.*n*1（其中*n* 是学号）。观察页面，然后在地址栏中输入 FQDN（http://server*n*.pretendco.com，其中*n* 是学号），并确认可再次看到页面。如果需要的话，可以刷新页面。

NOTE ▶ 请注意，用户并未对网站做过任何配置。OS X Server 网站服务被设置为自动提供默认网页。

6 再一次在管理员计算机上打开 Safari，并连接https://10.0.0.n1（其中n 是学号）。观察页面，然后在地址栏中输入 FQDN（https://servern.pretendco.com，其中n 是学号），并确认可再次看到页面。如果需要的话可以刷新页面。这次连接到受 SSL 保护的站点版本。

查看网站参数

了解 OS X Server 为默认网站都做了哪些设置是很有帮助的，因为用户通常要对其他站点的一些设置进行调整或更改。

1 在管理员计算机的 Server 应用程序中选择"网站"服务。

2 选择默认网站，并单击"网站"列表框下的编辑（铅笔图标）按钮。

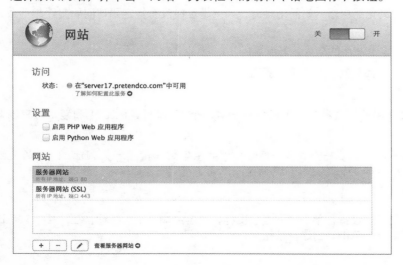

虽然用户正在查看的是默认网站，但是它所包含的项目都可为任何新网站来指定和输入，这包括以下几个。

▶ 将站点文件存储到。所选站点文件的存储位置。单击箭头按钮可以打开一个 Finder 窗口，窗口中显示了站点文件被存储的位置。

▶ 有权访问的用户。可以让站点需要经过鉴定才可以访问。

▶ 更多域。站点备用的域名。

▶ 重定向。将请求重定向到其他 URL。

▶ 替身。使文件夹可通过多个 URL 进行访问。

▶ 索引文件。当在浏览器中输入访问地址时，如果地址中没有指定要访问的文件，那么索引文件会被使用。

▶ 编辑高级设置。设置站点的高级偏好设置。

3 单击"取消"按钮，返回到网站服务设置界面。

创建新的网站

用户现在已经看过常用的设置参数，下面将基于第二个 IP 地址、FQDN 和端口号来创建第二个网站。

NOTE ▶ OS X Server 可以在一个或多个网络接口上具有多个 IP 地址。因此，重要的是区分映射到特定网站上的 IPv4 地址。这些信息的输入限定了网站刚才已输入过的参数。

NOTE ▶ 端口 443负责 SSL 对站点的访问，将会在后面的练习中启用它。

1 在服务器上打开系统偏好设置，单击"网络"图标，单击添加（＋）按钮，在"接口"下拉菜单中选择首选网络接口并单击"创建"按钮。

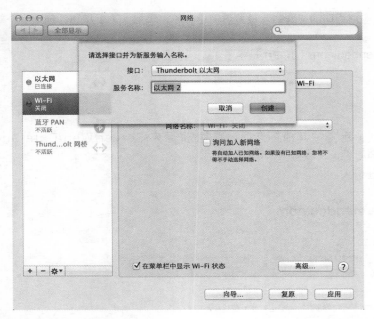

2 选择新建的接口，单击"配置IPv4"下拉按钮并选择"手动"命令。分配 IP 地址10.0.0.n5（其中 n 是学号）、子网掩码255.255.255.0、路由器10.0.0.1、DNS 服务器127.0.0.1及搜索域pretendco.com，然后单击"应用"按钮。

3 仍旧是在服务器上，打开"文本编辑"应用程序并创建新的文稿。在文稿中添加文本My New Website!，按【Command+S】组合键，存储文件。在"存储为"文本框中输入index.html。按【Command+D】组合键，将"位置"设置为"桌面"。将"文件格式"设置为"网页（.html）"，单击"存储"按钮。

4 使用 Finder 前往/资源库/Server/Web/Data/Sites，并创建一个名为MyNewWebsite的新文件夹。

5 将index.html拖动到/资源库/Server/Web/Data/Sites/MyNewWebsite中。如果出现提示，提供管理员身份信息。

6 在服务器上，在Server 应用程序的"网站"设置界面中，单击添加（＋）按钮，创建一个新的网站，并输入以下信息。

▶ 域名：server*n*.pretendco.com（其中*n* 是学号）。

▶ IP 地址：任一。

▶ 端口：8080。

▶ SSL 证书：无。

▶ 将站点文件存储到：选择"其他"选项，前往/资源库/Server/Web/Data/Sites/MyNewWebsite，然后单击"选取"按钮。

▶ 有权访问的用户：任何人。

7 单击"创建"按钮，提供新网页服务。

8 在管理员计算机上，在 Safari 的地址栏中输入http://server*n*.pretendco.com:8080（其中*n*是学号），并按【Return】键访问网站。

用户编辑的网页通过选用的 8080 端口显示出来。

NOTE ▶ 用户之所以能够看到相应的网站，是因为指定了与默认服务器网站不同的端口。

9 如果尝试访问http://server*n*.pretendco.com（其中*n* 是学号），将看到浏览器会显示回最初的 OS X Server 默认页面。

修改网站设置，令它可以对不同的域名进行响应。在课程3"提供DNS服务"中包含了操作说明，为www.pretendco.private对应10.0.0.*n*5（其中*n* 是学号）创建了相应的 DNS 记录。下图显示了必需的 DNS 记录。

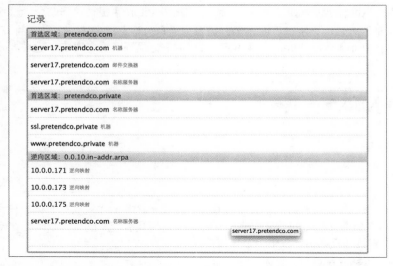

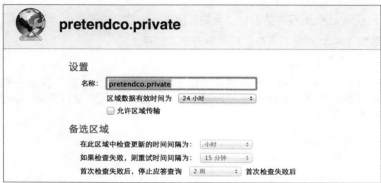

10 单击网站的编辑按钮，并更改以下信息。

▶ 域名：www.pretendco.private。

▶ IP 地址：10.0.0.*n*5（其中*n*是学号）。

▶ 端口：80。

▶ 当出现提示时需要单击"完成"按钮，单击"使用10.0.0.*n*5"（其中*n*是学号）。

NOTE ▶ 用户可能需要退出并重新打开 Server 应用程序，才能识别新的网络接口。

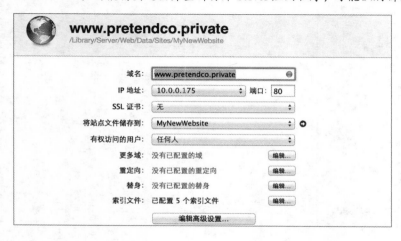

11 在 Safari 的地址栏中输入http://www.pretendco.private并按【Return】键，访问站点。

用户编辑过的网页会显示出来。之所以可以显示，是因为用户为站点指定了一个具体的 IP 地址，当使用完整域名www.pretendco.private时，通过定义的 DNS 记录可以响应到该IP 地址。

12 退出 Safari。

验证文件夹的访问

为了让网站工作正常，为文件夹的权限（以及某种程度上对文件的权限）设置适当的访问控制是非常重要的。Apache 对服务文件的访问，至少要让Everyone群组具有读取的访问权限。让www（显示为_www）用户或群组具有只读访问权限也是可以接受的。

要检查对于所有人的权限是否是只读，操作步骤如下。

1 在服务器计算机上打开 Server 应用程序并前往"网站"服务。

2 选择任一站点，单击编辑（铅笔图标）按钮，然后单击箭头图标。

这会在 Finder 窗口中打开站点文件夹。

3 通过"显示简介"，按【Command+I】组合键或按住【Control】键并单击，在简介窗口的下半部分查看标准权限设置。注意everyone的权限被设置为只读。这可以让所有用户，包括_www，都可以去访问这个文件夹。

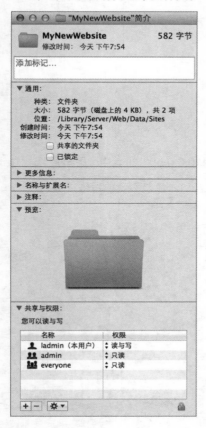

管理网站访问

OS X Server 提供了一个可对整个网站、或是让站点的一部分只供某些用户或群组来访问的控制机制。

当处理对包含有敏感信息网站的访问、或是令站点的一部分只让某个人或某个群组进行访问时，访问控制功能就显得极为有用了。例如，用户可以设置一个只让特定群组中的用户可以访问的站点。还可以设置站点的某个部分只让某个部门去访问其中的网页。通常情况下，都是在创建了用户和群组之后再去设置访问控制，因为对网站目录的访问都是基于用户、群组或两者同时来进行设置的。

1 在 Server 应用程序中，使用"群组"设置界面来创建一个全名为WebAccess的新群组。编辑WebAccess群组，添加Sue Wu作为群组成员。

2 在 Server 应用程序中，通过网站设置界面选择www.pretendco.private站点。单击编辑按钮。

3 将"有权访问的用户"设置为WebAccess。单击"好"按钮，如果出现有关 IP 地址的提示框，使用提示的 IP 地址即可。

4 在 Safari 的地址栏中输入http://www.pretendco.private并按【Return】键，访问站点。

5 使用Sue Wu和他的密码net 进行鉴定。WebAccess群组的成员可以访问到站点。使用不属于WebAccess群组成员的用户再次尝试访问站点。为了再次进行登录操作，可能需要退出 Safari 并重新开启它。

练习21.2
确保网站安全

▶ **前提条件**

完成练习21.1"启用网站服务"。

大多数网站传输都是明文通过网络的，这意味着，传输的内容可以被截获网站数据的人查看到。大多数情况下，这不是很严重的问题，但有些时候，当敏感信息需要通过网络线路被发送时，就需要加以保护了。

使用 SSL（安全套接层）和证书可以很方便地对网站传输进行加密。

使用 SSL

OS X Server 可以很方便地为网站启用 SSL。在开启 SSL 的过程中，网站所用的默认端口会从 80 更改为 443。用户将创建一个使用ssl.pretendco.private主机名的新网站。在课程3"提供DNS服务"中包含了操作说明，为ssl.pretendco.private对应10.0.0.n3（其中n 是学号）创建了相应的 DNS 记录。

1 采用与练习21.1相同的操作，使用网络系统偏好设置来为主网络接口设置一个新的 IPv4 地址。分配地址10.0.0.n3（其中n 是学号）。

2 打开 Server 应用程序并再次连接到服务器。

3 打开"文本编辑"应用程序并创建一个新的文稿。在文稿中添加文本My New SSL Website! 并按【Command+S】组合键，存储文件。在"存储为"文本框中输入index.html。按【Command+D】组合键，将"位置"设置为"桌面"，将"文件格式"设置为"网页（.html）"，单击"存储"按钮。

4 使用 Finder 前往/资源库/Server/Web/Data/Sites，并创建一个名为MyNewSSLWebsite的新文件夹。

5 将index.html拖动到/资源库/Server/Web/Data/Sites/MyNewSSLWebsite中。如果出现提示，提供管理员身份信息。

6 在"网站"服务设置界面中，单击添加（+）按钮，创建一个新的网站，并输入以下信息。

NOTE ▶ 为了让新设置的 IP 地址出现在列表中，可能需要关闭并重新开启 Server 应用程序。

　▶ 域名：ssl.pretendco.private。

　▶ IP 地址：10.0.0.n3（其中n 是学号）。

　▶ 端口：80。

　▶ 将站点文件存储到：选择"其他"选项，前往/资源库/Server/Web/Data/Sites/MyNewSSLWebsite，然后单击"选取"按钮。

　▶ 有权访问的用户：任何人。

7 单击"创建"按钮。

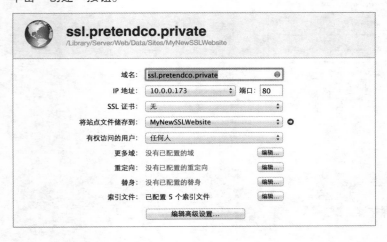

8 在 Safari 的地址栏中输入http://ssl.pretendco.private并按【Return】键访问站点。
用户编辑过的页面会显示出来。

NOTE ▶ 站点还没有受到 SSL 的保护,因为用户并没有为网站提供 SSL 证书来使用。

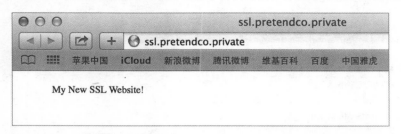

9 在 Server 应用程序中选择刚刚创建的 SSL 网站并单击编辑(铅笔图标)按钮。

10 在 "SSL 证书" 下拉列表框中选取可用的 SSL 证书。

NOTE ▶ 在示例中显示,一个由服务器自动生成的自分配证书正在被使用,但由于它并不是
受信任的证书,所以会在用户的浏览器中显示证书警告信息。为了避免出现这种状况,可以考
虑从已知的证书颁发机构那里购买一个证书,该证书要使用服务器所用的主机名称。

11 在 Server 应用程序中查看ssl.pretendco.private网站的具体设置情况,注意端口已经由80更改
为443。单击 "完成" 按钮。

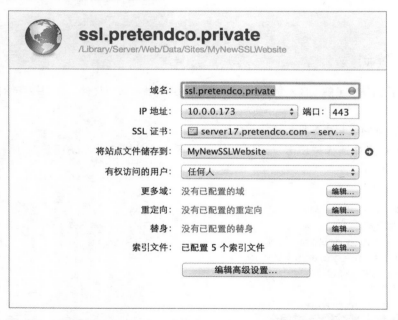

12 在 Safari 中访问https://ssl.pretendco.private。单击 URL 左侧的小锁图标并单击 "显示证书"
按钮,来查看用于确保网站安全的证书的详细信息。

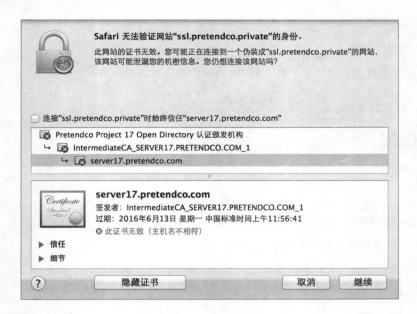

练习21.3
监视网站服务

当管理网站时，重要的是去了解 OS X Server 如何去处理 Apache 日志文件，它们被存储在哪里？如何去查看它们？

要查看一个站点的 Apache 日志文件，操作步骤如下。

1 打开 Server 应用程序并选择"日志"选项。从日志下拉菜单中选择"访问日志（www.pretendco.private）"命令。

> 网站
> 错误日志 (服务器网站 – SSL)
> 错误日志 (服务器网站)
> 错误日志 (ssl.pretendco.private)
> 错误日志 (www.pretendco.private)
> 访问日志 (服务器网站 – SSL)
> 访问日志 (服务器网站)
> 访问日志 (ssl.pretendco.private)
> 访问日志 (www.pretendco.private)

2 在管理员计算机上打开"终端"应用程序（单击LaunchPad，单击"其他"，再单击"终端"）。然后输入 ab –n 10000 –c 50 http://www.pretendco.private/ 并按【Return】键。

这是一个 Apache 测试工具，让用户的 OS X 计算机同时执行50个虚拟用户（–c参数）的并发连接，发出总共10 000个（–n 参数）请求。

3 查看日志，观看请求被记录下来。

日志

```
www.pretendco.private 10.0.0.172 - - [13/Jun/2014:21:56:53 +0800] "GET / HTTP/1.0" 401 540 "-" "ApacheBench/2.3"
www.pretendco.private 10.0.0.172 - - [13/Jun/2014:21:56:53 +0800] "GET / HTTP/1.0" 401 540 "-" "ApacheBench/2.3"
www.pretendco.private 10.0.0.172 - - [13/Jun/2014:21:56:53 +0800] "GET / HTTP/1.0" 401 540 "-" "ApacheBench/2.3"
www.pretendco.private 10.0.0.172 - - [13/Jun/2014:21:56:53 +0800] "GET / HTTP/1.0" 401 540 "-" "ApacheBench/2.3"
www.pretendco.private 10.0.0.172 - - [13/Jun/2014:21:56:53 +0800] "GET / HTTP/1.0" 401 540 "-" "ApacheBench/2.3"
www.pretendco.private 10.0.0.172 - - [13/Jun/2014:21:56:53 +0800] "GET / HTTP/1.0" 401 540 "-" "ApacheBench/2.3"
www.pretendco.private 10.0.0.172 - - [13/Jun/2014:21:56:53 +0800] "GET / HTTP/1.0" 401 540 "-" "ApacheBench/2.3"
www.pretendco.private 10.0.0.172 - - [13/Jun/2014:21:56:53 +0800] "GET / HTTP/1.0" 401 540 "-" "ApacheBench/2.3"
www.pretendco.private 10.0.0.172 - - [13/Jun/2014:21:56:53 +0800] "GET / HTTP/1.0" 401 540 "-" "ApacheBench/2.3"
www.pretendco.private 10.0.0.172 - - [13/Jun/2014:21:56:53 +0800] "GET / HTTP/1.0" 401 540 "-" "ApacheBench/2.3"
www.pretendco.private 10.0.0.172 - - [13/Jun/2014:21:56:53 +0800] "GET / HTTP/1.0" 401 540 "-" "ApacheBench/2.3"
www.pretendco.private 10.0.0.172 - - [13/Jun/2014:21:56:53 +0800] "GET / HTTP/1.0" 401 540 "-" "ApacheBench/2.3"
www.pretendco.private 10.0.0.172 - - [13/Jun/2014:21:56:53 +0800] "GET / HTTP/1.0" 401 540 "-" "ApacheBench/2.3"
www.pretendco.private 10.0.0.172 - - [13/Jun/2014:21:56:53 +0800] "GET / HTTP/1.0" 401 540 "-" "ApacheBench/2.3"
www.pretendco.private 10.0.0.172 - - [13/Jun/2014:21:56:53 +0800] "GET / HTTP/1.0" 401 540 "-" "ApacheBench/2.3"
www.pretendco.private 10.0.0.172 - - [13/Jun/2014:21:56:53 +0800] "GET / HTTP/1.0" 401 540 "-" "ApacheBench/2.3"
www.pretendco.private 10.0.0.172 - - [13/Jun/2014:21:56:53 +0800] "GET / HTTP/1.0" 401 540 "-" "ApacheBench/2.3"
www.pretendco.private 10.0.0.172 - - [13/Jun/2014:21:56:53 +0800] "GET / HTTP/1.0" 401 540 "-" "ApacheBench/2.3"
www.pretendco.private 10.0.0.172 - - [13/Jun/2014:21:56:53 +0800] "GET / HTTP/1.0" 401 540 "-" "ApacheBench/2.3"
www.pretendco.private 10.0.0.172 - - [13/Jun/2014:21:56:53 +0800] "GET / HTTP/1.0" 401 540 "-" "ApacheBench/2.3"
www.pretendco.private 10.0.0.172 - - [13/Jun/2014:21:56:53 +0800] "GET / HTTP/1.0" 401 540 "-" "ApacheBench/2.3"
www.pretendco.private 10.0.0.172 - - [13/Jun/2014:21:56:53 +0800] "GET / HTTP/1.0" 401 540 "-" "ApacheBench/2.3"
server17.pretendco.com ::1 - - [13/Jun/2014:21:56:54 +0800] "OPTIONS * HTTP/1.0" 200 - "-" "Apache/2.2.24 (Unix)
DAV/2 mod_fastcgi/2.4.6 mod_ssl/2.2.24 OpenSSL/0.9.8y (internal dummy connection)"
server17.pretendco.com ::1 - - [13/Jun/2014:21:56:55 +0800] "OPTIONS * HTTP/1.0" 200 - "-" "Apache/2.2.24 (Unix)
DAV/2 mod_fastcgi/2.4.6 mod_ssl/2.2.24 OpenSSL/0.9.8y (internal dummy connection)"
```

访问日志 (www.prete... ⬥)   Q▾ 搜索日志   (?)

```
● ● ●                         ⬆ ladmin — bash — 85×58

Last login: Fri Jun 13 21:15:06 on ttys000
client17:~ ladmin$ ab -n 10000 -c 50 http://www.pretendco.private/
This is ApacheBench, Version 2.3 <$Revision: 655654 $>
Copyright 1996 Adam Twiss, Zeus Technology Ltd, http://www.zeustech.net/
Licensed to The Apache Software Foundation, http://www.apache.org/

Benchmarking www.pretendco.private (be patient)
Completed 1000 requests
Completed 2000 requests
Completed 3000 requests
Completed 4000 requests
Completed 5000 requests
Completed 6000 requests
Completed 7000 requests
Completed 8000 requests
Completed 9000 requests
Completed 10000 requests
Finished 10000 requests


Server Software:        Apache/2.2.24
Server Hostname:        www.pretendco.private
Server Port:            80

Document Path:          /
Document Length:        540 bytes

Concurrency Level:      50
Time taken for tests:   2.987 seconds
Complete requests:      10000
Failed requests:        0
Write errors:           0
Non-2xx responses:      10001
Total transferred:      9350935 bytes
HTML transferred:       5400540 bytes
Requests per second:    3347.66 [#/sec] (mean)
Time per request:       14.936 [ms] (mean)
Time per request:       0.299 [ms] (mean, across all concurrent requests)
Transfer rate:          3057.00 [Kbytes/sec] received

Connection Times (ms)
              min  mean[+/-sd] median   max
Connect:        0    1   4.8      0     162
Processing:     1   14  15.6     11     177
Waiting:        1   14  15.3     11     177
Total:          2   15  16.5     12     179

Percentage of the requests served within a certain time (ms)
  50%     12
  66%     14
  75%     16
  80%     16
  90%     17
  95%     19
  98%     47
  99%    111
 100%    179 (longest request)
client17:~ ladmin$ ▮
```

4 在管理员计算机上打开 Safari 并输入以下信息。

http://server*n*.pretendco.com/nada.html（其中*n* 是学号）。

这个页面并不存在，因此它将被记录为一个错误。

5 通过"日志"界面检查错误日志，搜索nada来查找错误信息。用户会看到由错误请求所生成的错误信息。

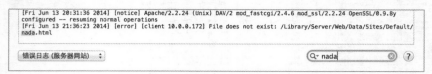

练习21.4
停用网站

▶ **前提条件**

完成练习21.2"确保网站安全"。

这里并没有可用来停用网站的按钮或是复选框。用户必须将网站从网站服务中移除才可以，不过当移除时会在原处保留站点文件。

1 打开 Server 应用程序并选择"网站"服务。

2 选择ssl.pretendco.private站点，并单击界面底部的移除（－）按钮。单击"移除"按钮，确认进行操作。

3 在 Finder 中前往/Library/Server/Web/Data/Sites/MyNewSSLWebsite，并确认站点文件仍然存在。

清理

本课程并不需要进行清理操作，因为用户之前所做的工作只是开启了网站服务，并且配置托管的网站并不会影响到其他的课程。

第7篇
协作服务的使用

课程22
提供邮件服务

OS X Server提供了一个简洁的界面，可以设置标准的邮件服务。在过去设置邮件服务时，隐藏着很多复杂的因素，而在 OS X Server 中，这项服务的配置已经得到了简化，但仍可以对深层次的细节设置进行管理。

目标

▶ 设置邮件服务。

▶ 为用户配置邮件账户。

▶ 过滤病毒及垃圾邮件。

参考22.1
托管邮件服务

邮件是因特网上的一项基础服务。OS X Server 包含了功能丰富的邮件服务，用户可以使用这项服务来为组织机构发送、接收和存储邮件。托管邮件服务器除了可以获得一个因特网身份这一明显的理由外，其他一些因素也使得托管自己的邮件服务具有优势。如果用户具有一个带有慢速因特网连接的小型办公室，那么可能会发现，保持所有邮件在内部使用，要比使用外部的邮件服务器更能有效地利用网络带宽。当组织机构内部的消息带有较大附件时更是如此。此外，很多组织机构出于管理或竞争的原因，都要求保证邮件消息的安全性。在内部托管自己的邮件服务器可以确保机密数据不会落入到不当人员的手中。用户可能还会发现，很多第三方的邮件服务都无法为自己提供所需的精确服务。而通过运行自己的邮件服务器，可以定制符合组织机构需求的各种功能选项。

OS X Server 中的邮件服务基于以下两个开源邮件软件包。

▶ Postfix处理个体消息的接收和传送。

▶ Dovecot接受来自个体用户的连接，将他们的消息下载到他们的邮件客户端。Dovecot是Cyrus的替代者，Cyrus在 OS X Server 10.5及更早的版本中使用。

除了这些程序外，OS X Server 中的邮件服务还使用了其他的一些软件包来提供相应的功能，例如垃圾和病毒邮件的扫描。它们都会在本课程中进行讨论，但是必须先学习邮件是如何工作的。

了解邮件

虽然邮件是因特网上最古老和最简单的系统之一，但它也是由一些不同的协议来组成的。主要的协议是简单邮件传输协议（SMTP），它负责消息的传递，从发送者那里传递到发送者所属的邮件服务器，然后在邮件服务器之间进行传递。当消息被发送时，发件服务器首先通过 DNS 查找目的地的邮件交换（MX）服务器。一个因特网域可以有多台 MX 服务器，用于均衡负载并提供冗余服务。每台 MX 服务器被分配一个优先级。具有最高优先级的服务器被分配最小的编号，当通过 SMTP 传递邮件时会被首先尝试使用。在下图中，记录类型的后面，向右侧延伸显示的是优先级编号（例如，第一条 MX 记录的优先级编号是20）。

要查看有关域的 MX 服务器信息，可以在终端应用程序中输入dig —t MX apple.com。

```
server17:~ ladmin$ dig -t MX apple.com

; <<>> DiG 9.8.3-P1 <<>> -t MX apple.com
;; global options: +cmd
;; Got answer:
;; ->>HEADER<<- opcode: QUERY, status: NXDOMAIN, id: 7712
;; flags: qr rd ra; QUERY: 1, ANSWER: 0, AUTHORITY: 1, ADDITIONAL: 0

;; QUESTION SECTION:
;\226\128\147t.                 IN      MX

;; AUTHORITY SECTION:
.                      10800    IN      SOA     a.root-servers.net. nstld.verisign-grs.com.
2014061300 1800 900 604800 86400

;; Query time: 14 msec
;; SERVER: 127.0.0.1#53(127.0.0.1)
;; WHEN: Fri Jun 13 22:06:39 2014
;; MSG SIZE  rcvd: 97

;; Got answer:
;; ->>HEADER<<- opcode: QUERY, status: NOERROR, id: 2883
;; flags: qr rd ra; QUERY: 1, ANSWER: 2, AUTHORITY: 8, ADDITIONAL: 8

;; QUESTION SECTION:
;apple.com.                     IN      A

;; ANSWER SECTION:
apple.com.             1761     IN      A       17.178.96.59
apple.com.             1761     IN      A       17.172.224.47

;; AUTHORITY SECTION:
apple.com.             72173    IN      NS      nserver6.apple.com.
apple.com.             72173    IN      NS      nserver2.apple.com.
apple.com.             72173    IN      NS      adns1.apple.com.
apple.com.             72173    IN      NS      nserver.apple.com.
apple.com.             72173    IN      NS      nserver5.apple.com.
apple.com.             72173    IN      NS      adns2.apple.com.
apple.com.             72173    IN      NS      nserver3.apple.com.
apple.com.             72173    IN      NS      nserver4.apple.com.

;; ADDITIONAL SECTION:
adns1.apple.com.       48810    IN      A       17.151.0.151
adns2.apple.com.       382      IN      A       17.151.0.152
nserver.apple.com.     45339    IN      A       17.254.0.50
nserver2.apple.com.    52819    IN      A       17.254.0.59
nserver3.apple.com.    49098    IN      A       17.112.144.50
nserver4.apple.com.    38174    IN      A       17.112.144.59
nserver5.apple.com.    8909     IN      A       17.171.63.30
nserver6.apple.com.    46745    IN      A       17.171.63.40

;; Query time: 15 msec
;; SERVER: 127.0.0.1#53(127.0.0.1)
;; WHEN: Fri Jun 13 22:06:39 2014
;; MSG SIZE  rcvd: 364

server17:~ ladmin$
```

一封邮件消息可能需要经过多台服务器的旅途线路才能到达它的最终目的地。邮件所经过的每台服务器都会为它标记上服务器的名称，以及它被处理的时间。这样操作可以为邮件提供一个它都曾经被哪些服务器处理过的历史记录。要使用邮件应用程序去查看这个踪迹，在查看邮件时可以选择"显示" > "邮件" > "所有标头"命令。

```
Received: from mail-out.apple.com (crispin.apple.com. [17.151.62.50]) by mx.google.com with ESMTPS id
eb3si12237084pbd.77.2014.01.27.09.23.28 for <multiple recipients> (version=TLSv1 cipher=RC4-MD5 bits=128/128); Mon,
27 Jan 2014 09:23:29 -0800 (PST)
Received: from relay3.apple.com ([17.128.113.83]) by mail-out.apple.com (Oracle Communications Messaging Server
7u4-23.01 (7.0.4.23.0) 64bit (built Aug 10 2011)) with ESMTP id <0N0200JRSLMQ1DX0@mail-out.apple.com>; Mon, 27 Jan
2014 09:23:28 -0800 (PST)
Received: from [17.153.63.134] (Unknown_Domain [17.153.63.134]) (using TLS with cipher AES128-SHA (128/128 bits))
(Client did not present a certificate) by relay3.apple.com (Apple SCV relay) with SMTP id 48.C1.29227.F0696E25; Mon, 27
Jan 2014 09:23:27 -0800 (PST)
X-Received: by 10.68.245.162 with SMTP id xp2mr4354884pbc.69.1390843409666; Mon, 27 Jan 2014 09:23:29 -0800
(PST)
```

当邮件消息被传递到接收人所属的邮件服务器时，它会被存储在服务器上，接收人无论使用以下两个可用协议中的哪一个，都可以接收邮件。

▶ 邮局协议（POP）是邮件服务器上常用的邮件接收协议，在邮件服务器上，磁盘空间和网络连接量都是很高的。在这种环境下，之所以优先选用 POP，是因为邮件客户端会连接到服务器，下载邮件，在服务器上移除邮件，并且很快就会断开连接。虽然这种方式对服务器很好，但是 POP 邮件服务器在使用上通常不太方便，因为它们并不支持服务器端的文件夹，并且当用户通过多台设备进行连接时可能会造成麻烦。

▶ 因特网邮件访问协议（IMAP）是邮件服务常用的协议，可以为用户提供更多的功能。IMAP 可以在服务器上存储所有的邮件和邮件文件夹，在那里它们可以进行备份。此外，邮件客户端通常会在用户会话期间保持对邮件服务器的连接。这可以更快地获取新消息的通知。而使用 IMAP 的劣势在于，它会对邮件服务器资源产生过多的负载。

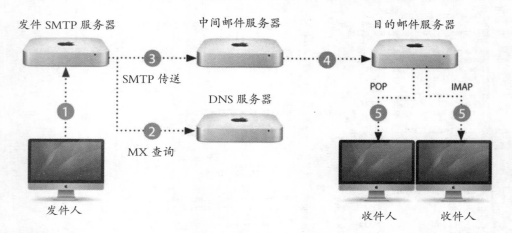

为邮件配置 DNS

当发送邮件时，需要确保为自己使用的域配置 DNS，这样邮件才可以被传送到正确的地址。DNS 可以通过 DNS 托管服务商来提供，或者也可以使用自己的 DNS 服务器。这里的示例依靠OS X Server提供的基本DNS服务，而对于一个"现实世界"的邮件服务器设置，可能需要其他的 DNS 服务。

具体来说，用户需要为域设置一个MX记录。MX 记录可以让发送邮件的服务器知道邮件该往哪里发送。要是没有 MX 记录，服务器会使用所列域名的 A 记录来进行发送。考虑到邮件服务器与托管域名的网站服务器通常是不同的服务器，所以这或许不是一个很好的状况，因为邮件可能会被传送到错误的位置。

中转发送邮件

OS X Server 邮件服务具有通过其他 SMTP 服务器中转发送邮件的设置选项。如果由于黑名单的问题而使用户不想运行自己的 SMTP 服务，或者是使用的 ISP 并不允许托管自己的 SMTP 服务器，那么这项功能就变得比较重要了。

很有可能需要提供用户身份信息才允许连接到 ISP 的 SMTP 服务器。如果 ISP 允许不经过鉴定就可以连接到 SMTP 服务器，那么它很可能会被标记为一个开放式转发服务器而被归到黑名单中。如果用户的 ISP 不需要提供身份信息就允许连接，那么最好是选用一个新的SMTP 服务，以免以后出现问题。

为用户启用邮件配额

要为用户启用邮件存储配额，Server 应用程序提供了一个比早先版本的服务器更为简洁的管理工具。与 OS X Server 不同的是，相同的配额会被应用到所有用户。

配额有助于管理可存留在邮件服务器上的邮件用户数量，但也会对他们进行限制，如果他们超过了配额限制，那么会因为邮箱充满错误而错过邮件的接收。

为接收邮件启用病毒扫描

当运行邮件服务器时，通常要关注的问题是如何保护自己的用户不受病毒的损害。OS X 邮件服务使用ClamAV病毒扫描软件包来预防病毒。病毒定义库使用名为freshclam的进程来定期进行更新。已被确定为含有病毒的任何邮件被存储在/资源库/Server/Mail/Data/scanner/virusmails文件夹，并且会在一段时间内被删除。通过 Server 应用程序的警告通知，一个警告会被发送给指定的收件人。

为接收邮件启用黑名单、灰名单和垃圾邮件过滤

黑名单是一些已知域的列表，这些域托管着垃圾邮件服务器或是其他令人厌烦邮件的服务器。通过使用黑名单，用户的邮件服务器会扫描接收进来的邮件，对将其发送过来的主机地址进行比对，根据是不是被列在黑名单列表中的主机 IP 来确定是否允许它通过。默认情况下，OS X Server 邮件服务使用Spamhaus Project托管的黑名单，不过也可以将其更改为其他的黑名单。

使用黑名单的风险在于，一些合法的主机也会被列到黑名单中，因此正常的、希望接收到的邮件也会被屏蔽掉，从而无法传送给用户。黑名单的使用可能会令人有些生畏，有丢失邮件的可能。

灰名单是控制垃圾邮件的一种方法，它会将发送者向邮件服务器发送邮件的最初尝试丢弃掉。一个真正的发送者会尝试再次发送消息，而一个垃圾邮件的制造者通常只会尝试发送一次。

OS X Server 邮件服务使用SpamAssassin软件包来扫描接收进来的邮件，并对邮件是否是垃圾邮件的可能性进行评估。消息的文字内容通过一个复杂的算法进行分析，最终给定一个数字来反映出它是垃圾邮件的可能性有多大。这个评估是非常准确的，除非是邮件中包含了垃圾邮件常用的术语和词汇。为了解决这个问题，可以调整被视为垃圾邮件的评估分数。某些类型的组织机构，例如学校，可能会采用较高的分数，而对于其他的机构，例如医疗办公室，可能会采用相对较低的分数。

评分级别有以下3个。

▶ 激进：过滤器只容忍极少的垃圾邮件标记。

▶ 适度：过滤器可以容忍一些垃圾邮件标记。

▶ 谨慎：过滤器可容忍较多的垃圾邮件标记。

被标记为垃圾邮件的消息，其标题行会被加上***JUNK MAIL***，并且会发送给接收人。接收人收到邮件后可以选择删除、打开或是在邮件客户端中配置过滤器将它转移到垃圾邮件文件夹中。

参考22.2
邮件服务故障诊断

要对 OS X Server 提供的邮件服务进行故障诊断，很好地去了解邮件服务通常是如何进行工作的会很有帮助。回顾前面的内容，确认了解每部分的工作情况。

这里有一些常见的问题及解决这些问题的建议。

▶ DNS 问题。如果域并不具备与其相关联的 MX 记录，那么其他邮件服务器就无法定位用户的邮件服务器来传送消息。可以通过"网络实用工具"来为自己的域进行 DNS 查询检测。

▶ 服务问题。在 Server 应用程序中，通过"日志"选项卡来查看邮件日志，从中查找服务为什么没有启用或是没有正常进行工作的线索。

▶ 无法发送或接收邮件。对于用户不能发送邮件的问题，查看 SMTP 日志，对于用户不能接收邮件的问题，查看 POP 和 IMAP 日志。

▶ 有过多的垃圾邮件被发送给用户。在 Server 应用程序的邮件服务过滤设置中，提高垃圾邮件过滤评级。

▶ 有过多的正常邮件被标记为垃圾邮件。在 Server 应用程序的邮件服务过滤设置中，降低垃圾邮件过滤评级。

练习22.1
启用邮件服务

▶ **前提条件**

- ▶ 完成练习3.1"配置 DNS 服务"。
- ▶ 完成练习10.1"创建并导入网络账户"，或者使用 Server 应用程序创建用户Barbara Green 和 Todd Porter，各用户的账户名称都与它们的名称相同并且都是小写，密码为net。

OS X Server 邮件服务使用 Server 应用程序进行配置。它的设置界面非常简洁，相对来说并不复杂。

1 在管理员计算机上进行这些练习操作。如果在管理员计算机上尚未通过 Server 应用程序连接到服务器计算机，那么按照以下步骤进行连接：在管理员计算机上打开 Server 应用程序，选择"管理">"连接服务器"命令，单击"其他 Mac"，选择自己的服务器，单击"继续"按钮，提供管理员凭证信息（管理员名称 ladmin 及管理员密码 ladminpw），取消选择"在我的钥匙串中记住此密码"复选框，然后单击"连接"按钮。

2 选择自己的服务器，单击"证书"按钮，并确认默认的 SSL 证书应用到所有服务。

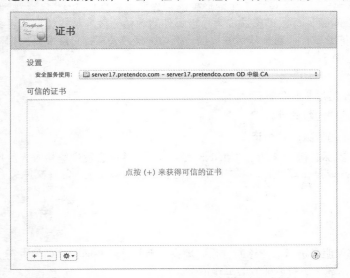

3 在左栏中选择"邮件服务"选项。单击"提供邮件服务给"旁边的编辑按钮并输入域名（pretendco.com）。在当前情况下，要使用pretendco.com域，而不是server17.pretendco.com这样的子域。单击"好"按钮。

4 开启邮件服务。这可能需要几分钟的时间，因为要下载病毒定义库。

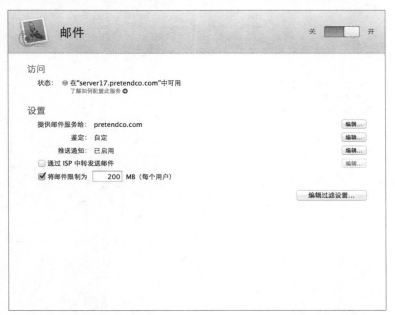

转发要外发的邮件

设置选项，通过其他的 SMTP 服务器转发要外发的邮件。

1 在 Server 应用程序中，在"邮件"服务设置界面选择"通过 ISP 中转发送邮件"复选框。

2 单击"编辑"按钮。

3 如果需要的话，可填写由用户的 ISP 提供的 SMTP 服务器信息，包括用户身份信息，然后单击"好"按钮。对于本练习来说并不需要进行这个设置。如果是在有教师指导的环境中进行练习操作，那么这个设置是不需要的，所以单击"取消"按钮。

为用户启用邮件服务

与早先版本的 OS X Server 不同，为用户启用邮件服务只需一步操作。只需在用户的记录中为用户提供一个邮件地址即可。

当编辑现有用户或是创建新用户时，在"电子邮件地址"文本框中为用户添加一个邮件地址并保存更改。为Barbara Green 和 Todd Porter输入邮件地址（barbara@pretendco.com 和 todd@pretendco.com）。

为用户启用邮件配额

为邮件服务设置配额是非常简单快捷的。

1 在 Server 应用程序的"邮件"服务设置界面中，选择"将邮件限制为"复选框。

2 在 MB 中输入配额信息并单击复选框的外部来应用该设置。

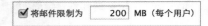

为接收进来的邮件启用病毒扫描

几乎每台服务器都会启用一定级别的病毒扫描功能。以下是如何在 OS X Server 中启用该功能的操作。

1 在 Server 应用程序的"邮件"服务设置界面，单击"编辑过滤设置"按钮。

2 选择"启用病毒过滤"复选框，启用该功能。

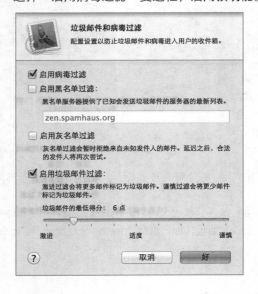

为接收邮件启用黑名单、灰名单和垃圾邮件过滤

以下是为 OS X Server 邮件服务启用黑名单、灰名单和垃圾邮件过滤功能的操作。

1 在 Server 应用程序的"邮件"服务设置界面中,单击"编辑过滤设置"按钮。

2 选择"启用黑名单过滤"和"启用灰名单过滤"复选框,启用这些功能。可以使用默认的 zen.spamhaus.org黑名单服务,也可以替换为其他的黑名单。取消复选框的选取,可以关闭黑名单过滤。

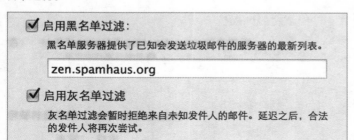

3 选择"启用垃圾邮件过滤"复选框,启用该功能。将滑块移动到要使用的垃圾邮件敏感度评估分数上。将它移动到"激进"和"适度"之间,单击"好"按钮。

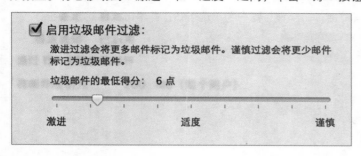

练习22.2
发送和接收邮件

> ▶ **前提条件**
>
> 完成练习22.1"启用邮件服务"。

在本练习中,将使用"互联网账户"偏好设置来为Todd Porter配置"邮件"应用程序,所以会在管理员计算机上为Todd Porter创建一个账户并进行登录。用户会看到发送和回复邮件十分容易。

通过"互联网账户"偏好设置来配置邮件应用程序

为Todd Porter使用"互联网账户"偏好设置。

1 在管理员计算机上,通过"用户与群组"系统偏好设置创建一个名为Todd Local(名称为 toddlocal,密码为toddlocalpw)的新用户。

2 在管理员计算机上注销系统。

3 以Todd Local 的身份登录系统,用户可能需要完成 OS X 设置助理操作。

4 如果 iCloud 偏好设置自动打开,那么在系统偏好设置的工具栏中单击"全部显示"按钮。

5 如果系统偏好设置尚未打开,那么打开系统偏好设置。

6 打开"互联网账户"偏好设置。

7 在右侧的界面中向下滚动到"添加其他账户"并单击。

8 在账户类型设置界面中选择"添加'邮件'账户"单选按钮，并单击"创建"按钮。

9 输入以下信息。

▶ 全名：Todd Porter。

▶ 电子邮件地址：todd@pretendco.com。

▶ 密码：net。

10 单击"创建"按钮。

11 如果用户并没有提供 MX 记录，那么负责Todd账户电子邮件的服务器就无法被发现。单击
"下一步"按钮。

12 在"收件服务器简介"设置界面中输入以下信息，然后单击"下一步"按钮。如果出现证书警
告，那么接受警告信息。

▶ 账户类型：IMAP。

▶ 邮件服务器：servern.pretendco.com（其中n 是学号）。

▶ 用户名：todd。

▶ 密码：net。

13 在"发件服务器简介"设置界面中输入以下信息，然后单击"创建"按钮。

▶ SMTP 服务器：servern.pretendco.com（其中n 是学号）。

▶ 用户名：todd。

▶ 密码：net。

14 在服务器计算机上使用BarbaraGreen账户重复进行这些操作。用户不需要以Barbara的身份登录系统，只需配置邮件账户。现在在两台计算机上配置了两个账户，准备进行相互通信。

以Todd Porter的身份使用邮件应用程序

以Todd Porter的身份使用"邮件"应用程序向Barbara Green发送邮件。

1 在管理员计算机上，单击 Dock 中的"邮件"图标，打开该应用程序。如果出现证书错误信息，那么接受错误信息。

2 在工具栏中单击"编写新邮件"按钮（看上去像是一支铅笔和一张纸）。

3 在"收件人"文本框中输入barbara@pretendco.com。

4 在"主题"文本框中输入Hi Barbara!

5 在邮件主窗口中输入Hi Barbara, Hope you are having a great trip! –Todd。

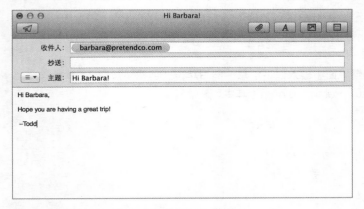

6 单击消息窗口左上角的"发送邮件"按钮。

7 保持"邮件"应用程序的打开和运行。

以Barbara Green的身份使用邮件应用程序

以Barbara Green的身份使用"邮件"应用程序向Todd Porter发送邮件。

1 在服务器计算机上，单击 Dock 中的"邮件"图标，打开该应用程序。

2 查看已收到的来自Todd的消息。

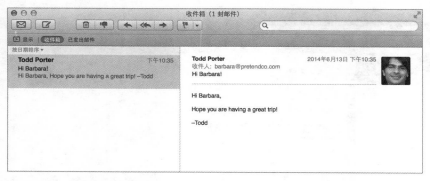

3 选择来自Todd的消息。

4 在邮件窗口的工具栏中单击"回复至所选邮件的发件人"按钮（一个弯曲的指向左侧的箭头标签）。

5 在消息的主体内容窗口中输入消息Hi Todd, Thanks! I'm staying an extra week since I can work remotely. See you soon, Barbara。

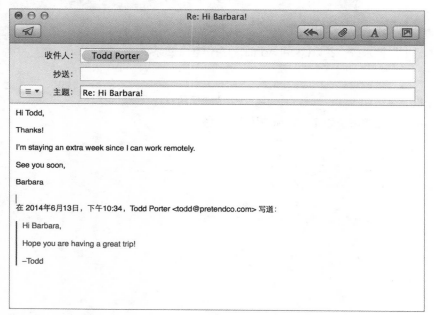

6 单击"发送邮件"按钮。

7 当邮件被成功发送后，退出"邮件"应用程序。

以Todd Porter的身份检查回复

在管理员计算机的 Dock 中，注意"邮件"显示了一个带有数字1的红色标记，表明用户有一封新的邮件消息。

1 在"邮件"应用程序中，单击来自Barbara Green的新消息。

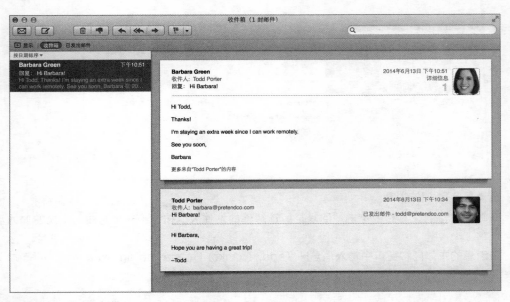

2 按【Command+Q】组合键，退出"邮件"应用程序。

3 在管理员计算机上注销系统，并以Local Admin的身份登录回系统。

清理

在管理员计算机上注销Todd Local账户，并以本地管理员的身份登录回系统。

在本课程中，用户已经学习了如何配置和使用邮件服务。

课程23
配置 Wiki 服务

OS X Server提供了一个简洁的设置界面，可以提供 Wiki 服务。Wiki 正变得越来越流行，因为它提供了一个易于使用、跨平台的方式来向多用户共享信息。

目标
▶ 设置 Wiki 服务。
▶ 允许用户和群组管理 Wiki。

参考23.1
了解和管理 Wiki

Wiki是一个基于 Web 的协作工具，允许组织机构内的用户和群组以某种方式来发布信息帖子，从而促进一个想法、项目、主题或是其他讨论焦点的合理发展。Wiki 是对一个指定群组中所有用户想法的集中，群组中的所有用户可以发布、编辑和查看信息资料，并对它们进行讨论，而不会让其他的群组或部门介入。这对于托管着保密项目或是敏感信息的群组 Wiki 来说是非常有益的。OS X Server Wiki 还保留了群组发帖的详细历史信息，所以如果需要的话，可以检索以前的信息。

Wiki 具有一些访问控制层。可以控制管理允许创建 Wiki 的用户和群组。当用户创建了 Wiki 后，就可以指定谁可以读它，以及谁可以编辑它，这一切都不需要管理员进行干预。

创建 Wiki 的用户成为该 Wiki 的默认管理员。然后该用户可以分配管理权到其他非服务器管理员用户。现有的服务器管理员已经具备管理权。

当用户访问到 Wiki 后，他们可以发布文章、图片，以及可下载的文件，可以将页面链接到一起，并选用他们喜欢的页面版式。如图片、影片及音频这样的媒体文件，都可以正常显示在网页上，不需要通过用户去下载。

与 Wiki 类似的是博客。博客允许用户和群组围绕一个项目或主题去记载他们的经历。Wiki 是进行协作，而博客更倾向于单人的性质，按照时间先后顺序组织内容。不过，通过群组博客，共同的经历可以被发布在一起。

Wiki 服务的文件被存储在/资源库/Server/Wiki。

Wiki日历功能依赖于"日历"服务的运行。如果用户计划使用群组日历，那么要确保"日历"服务是运行的。

由于Wiki是一项 Web 服务，并且可以通过因特网来使用，所以通过 SSL 来保护Wiki站点是一个明智的想法。当它通过网络进行通信时，可以避免内容被别人读取。

托管在Wiki或博客中的文件，通过 OS X Server 的快速查看功能，Wiki用户可以在Wiki中直接查看。这是非常方便的，因为对于所有用户来说，在他们的计算机上并不一定都安装有相应的应用程序来打开查看。

参考23.2
Wiki服务的故障诊断

以下是一些与Wiki服务相关的常见问题，以及建议的解决办法。

▶ 如果用户无法连接到服务器上的 Wiki 服务，那么检查客户端所用的 DNS 服务器可以正确解析服务器的域名。

▶ 如果用户无法连接到 Wiki 网站，那么检查服务器的端口80和端口443是开放的。另外，检查 Wiki 服务是正在运行的。

▶ 如果用户无法通过鉴定去访问 Wiki 服务，那么检查用户使用了正确的密码信息。如果需要的话，可以重设密码。根据服务访问控制的设置，确认允许该用户去访问这个服务。

对于网站问题的故障诊断，要了解其他信息可参阅课程21 "网站托管"。

练习23.1
启用 Wiki 服务

▶ **前提条件**

- ▶ 完成练习3.1 "配置 DNS 服务"。
- ▶ 完成练习10.1 "创建并导入网络账户"，或者使用 Server 应用程序创建一个用户，全名为Carl Dunn，账户名称为carl，密码为net。他是Contractors群组的成员。

在 OS X Server 上启用 Wiki 服务非常简单，在 Server 应用程序中开启服务即可。

在本练习中，将启用Wiki服务，然后限制哪些客户可以访问 Wiki。用户还将确认自己的站点是通过 SSL 进行保护的。

NOTE ▶ 确认用户具有Contractors群组和用户，他们在课程10中曾经使用过。

1 在管理员计算机上进行这些练习操作。如果在管理员计算机上尚未通过 Server 应用程序连接到服务器计算机，那么按照以下步骤进行连接：在管理员计算机上打开 Server 应用程序，选择 "管理" > "连接服务器" 命令，单击 "其他 Mac"，选择自己的服务器，单击继续按钮，提供管理员身份信息（管理员名称ladmin及管理员密码ladminpw），取消选择 "在我的钥匙串中记住此密码" 复选框，然后单击 "连接" 按钮。

2 在 Server 应用程序中选择Wiki，单击开/关按钮，开启服务。

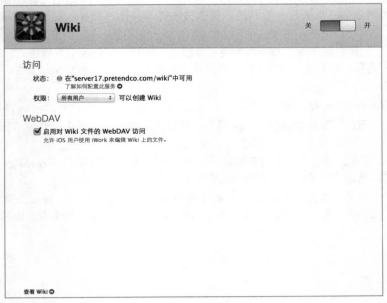

3 通过将群组添加到 "权限" 菜单，Wiki 的创建可以限制到指定的群组。选择 "仅某些用户" 选项。

4 在打开的新窗口中，将Contractors群组添加到列表中。单击"好"按钮。

5 在 Safari 中前往http://server*n*.pretendco.com（其中*n* 是学号），查看默认站点。

6 单击Wiki，查看界面。注意，这个连接并不受 SSL 保护。

7 要自动通过 SSL 保护站点，在 Server 应用程序中选择网站。编辑默认的非 SSL 网站，并设置一个重定向，"此网站"被重定向到"服务器网站（SSL）"。

这会将对 HTTP 的请求发送到受 SSL 保护的 HTTPS 站点。

8 在管理员计算机的 Safari 中前往server*n*.pretendco.com（其中*n* 是学号），再次查看默认站点，但是会注意到，由于使用的是自签名证书，所以会显示证书对话框（如果使用的证书是经过已知的证书颁发机构签名的，那么就不会看到这个对话框）。单击"继续"按钮，然后单击Wiki来查看它的界面。

9 以Carl Dunn的身份进行登录，他是Contractors群组的成员，单击页面左上角的菜单，然后选择"我的文稿"选项。

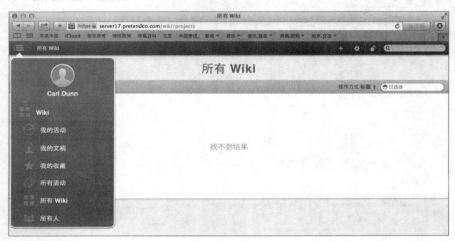

10 在"全部"栏目下的列表中单击Carl Dunn的名称。

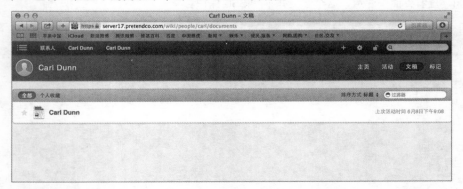

11 在页面的顶部单击添加（+）按钮并选择"新建 Wiki命令。"

12 为 Wiki 起一个名称，例如My First Wiki!，并提供 Wiki 的描述信息。单击"继续"按钮。

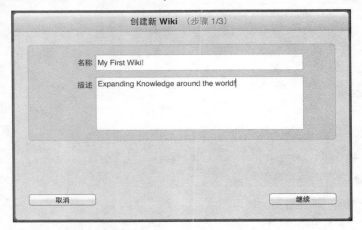

13 在"设定权限"界面中，在"权限"文本框中输入Contractors。当Contractors群组出现时，选择该群组并将权限设置为"读与写"。对于"所有已登录的用户"，将其权限设置为"只读"，对于"所有未鉴定用户"，保持权限为"无访问权限"。单击"继续"按钮。

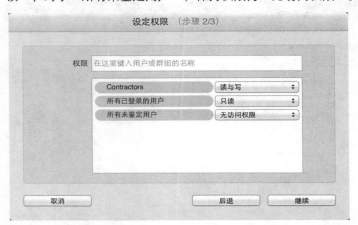

14 在"设定外观"界面，选用自己喜欢的颜色方案和图标。单击"创建"按钮。

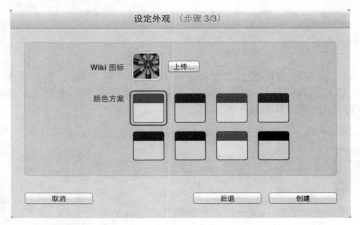

15 在"设置完成"界面中单击"前往 Wiki"按钮。

16 在 Wiki 中查看各类菜单及选项，熟悉界面的使用。

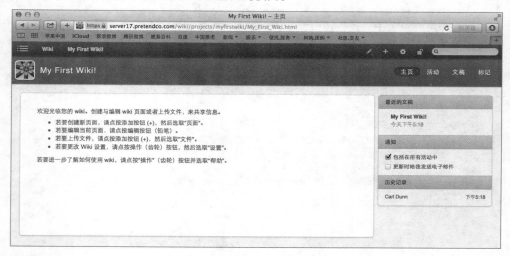

练习23.2
编辑 Wiki

▶ **前提条件**

完成练习23.1"启用 Wiki 服务"。

已授权能够创建 Wiki 的用户可以开始 Wiki 的创建过程。由于 Wiki 是基于 Web 的，所以可以在任一平台上使用任何浏览器去鉴定用户，开始 Wiki 的创建过程。在本练习中，将使用网络用户身份信息来创建一个 Wiki，管理对它的访问并创建一些内容。

1 如果尚未登录 Wiki，那么以 Carl 的身份登录 Wiki，然后单击编辑（铅笔图标）按钮。

2 在现有文本的末尾单击，按【Return】键另起一行，然后单击左上角的附件图标（回形针）。

3 单击"选取文件"按钮，前往自己的下载文件夹，选择"关于下载.pdf"，然后单击"选取"按钮。

4 单击"上传"按钮，附加文件。

5 单击"存储"按钮，保存对页面内容的编辑。

6 查看编辑结果。在工具栏中，使用相应的按钮也可以上传其他的媒体文件。媒体文件会在页面上被正确地显示出来，并不需要读者进行下载，单击文件名旁边的快速查看（眼睛）图标，查看附件内容。

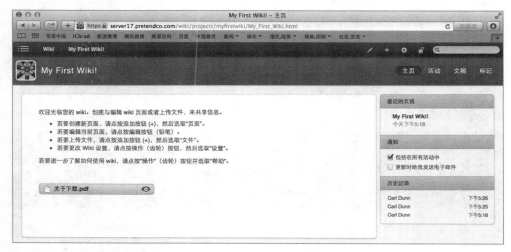

7 要开启博客，单击操作按钮（齿轮图标）并选择"Wiki设置"命令。

8 在"通用"选项下选择"博客"复选框，然后单击"存储"按钮。

9 当博客被开启后，单击添加（ + ）按钮，可在 Wiki 中新建博客文章。

10 给博客文章起一个名称，例如My First Blog!并单击"添加"按钮。

11 查看生成的博客文章。

12 再次进入"Wiki 设置"界面并选择"权限"选项。将"所有未鉴定用户"的权限更改为"只读"。单击"存储"按钮。

13 要删除 Wiki，单击 Wiki 的名称后退到 Wiki 自身，单击操作按钮（齿轮图标）并选择"删除 Wiki"命令。用户会被要求去确认所选择的操作。

14 单击"退出"按钮，退出 Safari。

清理

本课程并不需要进行清理操作。通过本课程，用户已经学习了启用 Wiki 服务、编辑 Wiki、开启博客，以及编辑博客的操作。

课程24
日历服务的实施

日历服务是协作服务的一项核心服务，它为任务及资源的日程安排提供了一套标准的方法。

参考24.1
日历服务的数据位置

与大多数其他的服务类似，日历服务的数据被存储在 /资源库/Server。在该目录中，有一个专门包含日历服务数据的文件夹/资源库/Server/Calendar and Contacts。

在该文件夹中有一个 Config 文件夹，它包含了主要的配置文件，其中有针对 caldav 守护进程的配置文件 caldavd-system.plist。

日志被存储在 /var/log/caldavd/access.log。

参考24.2
使用日历服务

OS X Server 包含了日历服务，它基于一些开源项目，主要是 WebDAV 的日历服务器扩展（CalDAV）日历协议。日历服务使用 HTTP 来访问它的所有文件。要使用日历服务的用户可以利用它的一些便利功能。

▶ 安排房间或可以被签出的项目，例如投影仪。

▶ 为日程安排的授权用户启用访问控制并限制对日历的查看。

▶ 允许每个用户具有多个日历。

▶ 允许为事件添加附件文件。

▶ 为事件发送邀请，而不考虑接收人是否是日历服务器上的用户。

▶ 针对特定的事件检查人员是否可以参与或是会议地点是否可用。

▶ 通过评论对事件进行私有化注释，该评论只有发布评论的人和事件的组织者才能访问。

▶ 使用推送通知来为计算机和移动设备提供信息更新的即时提醒。

此外，还有这些在表面功能之下的、让管理员感到欣喜的功能。

▶ 可以与 OS X Server 中的Open Directory、微软的Active Directory，以及无须修改用户记录的 LDAP 目录服务进行整合。

▶ 在服务器初始设置的过程中，当选择"创建用户和群组"或"导入用户和群组"时，服务发现可以让用户很容易地去设置日历。

▶ 服务器端的日程安排可以释放客户端的资源，让客户端具有更好的性能，而且日程安排的结果会更加一致。

当日历服务被开启后，用户可以通过"日历"（4.0或更高版本）、iPhone 和 iPod touch版本的日历，以及Wiki 日历页面来创建和调整他们的事件及日程安排。很多第三方的应用程序也可以通过日历服务进行工作，可以在网上搜索支持CalDAV 来找到这些应用程序。

日历服务提供了一种创建和使用资源（例如投影仪或一组扬声器欣喜）及位置（例如建筑物或会

议室）的方式。如果没有设置授权用户，当位置或资源是空闲的，并且空闲/正忙设置信息对用户可用，那么日历服务会自动接受相应的邀请。用户也可以指定一个授权人员来管理可用的资源或位置。

根据设置的是"自动"还是"需要授权用户的批准"，授权用户可以具有两项功能。如果设置的是"自动"，资源将自动接受邀请，不过授权用户可以查看和更改资源的日历。如果选用的是"需要授权用户的批准"，那么授权用户必须进行接受或拒绝邀请的操作。授权用户也可以查看和更改资源日历。

可以通过 Server 应用程序，在"日历"设置界面中来添加位置和资源。

参考24.3
日历服务的故障诊断

要对 OS X Server 提供的日历服务进行故障诊断，很好地去了解日历服务通常是如何进行工作的会很有帮助。回顾前面各部分的内容，确认已了解了每部分的工作情况。

这里有一些常见的问题及解决这些问题的建议。

▶ 如果用户无法连接到服务器上的日历服务，那么检查客户端所用的 DNS 服务器，确认它可以对服务器的名称进行正确的解析。

▶ 如果用户无法连接日历服务，那么检查端口8008和端口8443在服务器上是开放的。

▶ 如果用户无法通过鉴定去访问日历服务，那么检查用户使用了正确的密码。如果需要的话，可以重设密码。根据服务访问控制的设置，确认允许该用户去访问这个服务。

练习24.1
配置和启用日历服务

▶ **前提条件**

▶ 完成练习3.1"配置 DNS 服务"。

▶ 完成练习10.1"创建并导入网络账户"。

▶ 完成练习22.1"启用邮件服务"。

可以使用 Server 应用程序来启用和管理日历服务。可以调整的参数是有限的，如下所示。

▶ 启用或停用电子邮件邀请，以及相关的各项设置。

▶ 位置和资源。

通过 Server 应用程序开启日历服务是非常简单的，但是如果要使用电子邮件邀请功能，则需要收集相关邮件服务器的信息。

1 在管理员计算机上进行这些练习操作。如果在管理员计算机上尚未通过 Server 应用程序连接到服务器计算机，那么按照以下步骤进行连接：在管理员计算机上打开 Server 应用程序，选择"管理">"连接服务器"命令，单击"其他 Mac"，选择自己的服务器，单击"继续"按钮，提供管理员身份信息（管理员名称 ladmin 及管理员密码 ladminpw），取消选择"在我的钥匙串中记住此密码"复选框，然后单击"连接"按钮。

2 在 Server 应用程序的边栏中选择"日历"选项。

3 选择"启用电子邮件邀请"复选框，如果配置界面没有打开，那么可以单击该选项旁边的"编辑"按钮。

设置
☑ 启用电子邮件邀请　　　　　　编辑…
推送通知：已启用　　　　　　编辑…

4 在"电子邮件地址"文本框中已经填写了一个电子邮件地址：com.apple.calendarserver@
server*n*.pretendco.com。

默认的电子邮件账户，com.apple.calendarserver 是一个系统账户，自动被填写。可以使用
其他的账户，但是不要使用已用于日常邮件处理的邮件账户。不过还是建议使用默认的电子邮件账
户。单击"下一步"按钮。

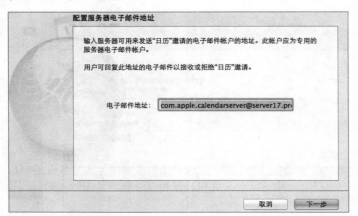

5 "收件服务器"信息应当已被填写，但如果没有被填写，那么为上一步所填写的账户输入相应
的邮件服务器信息。单击"下一步"按钮。

6 "发件服务器"信息应当已被填写，但如果没有被填写，那么为在步骤4中所填写的账户输入
相应的邮件服务器信息。单击"下一步"按钮。

7 检查"邮件账户摘要"界面并单击"完成"按钮。

8 开启日历服务。

9 要确保日历服务与客户端之间的安全通信，那么在 Server 应用程序中为该服务设置使用 SSL 证书，在 Server 应用程序的边栏中选择"证书"选项，并将服务器的证书分配给"日历和通讯录"服务。单击"好"按钮。

练习24.2
使用 Server 应用程序添加资源和位置

▶ **前提条件**

完成练习24.1"配置和启用日历服务"。

通过 Server 应用程序添加位置和资源。

1 在 Server 应用程序的边栏中选择"日历"服务。

2 在"位置和资源"设置部分的下方单击添加（＋）按钮，然后从下拉菜单中选择"位置"命令。

3 为新的位置设置输入或调整以下数据。

▶ 名称：Conference Room A。

▶ 接受邀请：自动。

▶ 授权用户：Sue Wu（当输入名称时会提供选项来供用户填写信息）。

4 单击"创建"按钮，保存对位置的设置。

现在已经添加了一个位置设置，当对由日历服务托管的日历添加或修改事件时，可以看到这个位置信息。

5 单击添加（＋）按钮，然后从下拉菜单中选择"资源"命令。

6 为新的资源设置输入或调整以下数据。

- ▶ 名称：Demo iPad。
- ▶ 接受邀请：自动。
- ▶ 授权用户：Lucy Sanchez（当输入名称时会提供选项来供用户填写信息）。

7 单击"创建"按钮。

现在已经添加了一个资源设置，可以针对一个事件来发起邀请。

练习24.3
以用户的身份访问日历服务

▶ 前提条件

完成练习24.2"使用 Server 应用程序添加资源和位置"。

用户可以通过日历、网页浏览器及移动设备来创建和修改事件。在本练习中，将打开日历应用程序，添加一个网络日历账户，设置谁可以作为授权用户来访问该账户，创建一个带有位置和资源信息的事件，然后再创建一个事件，使用空闲/正忙功能。

1 在管理员计算机上打开"日历"应用程序（在/应用程序中）。

2 选择"日历"＞"添加账户"命令。

3 选择"添加CalDAV账户"单选按钮，然后单击"创建"按钮，添加日历服务账户。输入以下数据。

▶ 账户类型：自动。

▶ 电子邮件地址：lucy@server*n*.pretendco.com（其中 *n* 是学号）。

▶ 密码：net。

4 单击"创建"按钮，添加账户。如果用户使用的是一个自签名的 SSL 证书，那么可能会看到一个证书警告信息，单击"继续"按钮即可。

5 选择"日历" > "偏好设置" > "账户"命令。选择Lucy的账户。授权其他用户访问日历，可以让他们去编辑和查看事件。选择"授权"选项卡，注意，Demo iPad已经被显示在"我可以访问的账户"列表框中了。

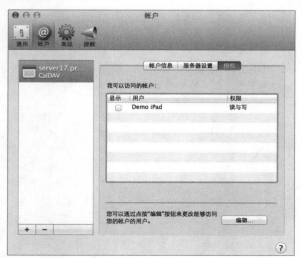

6 在设置界面的底部单击"编辑"按钮。

7 单击添加（＋）按钮。

8 输入Sue，然后从下拉列表框中选择Sue Wu。确认单击列表中的名称来选择这个账户。

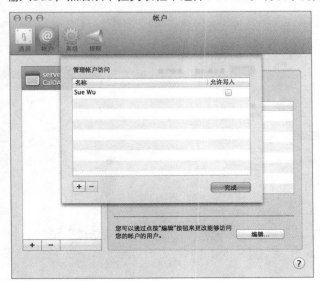

9 在"管理账户访问"设置界面中，单击添加（＋）按钮，输入Carl，然后从下拉列表框中选择
Carl Dunn。

10 为 Carl 账户选择"允许写入"复选框。

这个设置允许 Carl 去编辑Lucy的事件，并允许 Sue 去查看Lucy的事件。

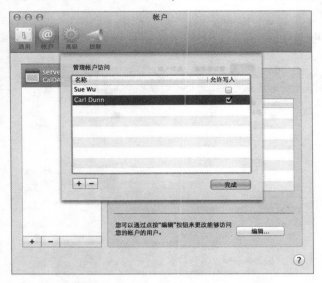

11 单击"完成"按钮，关闭"管理账户访问"设置界面。

NOTE ▶ 不要将"我可以访问的账户"与"管理账户访问"设置界面混淆。一个显示了允许
谁去访问用户的账户，而另一个显示了谁允许用户去访问他们的账户。

12 选择"通用"选项卡，并选择 server*n*（其中*n*是学号）的calendar作为默认的日历。

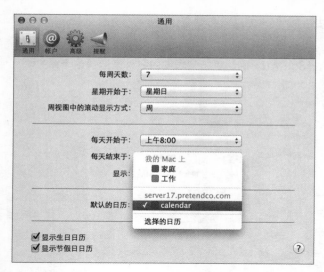

13 关闭偏好设置窗口。

14 选择"文件">"新建事件"命令，或者单击创建事件（＋）按钮，创建快速事件。

15 输入事件的名称，例如Status Update，并按【Return】键。

16 在"位置"文本框中只输入Conference Room A的前几个字符。当Conference Room A显示出来时选择它，并按【Return】键。

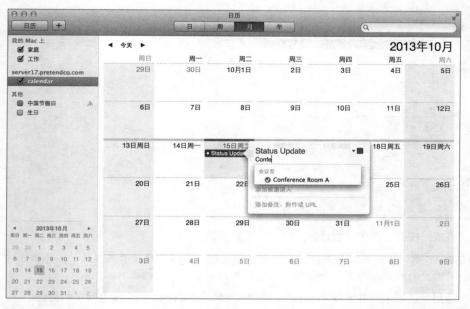

17 选择"添加被邀请人"选项，然后只输入Sue Wu的前几个字符。当Sue Wu显示出来时选择

它，并按【Return】键。

18 仍然在"添加被邀请人"文本框中，只输入Demo iPad的前几个字符。当Demo iPad显示出来时选择它，并按【Return】键。

19 选择"添加备注、附件或 URL"选项，然后选择"添加附件"选项。前往"下载"文件夹，选择"关于下载.pdf"选项，然后单击"打开"按钮。

20 单击"发送"按钮，保存对这个事件的更改。

这会令Demo iPad自动接受事件，并且Sue Wu会收到事件的邀请。由于资源被配置为自动接受，所以会产生这样的结果。

21 单击刚刚创建的事件。选择"编辑" > "复制"命令，这会创建一个与用户先前创建的事件同时发生的新事件。

22 选择"编辑" > "编辑事件"命令。

23 注意，由于用户已经在这个时间安排了一个事件使用Demo iPad，所以在这个事件中Demo iPad已显示为不可用的图标。

24 选择Demo iPad，然后单击"检查可用状态"按钮，为位置和被邀请人（包括人和资源）选用

一个新的会议时间。

注意，每个被邀请的事件参与者（包括位置、人和资源）的忙/空闲信息已被列出。不可用的时间已用灰色块进行了遮挡，可用的时间用分配给该日历的颜色来显示。

25 单击"下一个可用时间"按钮，注意，事件会被移动到下一个对每个被邀请者都不忙的时间上。

26 单击"完成"按钮，关闭可用状态窗口并使用已选用的新时间。

27 单击"更新"按钮，保存对事件的更改，并且会通知事件的被邀请人。位置和资源会自动接受邀请。

28 退出日历，或者试用其他的功能。

在本练习中，虽然使用的是"日历"应用程序，但是也可以使用默认服务器主页（https:// server*n*.pretendco.com/webcal，其中*n* 是学号）底部的网页日历链接来进行操作。当然，日历服务也可以通过 CalDAV 配置选项在 iPhone 和 iPod touch 上使用"日历"应用程序进行工作。

日历还可以被添加到 Wiki 中使用，只需创建一个 Wiki，在"通用"设置中选择"日历"复选框即可。

由于日历服务依靠HTTP 或 HTTPS在服务器与客户端之间传输数据，所以可以使用标准的网络诊断技术，例如检查开放的及可用的网络端口。在客户端上，日历应用程序通过 DNS 查找来发现日历服务器，所以 DNS 问题也会影响到日历的正常工作。

清理

本课程并不需要进行清理操作。在本课程中，用户已经学习了如何配置日历服务，以及在客户端设备上如何设置账户。

课程25
提供信息服务

信息服务是一项常用的协作服务，它提供了一套标准的通信方法，可以与一名或多名用户进行通信。

参考25.1
管理信息服务

目标
▶ 了解信息服务的功能。
▶ 学习服务的使用。
▶ 了解基本的服务进程。

信息，之前称为 iChat，允许用户实时进行协作通信。信息用户可以使用以下功能来快速分享信息，而不会像邮件消息和 Wiki 帖子那样会有延时。

▶ 即刻交换文本消息。

▶ 相互发送文件。

▶ 设置一个即时音频会议（可以使用很多 Mac 内置的麦克风或一个外部设备）。

▶ 使用摄像头（包括iSight或是在很多 Mac 和iOS设备中内置的FaceTime摄像头）来发起一个面对面的视频会议。

▶ 允许其他信息用户控制 Mac（使用屏幕共享）。

▶ 使用可持久的聊天功能（称为聊天室），使一组用户可保持持续的谈话过程。

信息不像电话呼叫那样，必须立即接听或是转到语音信箱，而是可以接收即时文本消息，并在准备好处理它时再进行回复。

通过运行自己的消息服务，可以利用这些优势，例如可以增加聊天记录归档并保持所有信息的安全与私密。

能够使用信息服务相互聊天的用户可以使聊天在组织机构内部进行，并且可以对聊天的文本内容进行控制。与 OS X Server 上的其他服务类似，信息服务可以被限制到特定的用户或群组使用，使聊天是私密和可控的。聊天也可以通过加密来确保安全，也可以被记录以便日后进行查找。信息服务是基于开源的 Jabber 项目的，所用协议的技术名称是可扩展消息处理现场协议（XMPP）。

信息服务用户的配置

在信息服务被设置好以后，可以让用户加入信息服务（在"信息"应用程序的界面中称为 Jabber）。一个完整的信息服务账户由以下几部分组成。

▶ 用户的账户名称（也称为短名称）。

▶ @符号。

▶ 消息服务的主机域名。

例如，一个全名为Chat User1、账户名称为chatuser1的用户，会配置"信息"应用程序使用 chatuser1@server17.pretendco.com作为Jabber账户名称。

至少有以下3种方式来配置"信息"应用程序。

▶ 使用配置描述文件。

▶ 使用因特网账户系统偏好设置，并选择"添加 OS X Server 账户"。

▶ 在"信息"应用程序中指定Jabber账户。

了解信息的网络端口

根据信息服务是在网络内部使用还是对其他网络公开使用，会有各种端口被信息服务所使用。有关端口的使用信息请参考表25.1 。

表25.1 信息所使用的端口

端口	描述
1080	用于文件传输的SOCKS5协议
5060	iChat 会话启动协议（SIP），用于音/视频聊天
5190	只有基本的即时通信（IM）需要使用
5222 TCP	如果使用了 SSL 证书，那么只用于 TLS 连接。如果不使用 SSL 证书，那么这个端口用于非加密的连接。TLS 加密最好是传统的 SSL 连接，因为它更加安全
5223 TCP	当使用 SSL 证书时，用于传统的 SSL 连接
5269 TCP	用于加密服务器到服务器的 TLS 连接，也会用于非加密的连接。TLS 加密最好是传统的 SSL 连接，因为它更加安全
5678	信息应用程序用于确定用户外部 IP 地址的 UDP 端口
5297，5298	早于v10.5版本的信息应用程序用于Bonjour IM.v10.5通信的端口，之后的版本会使用动态端口
7777	服务器文件传输代理的Jabber Proxy65组件所用的端口
16402	在 OS X 10.5 和之后的版本中 SIP 信令所用的端口
16384～16403	OS X 10.4及更早的版本中，使用 RTP 和 RTCP 进行音视频聊天所用的端口。传输被交换到 .Mac（MobileMe）来确定用户的外部端口信息

了解信息记录

有可能是出于审查或管理的目的，信息服务需要满足对会话聊天归档进行查看的需求。除了归档所有的信息，任何用户都可以配置他们的"信息"应用程序来归档他们自己的个人聊天记录，以便日后查看。

即使信息用户之间的通信是被加密的，归档也会以明文的方式来保存。信息服务并不对音视频内容或通过服务传输的文件进行归档。

信息服务可以记录所有的聊天信息。存储归档的默认文件夹是在服务数据的存储卷宗上Library/Server/Messages/Data/message_archives/。归档文件是jabberd_user_messages.log，它包含了用户通过服务器信息服务已发送的所有信息。

jabberd_user_messages.log文件的所有权和权限仅允许一个隐藏的服务账户（名为_jabberd）或是 root 用户访问它的内容。

虽然可以对message_archives文件夹及它所包含的日志文件来更改权限，从而可以让用户通过一个 GUI 文本编辑器来查看文件，但是更为安全的方式是在"终端"应用程序中使用命令行工具来查看文件。在"终端"应用程序中，可以使用sudo命令来获得临时的 root 访问，去访问用户需要查看的文件内容。

信息联盟的配置

用户的组织机构中可能有多台运行 OS X Server 的计算机。如果这些服务器都使用信息服务，那么可以将它们联结到一起，让这些Open Directory主服务器中的用户和群组可以彼此进行即时通信。将不同的信息服务服务器联结到一起的过程称为联盟。联盟不仅可以让两台运行信息服务的服务器联结到一起，还可以联结其他的 XMPP 聊天服务，例如加入Google Talk。信息服务联盟默认是被启用的。

NOTE ▶ 如果已使用了 SSL 证书，那么可以为联盟启用安全加密。这强制服务器之间的所有通信都被加密，这与使用证书时，对信息应用程序和信息服务器之间的通信进行加密的方式类似。为了进行归档，信息在服务器上总是被解密的。

参考25.2
信息服务的故障诊断

要对 OS X Server 提供的信息服务进行故障诊断，很好地去了解信息服务通常是如何进行工作的会很有帮助。回顾前面的内容，确认已了解了每部分的工作情况。

这里有一些常见的问题及解决这些问题的建议。

▶ 如果用户无法连接到服务器上的信息服务，那么检查客户端所用的 DNS 服务器可以正确解析服务器的域名。

▶ 如果用户无法连接到信息服务，那么检查到服务器的相应端口是开放的，所用端口在本节前面的表25.1 中已经列出。

▶ 如果用户无法通过鉴定去访问信息服务，那么检查用户使用了正确的密码信息。如果需要，可以重设密码。根据服务访问控制的设置，确认允许该用户去访问这个服务。

练习25.1
设置信息服务

▶ **前提条件**

　　▶ 完成练习3.1 "配置 DNS 服务"。

　　▶ 完成练习10.1 "创建并导入网络账户"，或者使用 Server 应用程序创建用户Sue Wu 和 Carl Dunn，各用户的账户名称都与它们的名称相同并且都是小写，密码为net，并配置两个用户成为已启用 "将群组成员设为'信息'好友"复选框的群组成员（例如名为 Workgroup的本地网络群组）。

使用 Server 应用程序启用 "信息"服务与启用 OS X Server 上的其他服务非常类似。当启用服务后，该服务的管理方式与其他服务类似。

1 在管理员计算机上进行这些练习操作。如果在管理员计算机上尚未通过 Server 应用程序连接到服务器计算机，那么按照以下步骤进行连接：在管理员计算机上打开 Server 应用程序，选择 "管理" > "连接服务器"命令，单击 "其他 Mac"，选择自己的服务器，单击 "继续"按钮，提供管理员身份信息（管理员名称ladmin以及管理员密码ladminpw），取消选择 "在我的钥匙串中记住此密码"复选框，然后单击 "连接"按钮。

2 在 Server 应用程序的边栏中选择 "证书"选择，确认 "信息"已被配置使用 SSL。

NOTE ▶ 如果还没有将服务器配置为Open Directory主服务器，那么看到的会是自签名的证书而不是由 OD 中级 CA 签发的证书。

3 如果 "安全服务使用"下拉菜单被设置为一个单独的证书，如下图所示，那么可以跳转至步骤4，因为 "信息"会使用这个 SSL 证书。在下图中，所有服务都被配置使用由 OD 中级 CA 签发的 SSL证书。

如果 "安全服务使用"下拉菜单被设置为 "自定"配置，如下图所示，单击下拉按钮并选择 "自定"选项。

当选择"自定"选项后，在服务和它们对应证书的列表框中，单击"信息"服务旁边的"证书"下拉按钮，从可用的证书中选取一个证书，然后单击"好"按钮。

4 在 Server 应用程序中选择"信息"服务，然后单击开/关按钮，开启服务。

当服务被开启后，绿色的状态指示灯会被显示。在"状态"显示信息的下方还有一个指向信息服务帮助中心的链接。

启用信息服务归档

启用信息服务记录功能。

1 在 Server 应用程序的边栏中选择"信息"选项，然后选择"归档所有邮件"复选框。

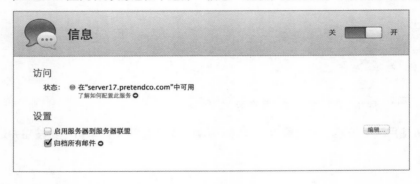

2 要查看信息归档的位置，可以单击"归档所有邮件"复选框旁边的链接。

会打开服务器的"储存容量"界面，并显示相应的文件夹。

NOTE ▶ 当在服务器上使用 Server 应用程序时，单击了"归档所有邮件"复选框旁边的链接，而不是在管理员计算机上进行的操作，那么这个操作并不会在"储存容量"界面中打开这个文件夹，而是在一个新的 Finder 窗口中打开。

在这个练习的后面，将查看记录的信息。

在管理员计算机上配置信息应用程序

现在，信息服务正处于运行状态，确认可以连接到服务。

通过一个信息账户去使用信息（Jabber）服务。

1 在管理员计算机上单击 Dock 中的"信息"图标，打开"信息"应用程序。

2 在iMessage设置对话框中单击"以后"按钮，然后在操作确认对话框中单击"跳过"按钮。

3 在账户设置对话框中，从下拉列表框中选择"其他邮件账户"选项并单击"继续"按钮。

4 在"账户类型"下拉列表框中选择Jabber。

5 在"账户名称"文本框中输入sue@server*n*.pretendco.com（其中*n* 是学号），并在"密码"文本框中输入密码net。

6 在服务器选项部分，保持"服务器"和"端口"的空白，以及复选框的禁用状态。"信息"应用程序会自动使用相应的服务器和端口。

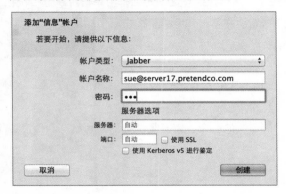

7 单击"创建"按钮。

NOTE ▶ 如果弹出登录 ID 或密码不正确的消息，那么确认文件/Library/Server/Messages/Config/jabberd/sm.xml引用的是server*n*.pretendco.com，而不是server*n*.local（其中 *n* 是您的学号）。

8 如果看到信息应用程序无法验证服务器身份的信息，那么单击"显示证书"按钮，选择"始终信任"复选框，单击"继续"按钮，然后提供本地管理员的身份信息。

Sue We的信息（Jabber）服务"好友"窗口会自动打开。

更多信息 ▶ 在好友窗口顶部的标题栏中，信息应用程序显示了已登录到 OS X 的用户全名，而不是用于通过信息服务鉴定的账户全名。

TIP 如果关闭了好友窗口，那么可以选择"窗口">"好友"命令（或按【Command+1】组合键）来重新显示该窗口。

在服务器计算机上配置信息应用程序

在管理员计算机上已使用Sue Wu用户账户配置了"信息"应用程序，现在在服务器计算机上，使用另一个账户Carl Dunn来配置"信息"应用程序，这样就可以在两台计算机之间使用"信息"应用程序进行通信了。

1 在服务器计算机上，如果还未使用Local Admin账户进行登录，那么现在使用该账户登录（名称为Local Admin，密码为ladminpw）。

2 在服务器计算机上单击 Dock 中的"信息"图标，打开"信息"应用程序。

3 在iMessage设置对话框中单击"以后"按钮，然后在操作确认对话框中单击"跳过"按钮。

4 在账户设置对话框中选择"其他邮件账户"选项并单击"继续"按钮。

5 在"账户类型"下拉菜单中选择Jabber。

6 输入以下信息。

   ▶ 账户名称：carl@server*n*.pretendco.com（其中 *n* 是学号）。

   ▶ 密码：net。

7 在服务器选项部分，保持"服务器"和"端口"的空白，以及复选框的禁用状态。信息应用程序会自动使用相应的服务器和端口。

8 单击"创建"按钮。

Carl Dunn的信息（Jabber）服务"好友"窗口会自动打开。

可以添加Jabber好友（要进行聊天的其他用户，他们的名称会显示在容易访问的列表中）到自己的好友列表中，与使用"信息"应用程序添加非Jabber账户时的操作一样。可以选择添加一个已存在于自己的Open Directory数据库中的好友。当添加一个信息（Jabber）服务好友时，确认包含了这个人的全名。

从一台 Mac 向另一台 Mac 发送信息

当使用Jabber账户时，在可以使用"信息"应用程序和其他人进行通信之前，需要从他们那里获得权限。但是对于名为Workgroup的Open Directory群组中的成员用户来说，这个群组自动选择了"将群组成员设为'信息'好友"复选框。

但是用户可能需要将"信息"应用程序连接并重新连接到信息服务，才能填充Workgroup好友列表。

如果有两个用户，他们并不是能够自动获得授权的、名为Workgroup的Open Directory群组中的成员，那么必须按照以下步骤对要相互聊天的用户进行授权：对于Sue Wu，使用信息应用程序，在好友窗口中单击添加（+）按钮，选择"添加好友"命令，并指定carl@server*n*.pretendco.com（其中 *n* 是学号）作为Jabber账户；然后，对于Carl Dunn，如果他希望自己的账户被添加到Sue Wu的好友列表中，那么在通知请求中单击"接受"按钮。

模拟用户之间的聊天

1 将Sue Wu从信息服务中断开。在管理员计算机上，在信息窗口的左下角，单击"在线"下拉按钮并选择"离线"命令（或按【Control+Command+O】组合键）。

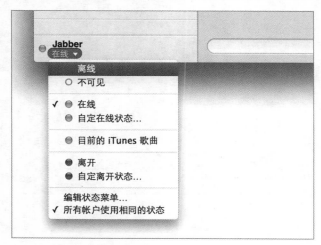

2 在服务器计算机上，将Carl Dunn从信息服务中断开（按【Control+Command+O】组合键）。

3 等待片刻，然后将Sue Wu重新连接到信息服务。在管理员计算机上，在信息窗口的左下角单击"离线"下拉按钮并选择"在线"命令（或按【Control+Command+A】组合键）。

4 在服务器计算机上，等待片刻，然后将Carl Dunn重新连接到信息服务（按【Control+Command+A】组合键）。

5 如果Workgroup的用户并未出现在好友窗口中，那么断开并重新进行连接。

6 在任何一台计算机上的好友窗口中，单击Workgroup的三角形展开图标来显示他的内容。

7 双击一位好友，在信息窗口的Jabber文本框中输入一些文本，然后按【Return】键。

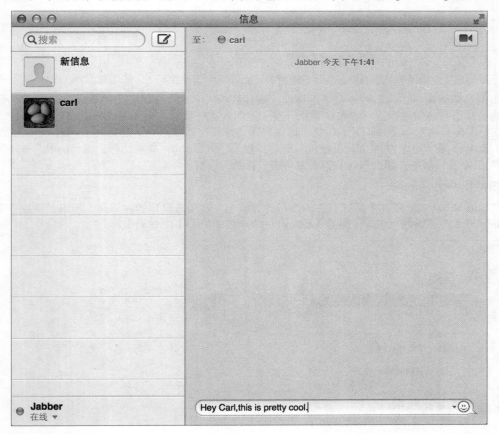

8 在另一台计算机上回复信息。

限制使用信息服务的用户

可以通过服务访问控制来限制谁可以使用信息服务。与很多其他服务一样，可以通过 Server 应用程序来限制用户的访问。

限制用户Sue Wu与信息服务上的其他用户进行聊天。

1 在管理员计算机上，在 Server 应用程序的边栏中选择"用户"选项。

2 选择Sue Wu，然后单击操作按钮（齿轮图标）并选择"编辑服务访问"命令。

3 取消选择"信息"复选框，禁止用户去访问信息服务。

4 单击"好"按钮，保存更改。

断开连接并尝试以受限用户的身份重新连接

现在，用户已经限制Sue Wu去访问信息服务，将他从信息服务断开，然后尝试再次连接到信息服务。

1 断开Sue Wu的连接。在管理员计算机上，在信息窗口的左下角，单击"在线"下拉按钮，然后选择"离线"命令（或按【Control+Command+O】组合键）。

2 在管理员计算机上退出"信息"应用程序。

3 再重新连接之前等待1分钟的时间。

4 在管理员计算机上打开"信息"应用程序。

5 将Sue Wu重新连接到信息服务。在管理员计算机上，在信息窗口的左下角，单击"离线"下拉按钮，然后选择"在线"命令（或按【Control+Command+A】组合键）。

如果是自动重新连接的，那么再次断开连接，并在等待1分钟后尝试重新连接。

6 当提示要输入Sue Wu的密码时，输入 net 并单击"登录"按钮。

即使是提供了有效的密码，用户仍无法以Sue Wu的身份进行登录，因为取消了其访问信息服务的权利。

7 由于需要关闭所有的鉴定对话框，所以要单击多次"取消"按钮。

重新允许Sue Wu可以访问到信息服务，并以Sue Wu的身份再次连接到信息服务。

1 在管理员计算机上，在 Server 应用程序的边栏中选择"用户"选项。

2 选择Sue Wu，然后单击操作按钮（齿轮图标）并选择"编辑服务访问"命令。

3 选择"信息"复选框，允许用户去访问信息服务。

4 将Sue Wu重新连接到信息服务。在管理员计算机上，在信息窗口的左下角，单击"离线"下拉按钮，然后选择"在线"命令（或按【Control+Command+A】组合键）。

如果提示用户输入密码，那么单击"取消"按钮，等待片刻后再次进行尝试。

5 确认又可以在两台计算机之间进行聊天了。

限制消息联盟

默认情况下，联盟并不允许联结运行在其他服务器或Jabber服务器上的信息服务。但是，可以启用联盟，然后限制信息服务只针对指定的信息服务器建立联盟。操作步骤如下。

1 在管理员服务器上，在 Server 应用程序的边栏中选择"信息"服务。确认"启用服务器到服务器联盟"复选框已被选择，然后单击"编辑"按钮。

2 选择"将联盟限制在以下域"单选按钮并单击添加（ + ）按钮，只添加要加入到联盟中的域。

3 作为示例，输入假想的一台服务器server18.pretendco.com。如果这台服务器不在线，也没有关系。

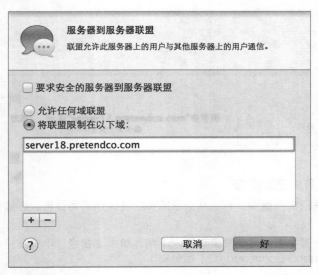

4 单击"好"按钮。

5 要确保已联结的服务器之间的通信安全，将一个 SSL 证书应用到信息服务，并选择"要求安全的服务器到服务器联盟"选项。单击"好"按钮，关闭该对话框。

查看信息服务日志和聊天记录

要查看信息服务的连接日志，将使用 Server 应用程序去查看信息服务日志。然后，将在"终端"命令行中使用sudo命令去查看信息归档。

1 在管理员计算机上，在 Server 应用程序中选择"日志"选项。

2 单击下拉按钮并选择"服务日志"命令。

3 浏览服务日志的内容。

4 在"搜索"文本框中输入session started，然后按【Return】键。这会显示日期、Jabber账户名称，以及开始新Jabber会话的计算机名称。

每按一次【Return】键，日志界面都会显示另一个搜索到的项目。

在系统日志中的信息服务报告还记录了可能出现的任何错误，用户可以通过工具栏中的搜索文本框来对它们进行搜索。

在 Server 应用程序的日志部分中还可以看到其他的日志信息。

5 要查看聊天副本，在服务器计算机上打开"终端"（单击LaunchPad，单击"其他"，单击"终端"）。

6 在终端窗口中输入以下命令，所有内容都在同一行中输入。

sudo more /Library/Server/Messages/Data/message_archives/jabberd_user_messages.log

然后按【Return】键执行命令。

Sudo命令可以为跟随在它后面的命令赋予 root 的权限。

more 命令用于显示文件的内容，一次显示一屏长度的内容。如果文件有多于一满屏的内容，那么按空格键来查看接下来的一满屏内容，或者按【Q】键退出 more 命令。

7 用户会被提示输入当前已登录用户的密码，输入ladminpw并按【Return】键。

聊天副本内容会显示出来，可查看Carl 和 Sue 已进行过的对话。

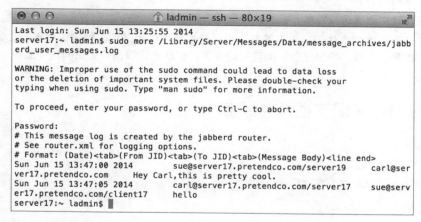

课程26
通讯录服务的管理

OS X Server 通过一个简洁的设置界面来提供通讯录服务。通讯录可以集中存储信息，并且让很多的客户端来使用。

目标
▶ 配置通讯录服务。
▶ 了解使用的协议。
▶ 连接到通讯录服务。

参考26.1
了解通讯录服务

通讯录服务可以让用户将联系人信息存储在服务器上，并通过多台计算机和设备来访问这些联系人信息。除了能够使用CardDAV的应用程序外，以下 Apple 应用程序都兼容通讯录服务。

▶ 通讯录和地址簿。
▶ 邮件。
▶ 信息。

通讯录的另一项功能是，可以让用户通过通讯录服务来提供目录服务器的 LDAP搜索功能，可以将用户的服务器与目录服务器进行绑定，这样用户就不需要配置他们的通讯录偏好设置去包含各个 LDAP 服务器的设置了。除非是服务器与其他的目录服务器进行了绑定，否则这个选项是无法进行配置的。

通讯录服务使用的是开源技术，包括CardDAV（WebDAV 的扩展）、HTTP、HTTPS及vCard（联系人信息的文件格式）。

当用户通过通讯录服务来创建联系人信息时，使用CardDAV将更改复制到服务器，而不是LDAP。

参考26.2
通讯录服务的故障诊断

这里有一些常见的问题及解决这些问题的建议。

▶ 如果用户无法连接到服务器上的通讯录服务，那么检查客户端所用的 DNS 服务器可以正确解析服务器的域名。
▶ 如果用户无法连接到通讯录服务，那么检查到服务器的端口8800和端口8843是开放的。
▶ 如果用户无法通过鉴定去访问通讯录服务，那么检查用户使用了正确的密码信息。如果需要的话，可以重设密码。根据服务访问控制的设置，确认允许该用户去访问这个服务。

练习26.1
通过 Server 应用程序配置通讯录服务

▶ **前提条件**
▶ 完成练习3.1 "配置 DNS 服务"。
▶ 完成练习10.1 "创建并导入网络账户"。

▶ 通讯录服务中可进行配置的项目非常少。Server 应用程序允许用户进行以下操作。

▶ 开启或关闭服务。

▶ 启用搜索目录联系人信息功能。

在本练习中，在开启通讯录服务之前，需要确认服务使用了 SSL 证书。

本练习要求将 OS X Server 计算机配置为Open Directory主服务器，并且已导入了示例用户。

1 在管理员计算机上进行这些练习操作。如果在管理员计算机上尚未通过 Server 应用程序连接到服务器计算机，那么按照以下步骤进行连接：在管理员计算机上打开 Server 应用程序，选择"管理">"连接服务器"命令，单击"其他 Mac"，选择自己的服务器，单击"继续"按钮，提供管理员凭证信息（管理员名称ladmin及管理员密码ladminpw），取消选择"在我的钥匙串中记住此密码"复选框，然后单击"连接"按钮。

2 要通过 SSL 保护通讯录服务，在 Server 应用程序的边栏中选择"证书"选项，应用服务器证书并单击"好"按钮。

3 在 Server 应用程序中选择"通讯录"服务。

4 选择"允许用户使用'通讯录'应用程序搜索目录"复选框。

NOTE ▶ 如果服务器没有被绑定到其他的目录服务，或者它不是Open Directory主服务器，那么这个选项是无法使用的。如果该选项是无法设置的，那么仍然可以使用通讯录服务，但是只能通过服务器上的本地用户来使用。

5 开启通讯录服务。

练习26.2
配置 OS X 使用通讯录服务

▶ **前提条件**

完成练习26.1"通过 Server 应用程序配置通讯录服务"。

OS X 中的"通讯录"应用程序可以使用 OS X Server 上的通讯录服务。

1 在客户端计算机上，通过Launchpad打开"通讯录"应用程序，并选择"通讯录">"偏好设置"命令。

2 选择"账户"选项卡。

3 单击添加（＋）按钮，选择"其他通讯录账户"命令并单击"继续"。

4 保持账户类型是CardDAV，因为通讯录服务通过CardDAV来工作。

5 在"用户名"文本框中输入gary。

必须使用用户的短名称。

6 在"密码"文本框中输入相应的密码：net。

7 在"服务器地址"文本框中输入server*n*.pretendco.com（其中*n*是学号）。

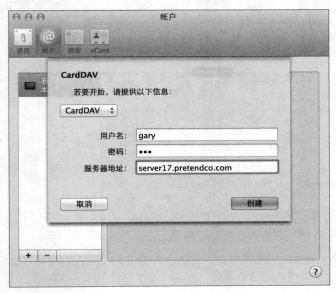

8 单击"创建"按钮。

9 如果出现"验证证书"的对话框，那么单击"显示证书"按钮，选择"始终信任"复选框，并使用管理员身份信息进行鉴定。

新账户显示在账户列表中。

当然，在实际工作中，应当令客户端计算机去信任已知的、确认没有问题的 SSL 证书，然后培训用户，当他们看到未知的证书信息时应及时通知管理员。

10 关闭偏好设置窗口。

11 注意，在通讯录的"所有联系人"下方有两个部分：server*n*.pretendco.com（其中 *n* 是学号）和目录。后者是由于通讯录服务已配置了在搜索中包含目录联系人设置项。

NOTE ▶ 如果通讯录界面没有显示左侧边栏，那么单击左侧界面底部最左侧的视图按钮。

12 选择server*n*.pretendco.com（其中 *n* 是学号），并单击添加（＋）按钮，创建一个新的联系人信息，该信息会被存储到服务器上。

13 为用户输入示例信息，包括邮件和Jabber地址。可以使用以下信息。

▶ 姓氏：Jet。

▶ 名字：Dogg。

▶ 电子邮件（工作）：jet@pretendco.com。

▶ 聊天（工作）：jet@jabber.pretendco.com。

14 单击"完成"按钮，保存更改。

刚刚创建的通讯录在OS X 计算机上进行本地同步以供离线使用，并且它还通过通讯录服务进行存储，这样就可以在其他的计算机和设备上进行访问了。

信息应用程序也支持通讯录服务账户。通过以下步骤可以说明，可以通过信息应用程序来使用通讯录服务账户。如果还没有通过网络用户账户来配置信息应用程序，那么可以参考课程25的参考25.1"管理信息服务"中的内容。

15 如果信息应用程序还未运行，那么打开信息应用程序（在 /应用程序中）。

16 如果servern列表窗口没有显示，那么选择"窗口">server*n*.pretendco.com列表（其中 *n* 是学号）。

17 单击添加（+）按钮，并选择"添加好友"命令。

18 单击三角形展开图标，显示其他的选项。

19 单击已创建的项目（Jet Dogg）。

20 单击"取消"按钮。

在实际工作中，应当单击"添加"按钮，将该用户添加到好友列表。但是现在不要单击"添加"按钮，因为这会为外部Jabber服务器创建一个授权请求，而且用户还在一个孤立的网络上。

21 退出信息应用程序。

只要用户为通讯录配置了通讯录服务账户，那么通过通讯录服务账户创建的联系人信息就可以在其他的 OS X 计算机上使用。用户也可以通过使用CardDAV的应用程序来访问联系人信息。

附录A
课程复习题及答案

课程复习题总结了每个课程所学习的内容，从而帮助用户准备 Apple 认证考试。

课程1 复习
关于本指南
课程1 没有要回顾的问题。

课程2 复习
OS X Server的安装

1. 安装 OS X Server 的最小 RAM 和磁盘需求是什么？
2. 使用什么工具来进行 OS X Server 的安装和初始配置？
3. 如何在 Mac 上安装 OS X Server，在安装前应当进行哪个配置步骤？
4. 与服务器相关的两类名称是什么，它们的用途是什么？
5. 如何在管理员计算机上安装 Server 应用程序？
6. 举出两个可以显示服务器计算机名称的服务。
7. new-test-server.local 是哪类名称？
8. server17.pretendco.com 是哪类名称？

答案
1. 安装OS X Server 的最小 RAM 和磁盘需求如下。

2GB RAM（运行多项服务的服务器需要更高的需求）。

10GB 可用磁盘空间。

2. 使用 Server 应用程序来进行 OS X Server 的安装及初始配置。
3. 将装有 OS X 的 Mac 配置使用一个手动分配的 IPv4 地址。
4. 可以使用 Server 应用程序配置以下两个与服务器相关的名称。

计算机名称：如果用户的服务器提供文件共享服务，那么这个名称会显示在其他 Mac 的 Finder 边栏中。

主机名称：通过使用服务器的 DNS 主机名称，计算机和设备可以访问服务器提供的服务，即使它们并不在本地网络中，只要主机名称对应的 IPv4 地址可以访问并且没有被防火墙屏蔽掉，就可以访问到这些服务。

5. 使用 Mac App Store 下载 OS X Server。如果用户购买了一台预装有 OS X Server 的计算机，那么可以将 Server 应用程序从服务器复制到管理员计算机。

6. 如果服务器上的文件共享或屏幕共享服务被启用，那么服务器的计算机名称会出现在 Finder 窗口的边栏中。它还会出现在 AirDrop、Apple Remote Desktop 中，当为 Xcode 服务添加新的服务器时，也会出现在 Xcode 偏好设置中。

7. new-test-server.local 是本地主机名称。
8. server17.pretendco.com 是主机名称。

课程3 复习

提供 DNS 服务

1. DNS 的用途是什么?

2. 当配置 OS X Server 时, 如果没有为服务器指定 DNS 服务器, 那么服务器将如何为它自己提供 DNS 服务?

3. 如果使用外部 DNS 服务器来为服务器提供 DNS 服务, 那么在配置服务器之前又应当如何操作?

4. 在什么情况下, 保持服务器上自动配置的 DNS 服务设置、并不对其进行更改的运行是可以满足使用需求的?

5. 在什么情况下希望使用 OS X Server 上通过手动方式配置的 DNS 服务?

答案

1. DNS的用途是将主机名称转换为 IP 地址, 以及将 IP 地址转换为主机名。

2. 如果更改主机名配置工具被启用, 并且在询问用户是否设置 DNS 时选择了肯定的回答, 那么基本的 DNS 服务会被配置并开启。

3. 应当检测 DNS 服务器已为服务器的主机名称和 IPv4 地址配置了正确的正向和逆向 DNS 信息。

4. 在只有一台服务器的简单网络中、并且所有计算机和设备都在同一网络中的情况下。

5. 当要为多台计算机和设备配置记录时。

课程4 复习

Server 应用程序的探究

1. 通过已装有 Server 应用程序的管理员计算机, 如何使用 Server 应用程序来管理远端的服务器?

2. 为了让其他的 Mac 可以管理服务器, 需要选择哪个复选框, 这个复选框在什么位置?

3. 工具菜单可以让用户快速打开什么工具?

4. 要控制服务器的键盘和鼠标, 需要安装额外的软件吗?

5. 如果使用 Server 应用程序, 选取已装载的卷宗 /Volumes/Data 作为不同的服务数据卷宗使用, 那么哪个文件夹将包含服务数据?

6. 在使用 Server 应用程序更改服务数据卷宗前, 需要停止所有的服务吗?

7. 在一台带有 OS X Server 的全新 Mac 计算机上, 并没有先对计算机上的 OS X 进行初始配置, 那么可以远程安装 OS X Server 吗?

8. 在 Server 应用程序的边栏中, 如何显示高级服务列表?

答案

1. 打开 Server 应用程序, 选择 "管理" > "连接服务器" 命令, 从列表中选取用户的远端服务器 (或者选择 "其他 Mac", 然后提供远端服务器的主机名称或地址), 并提供本地管理员的身份信息。

2. 在 Server 应用程序的边栏中选择服务器 (在 "服务器" 部分), 选择 "设置" 选项卡, 然后选择 "允许使用服务器进行远程管理" 复选框。

3. "工具" 菜单可以让用户访问以下应用程序。

- ▶ 目录实用工具。
- ▶ 屏幕共享。
- ▶ System Image Utility。

▶ Xsan Admin。

4. 不需要，在服务器计算机上，打开 Server 应用程序并在边栏中选择服务器（在"服务器"部分）。选择"设置"选项卡，选择"启用屏幕共享和远程管理"复选框，然后在管理员计算机上使用"屏幕共享"来控制服务器计算机的键盘。

5. 在这种情况下，服务数据将被存储在 /Volumes/Data/Library/Server 中。

6. 不需要，在将服务数据迁移到新的服务数据卷宗前，Server 应用程序会自动停止相应的服务。

7. 不可以，在安装和配置 OS X Server 之前，需要先配置 OS X。

8. 在 Server 应用程序的边栏中，将鼠标指针悬停在"高级"上面，然后选择"显示"选项。

课程5 复习

SSL 证书的配置

1. 根 CA 与中级 CA 有什么区别？

2. 只使用自签名的 SSL 证书会产生什么问题？

3. 使用什么工具来创建新的自签名 SSL 证书及 CSR？

4. 使用什么工具来为自己的证书和专用密钥创建一个安全归档？

5. 不同的服务可以使用不同的证书吗？服务器上的所有服务可以使用相同的证书吗？

答案

1. 中级 CA 的公钥证书是由其他的 CA 签发的。根 CA 的公钥证书是由他自己签发的。注意，在这里有一个 OS X 信任的根 CA 和中级 CA 的设置集。

2. 计算机和设备访问使用自签名的 SSL 证书的服务时会看到 SSL 证书不受信任的消息。让用户去信任任何会产生警告信息的 SSL 证书是一个安全风险。

3. 使用 Server 应用程序来创建新的自签名 SSL 证书和 CSR。

4. 在服务器上使用钥匙串访问来为自己的证书和专用密钥创建一个安全归档。确认在存储对话框的文件格式菜单中选择"个人信息交换（.p12）"命令。

5. 每项服务可以使用不同的证书，也可以让所有的服务使用相同的证书。

课程6

状态和通知功能的使用

1. 提醒功能的用途是什么？

2. 提醒通知被传送的两种途径是什么？

3. 如果要采用推送通知，首先要进行的操作步骤是什么？

4. 如果通知的详细内容中提出要更新服务，那么正确的操作应当如何进行？

5. 在 Server 应用程序的"储存容量"选项卡中显示了哪些卷宗？

答案：

1. 为了提供各种状况下的系统警告信息。

2. 邮件及 Server 应用程序的通知推送。

3. 为自己正在使用的服务器配置 Apple 推送通知服务。

4. 在进行任何的配置更改前先了解通知及要修正的问题情况，因为他们有可能是不必要的操作。

5. 服务器上所有可见的、并且已装载的卷宗。

课程7

OS X Server 的备份

1. 为什么要使用 Time Machine 对 OS X Server 进行备份？

2. 哪些文件并不通过 Time Machine 进行备份，但是对服务器的系统管理员来说又是非常重要的？

3. 哪些类型的备份目标磁盘可供 Time Machine 来使用？

4. 如果不希望丢掉最旧的备份，那么应当怎么做？

5. 通过哪3种方式可以从 Time Machine 备份中恢复数据？

答案

1. 通过这个简单的备份系统可以对 OS X Server 进行备份，并且可以恢复它的服务。

2. /Library/Logs/ 。

3. 本地已连接的卷宗及 AFP 文件共享点。

4. 不要让备份目标磁盘填满，否则最旧的备份会被丢弃。

5. 通过 Time Machine 的图形界面进行恢复、直接从备份卷宗上进行恢复，以及在恢复卷宗中通过 Time Machine 备份进行恢复。

课程8

本地用户的管理

1. 描述鉴定与授权之间的区别，并各举一个实例。

2. OS X Server 中普通用户账户与管理员账户之间的区别是什么？

3. 哪些应用程序可用来配置 OS X Server 的本地用户和群组设置？

4. 什么工具可用来导入和导出用户账户？

5. 通过 Server 应用程序可以使用哪两种格式的文件来导入用户？

6. 如果决定要手动管理服务访问，那么在服务访问列表中都包含了哪些服务？

7. 当选择复选框授权用户去访问文件共享服务时，会为用户启用哪些文件共享协议？

8. 当单击"管理服务访问"按钮时，这个操作会妨碍以后创建的用户对 OS X Server 服务的访问吗？

答案：

1. 鉴定是在允许用户访问到特定账户资源前，系统要求用户提供相关信息的过程。例如，当连接到 Apple 归档协议服务的时候输入名称和密码就是一个实例。授权是指当用户成功通过鉴定后，通过权限来控制用户对特定资源的访问过程。例如，文件和已共享的文件夹。

2. 普通用户账户可以对计算机或服务器进行基本的访问，而管理员账户允许一个用户对计算机进行管理。在 OS X Server 上，管理员账户通常用于更改服务器计算机自身的设置，一般通过 Server 应用程序来进行操作。

3. 可以使用用户与群组偏好设置和 Server 应用程序来创建和配置本地用户和群组。

4. 可以使用 Server 应用程序来导入用户账户。此外，如在课程10中所学习的，当鉴定为目录管理员后，还可以使用 Server 应用程序来导入网络用户。

5. 可以使用 Server 应用程序来导入带有用户信息的、通过字符分隔的文本文件，但是需要通过标题行来定义文件中所包含的属性信息。也可以导入在文件的开始部分具有标题行、定义了文件内容的文本文件。

6. 服务包括日历、通讯录、文件共享、FTP、邮件、信息、描述文件管理器、Time Machine 及 VPN。

7. 授权使用的文件共享包括 AFP 和 SMB 协议。

8. 不会。当选择手动管理服务访问后，通过 Server 应用程序创建的新用户会自动获得对服务的访问授权。当然，也可以编辑用户账户，移除该用户对服务的访问授权。

课程9

Open Directory 服务的配置

1. 目录服务的主要功能是什么？

2. Open Directory 使用什么标准去访问数据？该标准的版本是什么，支持什么级别的访问？

3. OS X Server 支持 Open Directory 的哪4个角色？

4. 哪个条件决定了与 OS X Open Directory 客户端相关联的 Open Directory 区域设置？

5. 什么日志可以显示试图鉴定到密码服务的成功及失败操作？

答案：

1. 目录服务提供了一个集中的信息资源库，这些信息是组织机构中有关计算机、应用程序和用户的信息。

2. Open Directory 使用 OpenLDAP 和轻量级目录访问协议（LDAP）标准来为目录访问提供一个通用语言。Open Directory 使用 LDAPv3 来提供对目录数据的读写访问。

3. OS X Server 支持的 Open Directory 角色包括Open Directory 主服务器、孤立服务器、连接到一个目录系统，以及 Open Directory 备份服务器。

4. 如果 Mac 所具有的 IPv4 地址是在与 Open Directory 区域设置相关联的子网范围中，那么这台 Mac 将使用与该区域设置相关联的 Open Directory 服务器。否则，它会使用默认区域设置。

5. Password Service Server 日志，位于 /Library/Logs/PasswordService/AplePasswordServer.log，可以显示成功与失败的鉴定操作。

课程10

本地网络账户的管理

1. 使用什么工具来检测获取 Kerberos 票据的功能？

2. 如何通过带有相应标题行格式的文本文件来导入本地网络用户？

3. 客户端计算机无法使用 Kerberos 鉴定去访问服务的原因都有哪些？

4. 除了鉴定，Kerberos 还可以提供什么？

5. 如何停用本地网络用户账户，使他无法被用于服务的访问，或是在绑定的 Mac 上进行登录？

6. 可应用到用户、当他们下次更改他们密码时，可以生效的全局密码策略都有哪些？

7. 可以配置的、当特定的事件发生后，可停用登录的全局密码策略有哪些？

8. 用户如何获取 Kerberos 服务票据？

答案：

1. 票据显示程序位于 /系统/资源库/CoreServices 中，可以通过该程序来确认获取 Kerberos 票据的功能。

2. 选择"管理">"从文件导入账户"命令，选择文本文件，在下拉菜单中选择本地网络账户，提供目录管理员的身份信息并单击"导入"按钮。

3. 客户端计算机可能没有与提供 Kerberos 功能的目录服务进行绑定；客户端计算机和服务器计算机之间的系统时钟可能存在超过5分钟的时差；可能存在 DNS 配置问题；或者是服务没有被配置使用 Kerberos。

4. Kerberos 提供身份识别和鉴定功能。

5. 在 Server 应用程序的用户设置界面中，双击要进行编辑的用户，并取消选择"允许用户登录"复选框。

6. 相应的全局密码策略有：密码必须有别于账户名称、至少包含一个字母、同时包含大小写字母、至少包含一个数字字符、包含的某个字符不是字母或数字、至少包含给定数量的字符，或者是有别于最近多少个用过的密码。

7. 可停用登录的全局密码策略有：于特定日期停用、使用时间达到给定天数后停用、不活跃的时间达到给定天数后停用，或者是用户尝试失败次数达到给定次数后停用。

8. 当用户拥有授权票据的票据，在他试图连接到采用 Kerberos 功能的服务时，OS X 会自动尝试获取服务票据。

课程11

配置 OS X Server 提供设备管理服务

1. 用于创建描述文件的工具是什么？

2. 为什么配置描述文件要被签名？

3. 什么是配置描述文件？什么是注册描述文件？

4. 开启描述文件管理器服务都涉及哪些操作步骤？

5. 要对配置描述文件进行签名，都涉及哪些具体的步骤？

6. 描述文件管理器由哪3个组件组成？

答案：

1. 描述文件管理器网页应用程序可用来创建描述文件。

2. 配置描述文件应当被签名，这样可以对描述文件的内容进行验证。

3. 配置描述文件包含了在受控的设备中可对用户使用体验进行管理的设置和首选项。注册描述文件可以对设备进行远程控制，例如实现远程抹掉和锁定，以及其他配置描述文件的安装。

4. 在 Server 应用程序的描述文件管理器设置界面中只需单击开/关按钮，即可开启描述文件管理器服务，但是要启用设备管理（也称为移动设备管理），那么需要单击"设备管理"旁边的"配置"按钮，选用一个有效的 SSL 证书，并指定一个已验证过的 Apple ID 来获取 Apple 推送通知服务证书。

5. 在 Server 应用程序的描述文件管理器设置界面中，选择"给配置描述文件签名"复选框，然后选用一个有效的代码签名证书。当用户通过描述文件管理器的网页应用程序创建描述文件时，描述文件会自动被签名。

6. 描述文件管理器包括描述文件管理器网页应用程序、用户门户网站，以及可选用的设备管理（移动设备管理）服务。

课程12

通过描述文件管理器进行管理

1. 客户端可通过哪些级别来进行管理？

2. 列举出描述文件可被分发的3种方式名称。

3. 推送通知依赖于什么服务？

4. 描述文件如何从 OS X 计算机上移除掉？如何从 iOS 设备上移除掉？

5. 如何查看描述文件的内容？

答案：

1. 用户、用户群组、设备及设备群组。

2. 用户门户网站、电子邮件、网页或是手动分发。描述文件管理器的移动设备管理功能还可以将描述文件推送到已注册的设备上。

3. Apple 推送通知服务（APNs）。

4. 在 OS X Lion 10.7 及更新的版本中，描述文件在描述文件偏好设置中进行管理。在 iOS 设备上，前往设置/通用/描述文件可以查看和移除已安装的描述文件。

5. 可以使用任何文本编辑器来查看。描述文件所包含的文本内容，可以是直接显示的 XML 内容，如果经过签名的话，也可以是一些带有二进制数据的 XML 内容。

课程13

配置文件共享服务

1. 列举出 OS X Server 文件共享设置界面所支持的3类文件共享协议，以及它们所面向的主要客户端。

2. 使用 FTP 服务需要考虑的一个问题是什么？

3. OS X Server 如何支持对 Windows 客户端的浏览？

4. 如何为共享点启用客人访问？

5. 在什么位置可以查看当前有多少 AFP 和 SMB 连接正连接到服务器？

6. 如何配置一个共享点，可让 iOS 设备上的应用访问？

7. 在什么位置可以查看有关 AFP 服务的错误信息？

8. 如何创建一个新的共享点？

9. 对于刚刚创建的共享点来说，默认会启用什么文件共享协议？

10. 为了提供 WebDAV 服务，需要开启网站服务吗？

答案：

1. OS X Server 支持3类文件共享协议：AFP，面向装有早于 OS X Mavericks 版本系统的 Mac；SMB，面向装有 OS X Mavericks 和 Windows 系统的客户端；WebDAV，面向 iOS 设备。

2. 当通过用户名和密码对 FTP 服务进行鉴定时，鉴定信息的网络传输通常是不进行加密的。

3. OS X Server 使用 NetBIOS 来告知 Windows 客户端它的存在；Windwos 用户可以在系统的网络邻居或网络中查看到服务器。

4. 编辑共享点设置，选择"允许客人用户访问此共享点"复选框。

5. "已连接的用户"选项卡显示了 AFP 和 SMB 的连接数量；用户可能需要选择"显示">"刷新"命令（或者按【Command+R】组合键）来刷新显示的数量。

6. 编辑共享点设置，选择"通过 WebDAV 共享"复选框。

7. 控制台应用程序的日志界面显示了 AFP 错误日志，它显示了日志文件 /Library/Logs/AppleFileService/AppleFileServiceError.Log 的内容。

8. 在"文件共享"中的共享点列表中单击添加（+）按钮，然后选取现有的文件夹或是创建一个新的文件夹并选取该文件夹。

9. 对于新创建的共享点来说，AFP 和 SMB 会被默认启用。

10. 不需要。要通过 WebDAV 来提供文件共享服务，并不需要运行网站服务（当然，文件共享服务必须是要运行的）。

课程14

文件访问的理解

1. 当对一个文件夹的 ACL 添加 ACE 时，ACE 会传播到文件夹中的项目上吗？

2. 在 Server 应用程序的"文件共享"设置界面中，可以为 ACE 选用什么权限？

3. 在 Server 应用程序的"储存容量"设置界面的权限对话框中，可以为 ACE 指定什么权限？

4. 在 Server 应用程序的"储存容量"设置界面的权限对话框中，可以对一个 ACE 应用哪4个继承规则？

5. 如何移除继承的 ACE？

6. 在 ACL 中，如果看到一个 GUID 而不是用户名称，那么这意味着什么？

答案：

1. 如果对 ACE 应用了继承设置项，那么文件夹 ACL 的 ACE 会被传播到在该文件夹中创建的新项目上，或是传播到从其他卷宗复制到该文件夹中的项目上。此外，管理员可以在 Server 应用程序的"储存容量"设置界面中选择一个文件夹，然后从操作菜单（齿轮图标）中选择"传播权限"命令，选择"访问控制列表"复选框并单击"好"按钮。最后，如果使用"文件共享"设置界面去修改共享点的 POSIX 权限或 ACL，那么 ACL 会被自动传播。

2. 在 Server 应用程序的"文件共享"设置界面，当编辑 ACE 时，可以选择读与写、读取或是写入权限。

3. 在 Server 应用程序的"储存容量"设置界面中，当编辑 ACE 时，有3种权限复选框可供选用。分类包括：管理、读取和写入。

4. 应用到此文件夹、应用到子文件夹、应用到子文件，以及应用到所有子结点。

5. 在 Server 应用程序的"储存容量"设置界面中，前往具有 ACL 的项目，单击操作按钮（齿轮图标），选择"编辑权限"命令，单击操作按钮（齿轮图标）并选择"移除继承的条目"命令。

6. 如果在 ACL 中看到的是 GUID 而不是用户名称，那么这意味着用户已从服务器上删除了该用户或群组账户，ACE 之所以显示用户或群组的 GUID，是因为它无法将 GUID 映射到用户或群组账户上。

课程15

使用 NetInstall

1. 使用 NetBoot 的优势是什么？

2. 配置使用网络启动磁盘的3种方式是什么？

3. 在 NetInstall 的启动过程中会用到哪些网络协议？每个协议都会传递哪些组件信息？

4. 什么是 NetBoot shadow 文件？

5. NetBoot、NetInstall 及 NetRestore 映像之间的主要区别是什么？

答案：

1. NetBoot 可以统一和集中管理 NetBoot 客户端所使用的系统软件，可以将软件配置及维护工作削减到最小。对 NetBoot 映像一处的调换就可以应用到所有客户端计算机的下次启动。NetBoot 还可以让计算机脱离系统软件，从而降低软件故障诊断工作的时间投入。

2. 客户端可以通过系统偏好设置的启动磁盘设置界面来选用网络磁盘映像，可以在计算机启动时按住【N】键，或者是通过按【Option】键进入启动管理器，来使用默认的 NetInstall 映像。

3. 在 NetInstall 客户端启动的过程中，NetInstall 使用了 DHCP、TFTP、NFS 和 HTTP。DHCP 提供 IP 地址，TFTP 传递引导 ROM（"booter"）文件，NFS 或 HTTP 被用于传送网络磁盘映像。

4. 由于 NetBoot 启动映像是只读的，所以客户端计算机要写入卷宗的任何数据都会被缓存到 shadow 文件中。这可以让用户对启动卷宗进行更改，包括偏好设置及存储文件的设置。不过，当计算机被重新启动时，所有的更改都会被抹掉。

5. NetBoot 可以让多台计算机启动到相同的系统环境。NetInstall 提供了一种便捷的方式，可以将操作系统和软件包安装到多台计算机上。NetRestore 提供了一个将现有映像克隆到多台计算机上的方法。

课程16 复习

缓存来自 Apple 的内容

1. 要让 Mac 通过 Mac App Store 来使用缓存服务，需要使用什么版本的 OS X？要让 Mac 和 PC 使用缓存服务，需要使用什么版本的 iTunes？要让 iOS 设备使用缓存服务，需要使用什么版本的 iOS 系统？

2. 符合系统要求的 OS X 计算机和 iOS 设备要使用缓存服务，需要进行哪些额外的配置？

3. 如果服务器使用一个公网 IPv4 地址（而不是 NAT 后面的私网 IPv4 地址），并且客户端使用的是 NAT 后面的一个私网 IPv4 地址，那么客户端会使用服务器的缓存服务吗？

4. 如果具有多台开启了缓存服务的服务器，那么需要进行额外的配置吗？

5. 一台 Mac 可同时使用软件更新服务和缓存服务吗？

6. 如果更改了缓存服务所使用的卷宗，那么已缓存的内容会迁移到新的卷宗吗？

7. 缓存服务会让缓存下来的内容填充满卷宗吗？

8. 为了让缓存服务使用一个卷宗来缓存内容，那么该卷宗上需要有多少可用的磁盘空间？

答案：

1. 对于 Mac App Store，需要 OS X 10.8.2 或更新版本的系统；对于 Mac 和 PC 所用的 iTunes，需要 iTunes 11.0.2 或更新的版本；装有 iOS 7 的 iOS 设备会自动使用一个可用的缓存服务。

2. 对于使用 OS X 10.8.2 或更新版本系统的计算机或是使用 iOS 7 的设备来说，并不需要进行额外的配置工作。

3. 不会，客户端和服务器都必须使用 NAT 设备后面的私网 IPv4 地址，通过该 NAT 设备，使用相同的公网 IPv4 地址来转发外发的传输（发送到因特网）。

4. 不需要进行任何的额外配置工作，符合条件的客户端自动使用相应的缓存服务器。

5. 不可以，对于 Mac 来说，要么使用软件更新服务，要么使用缓存服务。

6. 会的，如果为缓存服务更换了存储卷宗，Server 应用程序会自动将已缓存的内容迁移到新的卷宗中。

7. 不会，当卷宗只剩 25GB 的可用空间后，缓存服务会自动移除已下载的最久远的项目，来为新的内容腾出空间。

8. 在将一个卷宗用于缓存服务前，Server 应用程序要求该卷宗具有 50GB 的可用空间。

课程17 复习

软件更新服务的实施

1. 使用软件更新服务具有哪些优势？

2. 可用于监控软件更新服务的3个日志是什么？

3. 如何配置客户端去使用软件更新服务？

4. 该服务使用的默认端口是哪个？

5. 在描述文件管理器中，软件更新服务可被应用到哪个级别的管理中？

答案：

1. 使用软件更新服务可以更好地管理对客户端的更新，避免可访问到 Apple 更新服务器的客户端为此而占用较高的带宽，从而确保网络的正常通信。

2. 服务、错误和访问日志。

3. 通过 defaults 命令来修改软件更新 plist 文件，或者使用配置描述文件来进行配置。

4. 8088端口。这很重要，虽然它没有显示在 Server 应用程序的配置界面中，但是它需要被定义在目录 URL 中。

5. 设备和设备群组。

课程18 复习

提供 Time Machine 网络备份

1. 为了让 Time Machine 可以使用网络备份目标位置，必须运行哪些服务？

2. 如果更换了 Time Machine 的备份卷宗，那么在客户端一侧会发生什么状况？

3. 为什么要从备份中排除某些文件夹不进行备份？

4. 可以通过 Time Machine 来恢复废纸篓中的项目吗？

答案：

1. 文件共享和 Time Machine 服务。

2. 会进行完整备份，而不只是对上次备份后发生变化的项目进行备份。

3. 为了节省磁盘空间，或是避免去备份那些不必要的素材。

4. 不可以。Time Machine 并不对废纸篓中的内容进行备份。

课程19 复习

通过 VPN 服务提供安全保障

1. 什么样的用户会受益于 VPN 服务？

2. 对于使用 OS X 的用户来说，有什么便捷的办法可以帮助他们快速配置计算机，来使用自己服务器提供的 VPN 服务？

3. OS X Server 的 VPN 服务支持哪两类服务协议？

4. 支持的两类 VPN 协议，它们之间有什么区别？

5. 如果共享的密钥被别人获取了，那么这是否意味着知道密钥的任何人都可以使用自己服务器的 VPN 服务吗？

6. 如果决定要更换共享密钥，那么需要进行哪些工作？

答案：

1. 经常离开本地网络的用户可以通过 VPN 服务来访问本地网络中的可用资源。

2. 在 Server 应用程序的边栏中选择 VPN，单击"存储配置描述文件"按钮，然后将获得的移动设备配置文件分发给自己的用户。当使用 OS X Lion 或更新版本系统的用户打开移动设备配置文件时，描述文件偏好设置会自动打开并提示用户安装配置描述文件。也可以将移动设备配置文件分发给使用 iOS 设备的用户。

3. L2TP 和 PPTP。

4. L2TP 更加安全，但是 PPTP 可以兼容老旧的 VPN 客户端软件。

5. 不会。即使共享的密钥被公开，用户仍需要使用账户名称和密码进行鉴定才能建立 VPN 连接。

6. 如果更换了共享密钥，那么所有的 VPN 服务用户都必须更改他们 VPN 配置中的共享密钥。可以存储一个新的配置描述文件，并将新的移动设备配置文件分发给自己的用户来进行更改。

课程20 复习
了解 DHCP

1. 一台计算机主机或设备在一个其他客户端可接收到 DHCP 地址的活跃网络中，那么为什么这台计算机或设备则有可能无法获取 IPv4 地址？

2. 如何确定一台主机所具有的是可路由的 IPv4 地址还是一个本地链路地址？

3. 将一个 IPv4 地址静态映射到一台指定的客户端设备，当为客户端设备创建静态地址前，必须知道客户端设备的什么信息？

4. 在哪里可以看到只与 DHCP 服务相关的日志信息？

答案

1. 如果其他计算机和设备在这个网络中可以获得 DHCP 地址，那么很可能是该服务器已经用完了可租用的 DHCP 地址。

2. 由于本地链路地址肯定是在 169.254.x.x 地址范围内，所以检查客户端当前的 IPv4 地址就可以确定结果。

3. 必须知道客户端设备的 MAC 地址。如果客户端已经具有 DHCP 租用地址，那么在"客户端"设置界面中可直接通过显示的客户端条目来为该客户端创建静态地址。

4. 在 Server 应用程序的"日志"设置界面中，通过 DHCP 部分的服务日志可看到只与 DHCP 服务相关的日志条目。

课程21 复习
网站托管

1. OS X Server 网站服务是基于哪个软件来提供服务的？

2. 要确保能够让访问站点的访客可以访问到网页，那么对于网站文件夹来说，哪个权限是必须具备的？

3. 什么是访问控制？

4. Apache 日志文件的默认位置是哪里？

5. 让网站使用 SSL 有什么好处？

答案

1. 网站服务基于 Apache 软件，它是一个开源的网站服务器软件。

2. Everyone 群组或 _www 用户或群组对网站文件必须具有读取访问权限。

3. 访问控制是文件夹的路径，该文件夹可以基于群组账户来限制访问。

4. Apache 日志文件的默认位置是 /var/log/apache2/access_log 和 /var/log/apache2/error_log 。

5. SSL 通过对数据进行加密可以保护网站的来往数据传输。

课程22 复习
提供邮件服务

1. 邮件服务都使用哪些协议？
2. 邮件服务器在实际应用中，哪类 DNS 记录需要被设置？
3. 邮件服务的过滤功能都采用了哪些工具？

答案

1. POP、IMAP 和 SMTP 。
2. 域名的 MX 记录。
3. SpamAssassin 用来过滤垃圾邮件。ClamAV 提供病毒扫描功能。还可以设置外部的黑名单服务器，用于对垃圾邮件进行过滤。灰名单的设置也有助于减少垃圾邮件的收取。

课程23 复习

配置 Wiki 服务

1. 什么是 Wiki？什么是博客？
2. 管理员使用什么工具来指定允许创建 Wiki 的用户？
3. 网络用户如何指定可以对 Wiki 进行编辑的用户和群组？

答案

1. Wiki 可以让多人阅读和编辑内容。博客可以让多人阅读内容，但只能由一个人来创建内容。
2. 在 Server 应用程序的 Wiki 服务设置中，管理员可以使用"Wiki 创建者"列表来指定可以创建 Wiki 的用户。
3. 当通过网页浏览器创建 Wiki 时，用户可以为要访问和编辑 Wiki 的用户和群组指定权限。

课程24 复习

日历服务的实施

1. 日历服务使用什么协议？
2. 用户如何指定其他用户可以编辑和查看他的日历？
3. 日历服务的传输协议是什么，它对服务的故障诊断有什么影响？

答案

1. CalDAV，它是 WebDAV 的一个扩展应用。
2. 在"日历"应用程序的偏好设置中，可以设定授权及相应的权限。
3. CalDAV 和 WebDAV 通过 HTTP 进行传输，因此，对服务的故障诊断类似于对网站服务的故障诊断。用户需要确认 DNS 设置正确，并且相应的端口是开放的。

课程25 复习

提供信息服务

1. 信息服务使用什么协议？
2. 在 OS X Server 上如何限制对信息服务的访问？
3. 在 server17.pretendco.com 上应当如何为用户 Jet Dogg（短名称：jet）输入信息账户名称？

答案

1. 信息服务使用可扩展消息处理现场协议（XMPP）。
2. 在 Server 应用程序中，对每个可用的用户或群组账户进行"编辑服务访问"设置。

3. 用户 Jet Dogg 的信息账户名称格式为 jet@server17.pretendco.com 。

课程26 复习

通讯录服务的管理

1. 通讯录服务基于什么协议？

2. 当搜索联系人信息时，对于已绑定的目录服务器，如何让包含在目录服务中的联系人信息涵盖在搜索结果中？

3. 在什么位置可以配置通讯录服务使用 SSL？

答案

1. OS X Server 的通讯录服务基于的协议有 CardDAV（WebDAV 的扩展）、HTTP、HTTPS 及 vCard（联系人信息的文件格式）。

2. 确认在通讯录服务的设置中选择"允许用户使用'通讯录'应用程序搜索目录"复选框。

3. 在 Server 应用程序的"证书"设置界面中。

附录 B
其他资源

本附录包含了与每个课程相关的 Apple 技术支持文章及建议阅读的相关主题。Apple 技术支持网站是一个免费的在线资源网站，包含了 Apple 所有软硬件产品的最新技术信息。用户可以访问 www.apple.com/support 来检查新发布及最新更新的 Apple 技术支持文章。强烈建议用户去阅读推荐的文档，并在遇到问题时能够搜索 Apple 技术支持网站来解决问题。最近更新过的 Apple 技术支持文章列表可通过网站 http://support.apple.com/kb/index?page=articles 来查看。

针对 OS X Server 的更多资源可访问 https://www.apple.com/support/ osxserver/ 和 www.apple.com/osx/server/specs/。

可以访问 www.apple.com/osx/server/resources/documentation.html 来查看 OS X Server 指南，还可以访问 https://help.apple.com/advancedserveradmin/mac/3.0/ 来查看 OS X Server 高级管理指南。

课程1 参考资源

关于本指南

本课程没有额外的参考资源。

课程2 参考资源

OS X Server 的安装

Apple 技术支持文章

文章 HT1310 "启动管理程序：如何选择启动卷宗"。

文章 HT1782 "使用'磁盘工具'验证或修理磁盘"。

文章 HT4718 "OS X：关于 OS X 恢复功能"。

文章 HT4814 "如何使用 Server App 远程管理 OS X Server"。

文章 HT4886 "Mac mini Server（2012 年末和 2011 年中）：如何在软件 RAID 卷宗上安装 OS X Server"。

文章 HT5300 "OS X Server：升级或迁移 Open Directory 数据库前要执行的步骤"。

文章 HT5381 "OS X Server：从 Lion Server 或 Snow Leopard Server 升级和迁移"。

文章 HT5382 "OS X Server：从先前的版本升级网站服务"。

文章 HT5387 "OS X Server：从 Lion Server 迁移时未保留共享点"。

文章 HT5412 "OS X Server：关于 DHCP 服务"。

文章 HT5413 "OS X Server：关于防火墙服务"。

文章 HT5414 "OS X Server：关于 NAT 服务"。

文章 HT5519 "OS X Server: How to enable the adaptive firewall"。

文章 HT5842 "OS X Mavericks：系统要求"。

文章 HT5996 "OS X Server：从 Mountain Lion 升级和迁移"。

文章 TS4331 "OS X Server: Where to find Podcast data after upgrading"。

文章 TS4353 "OS X Server: Cannot administer AirPort base station after upgrading to

Mountain Lion"。

文章 TS5237 "OS X Server (Mavericks): Remove pre-release version before installing OS X Server"。

文章 TS5289 "OS X Server (Mavericks): After upgrading or migrating, network user cannot be created"。

课程3 参考资源

提供 DNS服务

Apple 技术支持文章

文章 PH11162 "OS X Mountain Lion：编辑 DNS 和搜索域设置"。

文章 PH10790 "OS X Mountain Lion：测试 DNS 服务器"。

文章 PH10975 "OS X Mountain Lion：使用 DNS 服务器"。

文章 HT5343 "OS X：如何还原 DNS 缓存设置"。

课程4 参考资源

Server 应用程序的探究

Apple 技术支持文章

文章 HT1822 "OS X Server：管理工具兼容性信息"。

文章 HT4974 "OS X Server：更改服务数据存储位置"。

文章 HT4814 "如何使用 Server App 远程管理 OS X Server"。

文章 HT5359 "OS X Server: Dedicating system resources for high performance services"。

课程5 参考资源

SSL 证书的配置

以下资源提供了有关 SSL 使用的更多信息。

Apple Root Certification Authority: https://www.apple.com/certificateauthority/。

Apple Root Certificate Program: https://www.apple.com/certificateauthority/ca_program.html。

Apple Certificate Policy: https://www.apple.com/certificateauthority/Apple_Certificate_Policy。

添加新的受信任的根证书到 System.keychain：https://derflounder.wordpress.com/2011/03/13/adding-new-trusted-root-certificates-to-system-keychain/。

CSR Decoder: https://www.sslshopper.com/csr-decoder.html。

Apple 技术支持文章

文章 HT4777 "OS X Server：为 Active Directory 账户配置 WebDAV 共享"。

文章 HT4183 "OS X Server：配置客户端以将 SSL 用于 Open Directory 绑定"。

文章 HT4837 "OS X Server：与 Active Directory 或第三方 LDAP 服务配合使用描述文件管理器或 Wiki 服务"。

文章 HT5300 "OS X Server：升级或迁移 Open Directory 数据库前要执行的步骤"。

文章 HT5349 "OS X Server：如何将描述文件管理器的设置还原为其原始状态"。

文章 HT5358 "OS X Server：续订文件管理器的代码签名证书"。

文章 HT5381 "OS X Server：从 Lion Server 或 Snow Leopard Server 升级和迁移"。

文章 HT5382 "OS X Server：Upgrading Websites service from previous versions"

文章 HT5415 "OS X Server：关于 RADIUS 服务"。

文章 PH10949 "OS X Mountain Lion：安全套接字层（SSL）"。

课程6 参考资源

状态和通知功能的使用

Apple 技术支持文章

文章 HT3947 "OS X Server：推送通知服务器和受支持的应用软件"。

课程7 参考资源

OS X Server 的备份

Apple 技术支持文章

文章 HT5139 "从 Time Machine 备份恢复 OS X Server"。

文章 HT3275 "Archived – Time Machine：备份问题故障诊断"。

文章 TS2986 "OS X：无法在 Time Machine 用于备份的卷宗上进行安装"。

文章 HT4878 "关于 Time Machine 本地快照"。

文章 HT5096 "Time Machine：如何将备份从当前备份驱动器传输到新的备份驱动器"。

课程8 参考资源

本地用户的管理

Apple 技术支持文章

文章 HT5417 "OS X Server: Providing Service Access to Users in External Directories"。

文章 HT1822 "OS X Server：管理工具兼容性信息"。

下载 DL1698 "Workgroup Manager 10.9"。

课程9 参考资源

Open Directory 服务的配置

Apple 技术支持文章

文章 HT1194 "Mac OS X Server: How to reset the Open Directory administrator password"。

文章 HT3394 "OS X：验证 Active Directory 绑定的 DNS 一致性"。

文章 HT3745 "Open Directory: Enabling SSL for Open Directory with Replicas"。

文章 HT3813 "OS X Server: Disable slapd fullsync mode to decrease import time for Open Directory"。

文章 HT4183 "OS X Server：配置客户端以将 SSL 用于 Open Directory 绑定"。

文章 HT4837 "OS X Server：与 Active Directory 或第三方 LDAP 服务配合使用描述文件管理器或 Wiki 服务"。

文章 HT4696 "OS X Server：更改 opendirectoryd 记录级别"。

文章 HT4730 "OS X Server：通过 SSL 对 Active Directory 客户端进行数据包加密"。

文章 HT4777 "OS X Server：为 Active Directory 账户配置 WebDAV 共享"。

文章 HT4779 "使用 Active Directory 工具管理群组成员资格"。

文章 HT5300 "OS X Server：升级或迁移 Open Directory 数据库前要执行的步骤"。

文章 HT5343 "OS X：如何还原 DNS 缓存设置"。

文章 HT5738 "OS X Mountain Lion: Improving mobile user login times for Active Directory .local domains"。

文章 TS1532 "OS X：Active Directory 绑定时的命名注意事项"。

文章 TS4462 "Open Directory replication may not work; "Size Limit exceeded" appears in slapd.log"。

参考书

Carter, Gerald. LDAP System Administration（O'Reilly Media, Inc., 2003）

Garman, Jason. Kerberos: The Definitive Guide（O'Reilly Media, Inc., 2003）

URL

OpenLDAP：公众开发的 LDAP 软件：www.openldap.org

Lightweight Directory Access Protocol（v3）：技术规格：www.rfc-editor.org/rfc/rfc3377.txt

课程10 参考资源

本地网络账户的管理

Apple 技术支持文章

文章 HT3813 "OS X Server: Disable slapd fullsync mode to decrease import time for Open Directory"

文章 HT4696 "OS X Server：更改 opendirectoryd 记录级别"。

文章 HT5417 "OS X Server: Providing Service Access to Users in External Directories"。

文章 HT5545 "OS X Server: Speeding up new account creation in Server.app"。

文章 TS3889 "Unable to create automount on a Lion Server that is a member of Open Directory"。

下载 DL1698 "Workgroup Manager 10.9"。

课程11 参考资源

配置 OS X Server 提供设备管理服务

Apple 技术支持文章

文章 HT4780 "描述文件管理器 2：可扩展性"。

文章 HT5349 "OS X Server：如何将描述文件管理器的设置还原为其原始状态"。

文章 HT5302 "OS X Server：描述文件管理器使用的端口"。

课程12 参考资源

通过描述文件管理器进行管理

Apple 技术支持文章

文章 TS1629 "Apple 软件产品所使用的'知名'TCP 和 UDP 端口"。

文章 TN2265 "Troubleshooting Push Notifications"。

课程13 参考资源

配置文件共享服务

Apple 技术支持文章

文章 HT4283 "iWork for iOS: Using a WebDAV service"。

文章 TN2265 "OS X Server：如何配置 NFS exports"。

文章 HT4700 "Connecting to legacy AFP services"。

文章 HT4777 "OS X Server：为 Active Directory 账户配置 WebDAV 共享"。

文章 HT5374 "OS X Server: Creating drop box folders for use with WebDAV file sharing"。

文章 PH3407 "Numbers for iOS（iPad）：使用 WebDAV 服务器共享电子表格"。

文章 PH3457 "Numbers for iOS（iPhone, iPod touch）：使用 WebDAV 服务器共享电子表格"。

文章 PH3496 "Keynote for iOS（iPad）：使用 WebDAV 服务器共享演示文稿"。

文章 PH3535 "Keynote for iOS（iPhone, iPod touch）：使用 WebDAV 服务器共享演示文稿"。

文章 PH3566 "Pages for iOS（iPad）：使用 WebDAV 服务器共享文稿"。

文章 PH3597 "Pages for iOS（iPhone, iPod touch）：使用 WebDAV 服务器共享文稿"。

文章 PH8576 "Mac OS X 10.6 Server Admin：Configuring AFP Service Logging Settings"。

文章 PH10917 "OS X Mountain Lion：有多少台计算机可以连接到用户的计算机？"。

文章 PH11090 "OS X Mountain Lion：用户可以连接的服务器和共享计算机"。

文章 TS4149 "OS X Server：When saving files on SMB shares, the permissions may be changed so only the owner can read or write"。

URL

欢迎访问 WebDAV 资源：www.webdav.org。

[MS-SMB2]：Server Message Block（SMB）Protocol Versions 2 and 3：msdn.microsoft.com/en-us/library/cc246482.aspx。

NFS Manager：www.bresink.com/osx/NFSManager.html。

Missing Server.app Settings for AFP：krypted.com/mac-os-x/missing-server-app-settings-for-afp/。

课程14 参考资源

文件访问的理解

Apple 技术支持文章

文章 PH8018 "Lion Server：权限在实践中的应用"。

文章 PH8029 "Lion Server：标准权限"。

文章 PH8122 "Lion Server：对 ACL 进行规范排序"。

文章 TS3752 "无法存储到允许享有写入权限的 Mac OS X Server 共享点"。

URL

欢迎访问 WebDAV 资源：www.webdav.org。

Microsoft 开放规范：Workgroup Server Protocol Program：www.microsoft.com/openspecifications/en/us/programs/wspp/default.aspx。

课程15 参考资源

使用 NetInstall

Apple 技术支持文章

文章 HT1159 "计算机的 Mac OS X 版本（版号）"。

文章 HT4178 "OS X Server：Creating a single NetBoot, NetInstall or NetRestore image for multiple Macs"。

文章 HT3735 "Netboot/Netinstall：MacBook Air can use USB Ethernet Adapter for Netboot or Netinstall"。

URL

Apple System Imaging List：https://lists.apple.com/mailman/listinfo/system-imaging

课程16 参考资源

缓存来自 Apple 的内容
Apple 技术支持文章

文章 HT1208 "iTunes：如何查找用户所使用的版本"。

文章 HT5590 "OS X Server（Mountain Lion）：Advanced configuration of the Caching service"。

课程17 参考资源

软件更新服务的实施
Apple 技术支持文章

文章 HT3923 "Requirements for Software Update Service"。

文章 HT5383 "OS X Server：关于软件更新服务"。

文章 HT2794 "OS X Server：Software Update Service compatibility"。

文章 HT4974 "OS X Server：更改服务数据存储位置"。

文章 HT3765 "OS X Server：How to cascade Software Update Servers from a Central Software Update Server"。

课程18 参考资源

提供 Time Machine 网络备份
Apple 技术支持文章

文章 HT1427 "Mac 基础知识：Time Machine 备份 Mac"。

文章 HT5139 "从 Time Machine 备份恢复 OS X Server"。

文章 HT5381 "OS X Server：从 Lion Server 或 Snow Leopard Server 升级和迁移"。

文章 HT5996 "OS X Server：从 Mountain Lion 升级和迁移"。

文章 PH11103 "OS X Mountain Lion：恢复使用 Time Machine 备份的项目"。

文章 PH11193 "OS X Mountain Lion：关于从备份中排除系统文件"。

文章 PH14112 "OS X Mavericks：Time Machine 概述"。

文章 PH14146 "OS X Mavericks：'Time Machine'偏好设置"。

文章 PH13723 "OS X Mavericks：Time Machine 配置偏好设置"。

文章 PH13724 "OS X Mavericks：Time Machine 选项偏好设置"。

课程19 参考资源

通过 VPN 服务提供安全保障
Apple 技术支持文章

文章 HT1424 "iOS：设置 VPN"。

文章 HT3944 "AirPort：无法通过 AirPort 实用工具将 NAT 端口映射到专用地址上的 L2TP VPN 服务器"。

文章 HT5078 "OS X Server：如何从 Windows 连接到 VPN 服务"。

文章 PH13868 "OS X Mavericks：连接到虚拟专用网络"。

文章 PH14139 "OS X Mavericks：设定高级 VPN 选项"。

文章 TS1629 "Apple 软件产品所使用的'知名'TCP 和 UDP 端口"。

课程20 参考资源

了解 DHCP

Apple 技术支持文章

文章 HT5412 "OS X Server：关于 DHCP 服务"。

RFC 文档

通过连接 www.ietf.org/rfc####（#### = RFC 编号）来访问 RFC（注解请求）文档。

RFC 2131 "Dynamic Host Configuration Protocol"

RFC 1632 "The IP Network Address Translator（NAT）"

RFC 3022 "Traditional IP Network Address Translator（Traditional NAT）"

课程21 参考资源

网站托管

Apple 技术支持文章

文章 HT5382 "OS X Server: Upgrading Websites service from previous versions"。

URL

Apache 组织机构网站：http://httpd.apache.org。

Apache 日志信息格式：http://httpd.apache.org/docs/2.2/logs.html。

http://httpd.apache.org/docs/2.2/mod/mod_log_config.html。

课程22 参考资源

提供邮件服务

Apple 技术支持文章

文章 HT5032 "OS X Server：Enabling and disabling email auto-forwarding"。

课程23 参考资源

配置 Wiki 服务

Apple 技术支持文章

文章 HT5082 "Lion Server：迁移和复制 Mac OS X Server v10.6 中的 Wiki 数据"。

课程24 参考资源

日历服务的实施

Apple 技术支持文章

文章 HT3767 "OS X Server: Enabling Calendar and Contacts service access for users of Active Directory or third-party LDAP servers"。

文章 HT3660，"OS X Server：为 Active Directory 或第三方 LDAP 服务器用户启用日历服务

访问权限"。

课程25 参考资源

提供信息服务

Apple 技术支持文章

文章 TS1629 "Apple 软件产品所使用的 '知名' TCP 和 UDP 端口"。

文章 PH12044 "Messages（Mountain Lion）: Server Settings pane of Accounts preferences for Jabber and Google Talk"。

文章 PH12040 "Messages（Mountain Lion）: Account Information pane of Accounts preferences for AIM, Jabber, Google Talk, and Yahoo!"。

文章 PH12052 "Messages（Mountain Lion）: Manage Jabber and Google Talk buddy authorization"。

课程26 参考资源

通讯录服务的管理

Apple 技术支持文章

文章 TS1629 "OS X Server：Enabling Calendar and Contacts service access for users of Active Directory or third-party LDAP servers"。